21 世纪高等学校教材

建筑历史

（新版）

沈福煦　编著

图书在版编目(CIP)数据

建筑历史:新版/沈福煦编著.—上海:同济大学出版社,2012.8(2019.2重印)

ISBN 978-7-5608-4894-5

Ⅰ.①建… Ⅱ.①沈… Ⅲ.①建筑史—世界—高等学校—教材 Ⅳ.①TU-091

中国版本图书馆CIP数据核字(2012)第120186号

内 容 提 要

本书包括中国古代建筑史、外国古代建筑史和中外近现代建筑史三大部分,完整而系统地阐述了古今中外的建筑。本书从理论到实例分析,内容比较翔实,而且深入浅出,通俗易懂,适合于高等教育相关专业的学生阅读,特别适合建筑、室内设计、城市规划及景园设计等相关专业的短期培训班,并可作为建筑历史课的教材或教学参考书。

21世纪高等学校教材

建筑历史(新版)

编 著 沈福煦

责任编辑 张智中 责任校对 张德胜 封面设计 潘向蓁

出版发行 同济大学出版社 www.tongjipress.com.cn

(地址:上海市四平路1239号 邮编:200092 电话:021-65985622)

经 销 全国各地新华书店

印 刷 苏州望电印刷有限公司

开 本 787mm×1092mm 1/16

印 张 16.5

印 数 11 301—13 400

字 数 411 000

版 次 2012年8月第1版 2019年2月第4次印刷

书 号 ISBN 978-7-5608-4894-5

定 价 48.00元

新版前言

时光荏苒,离此书搁笔,一晃就是七年过去了。由于此书的诸方面的特点,故甚受诸校师生所欢迎,值此再版之际先絮说几句。

首先,本书的某些章节,由于受到篇幅所限,似过于简约了些。在此再版之际,予以充实,特别是一些重要的建筑,作为实例添加其中,使此书显得更为充实,而且对于建筑历史教学来说也很有必要。

其次,历史这东西,总是不停地向前发展的,本书这次所补充的一些建筑,如2008年的北京奥运会场馆及2010年的上海世博会诸展馆,都称得上是世界级的精彩作品,很有必要在书中反映出来。还有,当今世界最高的建筑物,已不再是芝加哥的西尔斯大厦(1974),高度是443 m;也不再是吉隆坡的双塔大楼(1995),高452 m;以及台北的101大楼(2003),高508 m;而是位于阿联酋的大城市——迪拜的哈利法塔,高达828 m,建成于2008年。当然我们并不提倡建筑越造越高,但作为建筑历史,还是要记述的。

第三,借再版的机会,也修正了书中的诸多错句、别字等,使此书更为完美。但尽管如此,谬误仍免不了,在此诚请诸专家、读者,不吝赐教,多多予以指正。

最后,我们还要对在此书出版时作出很大贡献的沈爕癸老师致以崇高的敬意,她虽已离开了我们,驾鹤西去,但她的辛勤劳动,永远铭记在我们的心中。在此记下这几句,以示告慰。

在再版过程中,有以下这几位老师、同事协助完成:沈鸿明、邵睿、沈晓明、王爽、沈颢诚、锁景华等,在此致谢。

沈福煦

2012.3

新版前言

一版前言

一般说建筑历史，总是把中国古代建筑史、外国古代建筑史及近现代建筑史这三大部分分而写之，而且写的体例各不相同。这种情况，不仅使教学体系难以统一，而且从史学的观点来说也难以统一。如中国古代建筑史多从考古、做法出发；外国古代建筑史则多从社会发展史出发，而且深入到哲理分析和美学分析；近现代建筑史则偏重于文化学，着重阐述其流派，同时也关系到时代潮流。这种现象也是历史所形成的。但如此一来，建筑历史在整体上则显得杂乱。若从史学的观点来说则是不可取的。为了克服这一弊端，笔者试图从统一的体例和史学观进行整合，独辟蹊径，进行一次赏试。当然鉴于笔者的专业水准，加之这在建筑历史这一领域尚属新创，所以缺点是难免的；但本着探索的愿望，写出来，作为“靶子”，以期更完善。

如上所说，本书分为中国古代建筑史、外国古代建筑史和近现代建筑史三部分，笔者试图把这三部分用统一的体例来写作。这三部分都有哲理的深度，都有文化作为背景，也有建筑本身的技术和艺术内涵。这就是本书的总精神。

中国古代建筑，称得上是3 000年不变，从殷周进入文明时代开始，直到19世纪中叶，其建筑形式及其空间形态，没有太大的本质性的变化。这其实正是建筑的文化背景之所致。中国古代文化在时间上的一统性，形成了建筑及其空间上的不变性，所谓改朝换代，结构不变。我们在学习中国古代建筑史的时候，还需有这样的深度，否则只是学习一点做法，未免匠气。

外国古代建筑就不同了，可谓一变再变。古希腊和古罗马，在建筑上可以说是一个整体。罗马晚于希腊，也学习希腊，正如古罗马著名诗人兼哲学家贺拉斯所说：“你们要学习希腊，日夜不辍。”这个历史现象，从深层含义来说就是它们的社会有相同的性质，即都属奴隶主民主制，所以其文化性质及其表现（包括建筑）是相同的或相近的。建筑的柱式，古希腊有陶立克、爱奥尼、科林斯，古罗马也有陶立克、爱奥尼、科林斯，只是有些小的差异。当然古罗马柱式还有塔斯干和组合柱式。但中世纪的情形就大不相同了。中世

纪的建筑,包括罗马风、哥特式等,其形态瘦削、高直,这就是由于宗教的原因。自从欧洲来了基督教,其文化就无不与其教义联系在一起:人世间是苦难的,人们应当信奉上苍,将来便可以脱离苦难,走向天堂的乐土……

文艺复兴运动从意大利开始,后来影响到几乎整个欧洲。文艺复兴崇尚人文主义,提倡世俗,敌对禁欲。正如恩格斯所说:"这是一次人类从来没有经历过的最伟大的、进步的变革,是一个需要巨人而且产生了巨人——在思维能力、热情和性格方面,在多才多艺和学识渊博方面的巨人的时代……"(《马克思恩格斯选集》第三卷445页)这一现象,也便从建筑中表现出来。建筑不再如中世纪的建筑那样追求高直,而是趋向平和,垂直线减少了,水平线增强了,也出现了拱廊等。这似乎告诉人们:建筑应当是人的建筑,不是神的建筑。反过来说,建筑及其空间,也影响着人们的观念形态。所谓潜移默化,文艺复兴的思想,也就通过建筑形象,进一步深入人心。

近现代文化(包括建筑)有一个倾向值得重视,那就是走向全球性。我们可以看一看上海的近代建筑,不难理解这一点。上海近代产生了许多当时国际上流行的建筑流派,如装饰主义、新古典主义、折中主义、现代主义等等。这一现象说明建筑的时代潮流或特征。更深一层说,社会文化的许多特征都会在建筑上表现出来。建筑会告诉我们什么是时代特征,时代性的来龙去脉,并且使我们懂得如何去把握时代,跟上时代,与时俱进。

在本书的写作过程中,笔者突患脑梗(2002年秋),所以直至今天才完成,在这期间承蒙沈燮癸老师以及沈鸿明、邵睿、沈晓明、王爽、沈颢诚等的大力帮助,才使这本书得以完成,在此致谢。

沈福煦

2005.5

目　录

第二篇　外国古代建筑史

第三篇 近现代建筑史

绪论

一

什么是建筑历史？有人以为建筑历史就是罗列各种建筑形式。例如中国的木构建筑，宋代的做法叫举折，到了清代，则称举架。这两者的高与长的比例不同，导致屋顶的坡度也不同，宋代建筑的屋顶坡度较平缓；清代建筑的屋顶坡度较陡峭。又如中国古建筑中的台基栏杆做法，须弥座的做法，铺地的做法，等等。西方古代建筑也同样，如古希腊的陶立克柱式是没有柱础的，而罗马的陶立克柱式有柱础。希腊的爱奥尼柱式的涡卷做法与罗马的爱奥尼柱式的涡卷也有所不同，等等。类似这些建筑形式上的内容，在建筑历史中是很多的。可是，建筑历史就其史学意义来说，还不仅仅是这些。这要从建筑的性质来说。建筑不只是一个物质技术对象，它与宗教、伦理及其他种种社会文化内涵联系在一起，或者说它要满足这许多社会文化要求，同时建筑自身就是这些文化。

古希腊的建筑，如上所说的柱式，陶立克柱是以它的简洁、敦实、富有力感的造型，表现出男性美；爱奥尼柱式则以它的纤细、秀美的造型，表现出女性之美。这些形象，正表现出古希腊时代的人文精神，或者说人本主义精神。

中国古代建筑也同样具有诸多的宗教、伦理和诸文化内涵。从色彩来说，如柱子的颜色，不能随便乱用。《礼记》中有："楹，天子丹，诸侯黝，大夫苍，士黈。"柱的颜色，帝王的建筑用红柱，诸侯的建筑用黑柱，大夫（官职，位于卿之下，士之上）的建筑用蓝柱，士（介于大夫与庶民之间的阶层）的建筑则只能用土黄色柱。建筑的这种等级性历代都有，研究建筑史，不能不注意这方面的内容。

中国文化，从古代到现代，到了19世纪下半叶至20世纪上半叶，为之一变，这个变化，也在建筑上强烈地表现出来。最明显的就是居住建筑的变化。中国古代的居住建筑，明显地表现出其等级关系。我们可以从《明史·舆服志》来看："百官第宅，明初禁官民房屋，不许雕刻古帝后圣贤人物及日月龙凤狻猊麒麟犀象之形……洪武二十六年定制，官员营造房屋，不许歇山转角，重檐重拱及绘藻井，惟楼居重檐不禁。公侯前厅七间两厦九架，中堂七间九架，后堂七间七架，门三间五架，用金漆及兽面锡环。"但到了近代，居住方式改变了，住宅形式改变了。住宅不再以人（家庭）的社会地位等级来分，而是以经济条件来分，当然经济条件也与社会地位相关连，所谓有钱有势。有钱人可以住洋房（别墅），如上海北京西路铜仁路的吴同文住宅，这座洋房高达四层，建筑面积达4 000余平方米。比这种小洋房略低一点的是

高级公寓，如上海的毕卡地公寓、峻岭公寓及百老汇大厦等，或者住花园式里弄，如上海的凡尔登花园(今长乐新村)。再一次等的就是里弄住宅，条件再差一点的住大杂院，就像滑稽戏《七十二家房客》那样的房子。条件更差的则住棚户，房子十分简陋，但比这种更差的还有，那就是"滚地龙"(用几根旧毛竹，弯起来，两端插入地里，上面盖几张破油毛毡，地上铺一些破席)。更惨的则是"无家可归"，夜里睡在马路人行道上，寒潮来时也有冻死的，惨不忍睹。这就是中国近代建筑现实，也是近代史，一部令人辛酸的历史。

建筑史学，是一门值得研究的学问。

二

中国建筑与西方建筑之间，不只是形式之间不同，在形式的背后，还有更丰富、更有史学价值的内容。

从建筑物存在的时间来看，现存的中国建筑最古的是山西五台山的南禅寺大殿，建于唐德宗建中三年(782)，距今只不过 1 200 余年。这比古希腊的帕提农神庙要晚得多。帕提农神庙建成于公元前 438 年，距今已近 2 500 年。如今它虽已破损不堪，但仍然是当时的原物。至于古埃及的金字塔，则年代更久远，开罗附近的吉萨胡夫金字塔建于公元前 2600 年，距今已达 4 600 余年。然而，中国古代的木构建筑，却有另一种保存理念。木构建筑是"装配式"的，某一根构件坏了，就换一根新的，有的还记上何时换的年月。上海的真如寺正殿，上面的额枋上写有"时大元岁次庚申延祐七年……"等字，可知这是公元 1320 年修的。

中国建筑的这种可修补性，其实与中国传统社会结构有关系，或者说互为因果。中国古代社会，我们说有 5 000 年历史，中间从未间断过。它是采取改朝换代的方式延续的。唐虞夏商周，秦汉三国晋，宋齐梁陈隋，唐宋元明清。改朝换代，结构不变。这与木构建筑的延续模式是很相似的。有的著名建筑，如武昌的黄鹤楼，南昌的滕王阁等，历史上多次圮建，虽然形貌有点不同，但都是楼阁形式，都为原来之名。滕王阁最初于唐上元二年(公元 675 年)建成，后来再建达 26 次之多。最后一次于 1926 年被北洋军阀邓如琢所毁，如今的滕王阁建成于 1989 年的重阳节。

西方古代建筑有的已很破损，如古希腊的帕提农神庙、伊瑞克先神庙，古罗马的科洛西姆角斗场，卡拉卡拉浴场，以及中世纪的好多哥特式教堂等，有的只剩下断柱残壁，如奥林匹亚神庙、波赛顿神庙等。但残就让它残，保持历史的真实性才是最重要的。它们的历史价值也就在此。而且这种残缺、破损的形象也认为是美的，名之曰"残缺美"。雕塑也一样，如希腊雕刻阿芙洛蒂特，两只胳膊没有了，还是很美的。古希腊的著名雕像胜利女神，连头也没有了，但仍然很美。

中国古建筑则不然。有谁见过毁损得只剩一半的木构建筑？中国古建筑的存在，有好多是后来重修的，就像上面所说的黄鹤楼、滕王阁那样。这就是中国建筑文化，或者说中国建筑美学思想。

三

中国传统文化与西方的不同，是内向性的；西方传统文化是外向性的。从文字来说，汉字是一个方块一个字，不论笔画多少。要增加文字的意义(信息量)，用增多笔画的方式，不增大方块。如"福"，就是有祖宗，传宗接代，有田，有财富，有口，人丁兴旺，等等。不同于西

方文字，如“解构主义”(Deconstructionism)长达17个字母，这个词是不断增加词头、词尾的结果。写地址也同样，先写国家，再写省、市，再写区、街道，然后门牌号等。西方的信封地址写法正好相反，他们是从小地方一直写到大地域，这就是思维形态，内向性还是外向性的问题。

建筑也同样如此，如北京四合院，可以说是典型的中国传统的建筑模式，大门进去，里面有天井，房子外周是围墙，可以不对外开窗。里面居住的人多了，就用增加天井(院子)数量的办法来满足居住要求。有些大户人家，多达十几个天井不足为奇。同时，除了住宅，其他建筑也同样如此。皇宫，如北京故宫，从天安门进去，端门、午门、太和门、太和殿、中和殿、保和殿、乾清门、乾清宫、交泰殿、坤宁宫、钦安殿、神武门等等，东、西两边又有许许多多院落。寺庙也是如此，如浙江天台山国清寺，寺内有四条中轴线，院子多达20余个。道观也是如此，如北京的白云观、山西永济的永乐宫(今迁至芮城)、四川成都的青羊宫等等，其布局也都是一进进的。

西方建筑的空间概念则相反，他们是外向性的，无论是古希腊、古罗马的建筑，还是中世纪、文艺复兴的建筑，或者是近现代的建筑，都同样如此。中国古代晚期，西方文化东渐，从19世纪开始，出现了许多西方建筑，特别是沿海的一些城市，如上海、天津、广州等，出现了教堂、学校、医院、邮政局、电报局等建筑。这种建筑的形式，就其空间来说当然也是西方形式的。中国近代文化的一个特点是西方文化现象，其中建筑，则明显地表现出这种特征。这种特征实质不在细部形式之不同，而是空间的内向性与外向性的不同。

四

如上所说，建筑历史应当从文化出发，应当从史学理论出发，从这个意义来说，外国建筑史(主要是指欧美的)能清楚地表现出这一层意义，这也是学习外国建筑史的一个主要的、深层次的意义。

从古希腊和古罗马开始，外国建筑便形成自己的结构系统，这就是建筑表述着历史阶段，古罗马建筑与古希腊建筑有好多相似之处，如柱式，有希腊陶立克、爱奥尼等，又有罗马陶立克、爱奥尼等。他们的柱廊、檐部、基座等做法也十分相似。其实这两种文化也可以视为同一个体系。原来，罗马是学习希腊的，虽然罗马征服了希腊，但还是要向希腊学习，“言必称希腊”，以为高尚，有文化修养。古罗马文学理论家贺拉斯(公元前65—8年)曾告诫庇梭父子：“你们要学习希腊，日夜不辍。”

历史是无情的，不合历史发展的古罗马社会，终于消亡了，奴隶制结束了。公元476年，西罗马灭亡，这一年标志着奴隶社会的终结。随之而来的是300余年的黑暗。当时的社会，充满着战争、饥馑、苦难。建筑在这一时期除了少量的教堂建造以外，几乎是空白。直到公元8世纪，才有“一线光明”，才出现罗马风(Romanesque)建筑。当然，这个时期在东欧，是东罗马帝国，其社会相对地说还是比较繁荣的。建筑为人而用，也表现着人类的发展，表现着历史特征。建筑史，应当从这种观念出发来编写，才具有历史价值。

人们往往把意大利文艺复兴运动比作人类的“春天”。这个意义的表述有多种形式，有建筑的、绘画的、雕刻的、文学的等等，但影响最大的莫过于建筑。意大利佛罗伦萨的圣玛利亚主教堂的大圆顶建成，全城沸腾，欢呼雀跃，标志着人文主义精神的胜利。教堂屋顶用圆顶，这对中世纪西方宗教来说是一种背叛。这是设计者伯鲁涅列斯基从罗马万神庙建筑形

式中继承过来的,也就是表现出古代精神。文艺复兴(Renaissance),其本意就是古代学术的再现,其实质在于人本主义思想。以后诸文艺复兴建筑,其实质都是如此。强调人文主义,强调世俗,反对禁欲主义。

17世纪的意大利文化主流是文艺复兴的发展变化,也就是巴洛克文化,包括建筑、雕刻、绘画、文学、音乐等等,都走向巴洛克。巴洛克(Baroque),其本意是畸形的珍珠,引申为怪诞、奇特。巴洛克建筑充分体现出这种精神。罗马的圣卡罗教堂,其正面二层檐部都是弯曲的,窗子也是曲的。在正中上方,是一个椭圆形的饰物,还有许多雕刻装饰,给人一种动感,而且充满着世俗、浮夸、炫耀财富之感。

西方18、19世纪,古代社会走向终结之时,在文化上反而显得更璀璨夺目。继法国古典主义建筑之后,产生了许多风格,如折中主义、希腊复兴、哥特复兴、古典复兴等等。1874年建成的法国巴黎歌剧院,似乎有点花里胡哨,有巴洛克装饰,有古典主义构图,又吸取了许多东方建筑风格。英国伦敦的国会大厦,建于1868年,外形充满着神秘的垂直线,这是典型的哥特复兴式,又称亨利第五式,因为英国在亨利第五时代,曾经很辉煌,为了炫耀这段中世纪的历史,所以当时流行哥特复兴式。

美国,对西方文化来说可谓后起之秀。美国建国后不久,在建筑上也热衷于古典复兴。美国国会大厦(建成于1867年)是罗马复兴式的;纽约的海关大厦是希腊复兴式的,在19世纪80年代以前,几乎都是这种风格。为什么?因为当时美国的建国思想,是学习西欧的,提倡“自由、民主、平等、博爱”。这种精神来源于古希腊、古罗马时代,当时实行的是“奴隶主民主制”,除了奴隶以外,都享有这种权利。直到19世纪80年代以后,芝加哥学派兴起,才被新的建筑风格所取代。

五

建筑这门学问,介于自然科学与社会科学之间,当然它还与艺术造型有关,所以建筑学(Architecture)也叫建筑艺术。正因为如此,所以在建筑学专业的课程中,建筑历史是一门相当重要的课程。如果是机械制造专业、化工专业、铸造专业或者飞机制造专业等等,这些专业的历史,只是说明这门学科的发展历史就够了。我们设计现代飞机是超音速的,不是最初的那种螺旋桨的双翼机。最初的飞机形式,与现代的飞机形式关系并不大。但建筑则不然,有好多现当代建筑,甚至还出现希腊柱式、罗马拱券形式,或者用双柱廊,等等。建筑是文化,建筑历史直接与建筑造型有关,很难想象,不学建筑历史,能设计出有文化深度的建筑形象,能设计出优秀的建筑作品。某现代建筑,一座大型办公楼,其门厅设计得很豪华,所用的柱子是希腊爱奥尼柱式,可是设计者不懂得这种柱式的柱高与直径之间有一定的比例。本应是8～9∶1,但它却是5∶1,看起来矮胖、臃肿,不堪入目。这种失败的例子不胜枚举。

建筑学专业教育,建筑历史不能忽视。写这本书的目的,也正在此。可是正如上面所说,不仅仅是斗拱怎么做,宋代的木构举折怎么做,清代的举架又怎么做;不仅仅是古希腊柱式、古罗马柱式如何形式,中世纪哥特式教堂大厅的拱勒结构如何做,飞扶壁如何做,等等。建筑历史,不仅应研究这些形式问题,还须研究这些形式背后的文化和哲理问题。这些深层的问题更重要,或者说这就是重视素质教育,让学生具有一定的文化深度,而不至于匠气十足。

六

由于种种原因，本书写作时间已有数年，现在书总算写出来了，但从头至尾读一遍，有些地方还觉得粗糙。同时，由于建筑历史纵横交织，顺着时间写下来，在地域上有难度；按照地域排列，时间上又难以参与进去。因此本书采用分大地域、分切历史来论述的方式。本书第一章至第七章是中国古代建筑史部分，为第一篇；第二篇是外国古代建筑史，自第八章至第十七章；第三篇是近现代建筑史，自第十八章至第二十二章，这一篇包括外国建筑和中国建筑，因为现当代的文化，中西交往甚多，在本质上说文化已趋向于全球性。新的建筑，如广州的白天鹅宾馆、白云宾馆，深圳的深圳湾大酒店、深圳南海酒店，上海的东方明珠电视塔、上海市图书馆、浦东国际机场及金茂大厦等建筑，很难分出是中还是西。有好多建筑还请外国建筑师来设计，如上海大剧院、北京国家大剧院等是法国建筑师设计；金茂大厦请美国 SOM 公司设计；等等。对于这种建筑现象，我们也须有深一层的认识，即建筑的全球性倾向和建筑个性的强调。其实这也不只是建筑，其他文化领域或多或少有这种倾向，无论是绘画、雕刻、文学、音乐、戏剧等等。

建筑历史是写不完的，今天我们写建筑史，只能写到今天(21 世纪的第二个 10 年)；随着时间的推移，将来建筑历史会越来越长、越多。建筑史的命运就是如此，不能一劳永逸。因此，这本书也不是一劳永逸的，再过 5 年、10 年，又有新的建筑(历史)要补充进来。这是作者的一种期盼。另外，书中既成的一些内容，也可能不够确切，乃至错误。我们的态度是：不断完善，精益求精。

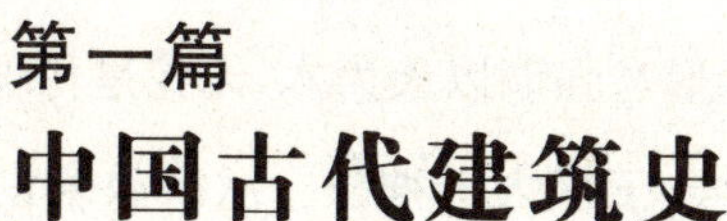

第一篇
中国古代建筑史

中国是个文明古国，有5 000余年的历史，为世界五大文明发祥地之一。从历史来说，在有文字之前，早就有人类文化了，这个时代叫史前时代，或叫原始社会；从有文字记载开始，叫信史时代。中国的信史时代，始于殷(商)，最早的文字就是甲骨文。这个时期，距今也已有大约3 500年了。但在中国，史前时代是很漫长的，其实中国文化远远不止5 000年。如考古发掘到云南“元谋人”，距今已有170万年了(这是至今在我国境内发现的最早的人类化石)。

我们经常说我们的祖先是黄帝，距今已达5 000年。陕西黄陵还有黄帝陵。但这是后来据史书所记而建的，因为当时还没有文字。史书上的记载，中国的历史始于黄帝(或炎、黄二帝)，后来传代给唐(朝代)尧(帝)，再传给虞(朝代)舜(帝)，然后是夏(朝代)禹(帝)，……这些都是原始时代的“历史”。从夏代开始，为奴隶社会了。然后是商(朝代)，又叫殷(地方名)。商以后就有文字记载了。

中国历史的演变，是以改朝换代的方式延续的，从史前一直到清代，换了许多朝代，为便于记忆，在此将我国历史上主要的朝代名称编成一首五言绝句：

唐虞夏商周，秦汉三国晋。

宋齐梁陈隋，唐宋元明清。

当然这里只说南朝，还应当有北朝，即北魏、东魏、北齐、西魏、北周；唐以后还

有“五代十国”,“五代”是后梁、后唐、后晋、后汉、后周;“十国”是吴、南唐、吴越、楚、闽、南汉、前蜀、后蜀、荆南、北汉。这些基本的中国历史,在学习建筑历史时应当把握。

中国古代文化有着十分丰富的内容,在这里限于篇幅,我们只说说其基本性质和特征。

首先,中国古代的观念形态强调以人为本,无论是伦理、宗教观还是社会形态,都表现出现实性和理性精神;王权大于神权。从宗教来说,无论儒、道、佛,都建立在人的需求的基础上。儒教讲究人与社会结合,道教主张人与自然结合,外来的佛教也被改造成为具有更多的世俗化的宗教。这些观念也就在中国古代建筑中体现出来。最明显的就是那些宗教建筑的形式,它们与宫殿、住宅等很相似,有现实生活特征。

其次,中国传统的观念,从空间上说是内向性的。从建筑上说,大到全国,筑万里长城其实就是在构筑内向空间。再从古代的城市来看,不管规模大小,城市总是四周筑高墙,城内形成一个内向空间。若再缩小一点,一个家宅,其空间形式也是内向的,即“四合院”。其他建筑,如宫殿、寺院、宫观、庙宇等等,几乎都是如此。其实这种内向性已在人们的观念中形成了,如写信,总是先写大的地方,再写其中的小的地方,如“中国上海市某区某路某弄某号”。

第三,中国古代文化往往把生活、科技、艺术等结合起来,相互影响,相互联系。如建筑,多从实用出发,科学技术直接为了应用,艺术造型也与应用结合。

大型厅堂建筑的外周,往往设回廊,这其实是出于实用,不但可避风雨,而且还冬暖夏凉;但从建筑艺术来看,往往被说成是层次美。又如斗栱,其实最早时是一种结构上的做法,它可以使屋檐伸得更远;但后来又为建筑的等级制的一种形式。《论语·公冶长》中说:“臧文仲居蔡,山节藻棁,何如其知也。”节,即指斗栱。在《明史·舆服制》中也说:“洪武二十六年定制,官员营造房屋,不许歇山转角,重檐重栱,及绘制藻井,惟楼居重檐不禁……”还有色彩,也为等级制所用,据《礼记》中说:“楹,天子丹,诸侯黝,大夫苍,士黈。”(黈音 tǒu,土黄色)当然美观也在其中。

第一章

先秦时期的建筑

第一节　史前时期的建筑

一

中国历史,有许多是属传说,特别是在先秦时期。史前时期的好多"历史",可以说都是传说。但传说从性质上说并不都是神话、迷信,往往是神人结合的,如盘古氏开天辟地,燧神氏钻木取火,伏羲氏渔猎,神农氏耕作,有巢氏建屋等,看起来基本上还是比较现实的。但从史学的角度来说,这些都是无稽之谈。真正的中国的史前"历史",还须求助于考古发掘,特别是从建筑来说,更须具有确切的时间、地点和实物。因此在学习中国古代建筑史时,还须了解一下中国远古的几处典型的考古发掘的情形。

从史学来说,人类早期为旧石器时代(石头未经加工就作为工具来应用的时代)。这个时期的考古发掘的地方有:贵州盘县大洞遗址,1992 年发掘,约为新世中晚期,主要是牙齿化石及动物化石等。1992 年在湖北荆州鸡公山发掘五处人类遗址和两个石器加工区(已走向新石器时代)。1993 年在南京汤山雷公山葫芦洞发现人类头骨化石,距今达 35 万年(这些都是近年来新发现的)。

新石器时代的近年来考古新发现的地方有:1993 年在江西万年大源乡仙人洞和吊桶环遗址,发掘出距今 1 万年左右的狩猎场所和屠宰场,还有好多陶制品。1993 年在江苏高邮的龙虬庄发现史前陶器,陶片上刻有似文字的符号。1992 年在内蒙古赤峰发掘的兴隆洼遗址,有围沟、房址、窟穴等,为较完整的史前聚落,距今已达 8 000 余年。1989 年至 1994 年在安徽蒙城尉迟寺发掘出大汶口文化层的房址 31 处,还有墓葬的窟穴。居住房屋为连排式,内部空间灵活,外形整齐有序,是研究史前建筑的重要史料。1992 年至 1993 年在浙江西北的莫角山遗址,发掘出一座巨屋,东西长达 670 m,南北宽为 450 m,总面积有 30 余万平方米。建筑基址上有夯土层,夯窝及成排的大型柱洞等,这里属良渚文化层,距今已 5 000 年以上。(以上摘自《中国古代建筑文化史》沈福煦著,上海古籍出版社,2001 年)

以上这些考古发掘的资料,对研究中国史前建筑很有帮助。另外,中国古代的许多文献

资料，还记述着许多有关史前建筑的情形，对我们研究中国历史也很有帮助。在此列举一些有关建筑的史料。

《易·系辞》中说："上古穴居而野处，后世圣人易之以宫室。上栋下宇，以待风雨，盖取诸《大壮》。"

《孟子·滕文公下》中说："当尧之时，水逆行，氾滥于中国，蛇龙居之，民无所定；下者为巢，上者为营窟。"

《庄子·盗跖篇》中说："古者，禽兽多而人少，于是民皆巢居以避之。昼拾橡栗，暮栖木上，故命之曰有巢氏之民。"

《韩非子·五蠹》中说："上古之世，人民少而禽兽众，人民不胜禽兽虫蛇，有圣人作，构木为巢以避群害，而民悦之，使王天下，号之曰有巢氏。"

《礼记·礼运》中说："昔这者先王未有宫室，冬则居营窟，夏则居橧巢。"如此等等，不胜枚举。

另外，中国的文字，对于认识当时的建筑也很有益。中国古代文字是象形字，如"日"、"月"、"山"、"水"等，都很形象化。建筑也同样，如图 1－1－1 中所示，宫、宅、门等等。不过，这已是有文字以后的事了。应当说。先有建筑，然后根据这些建筑形象再创造出象形文字。

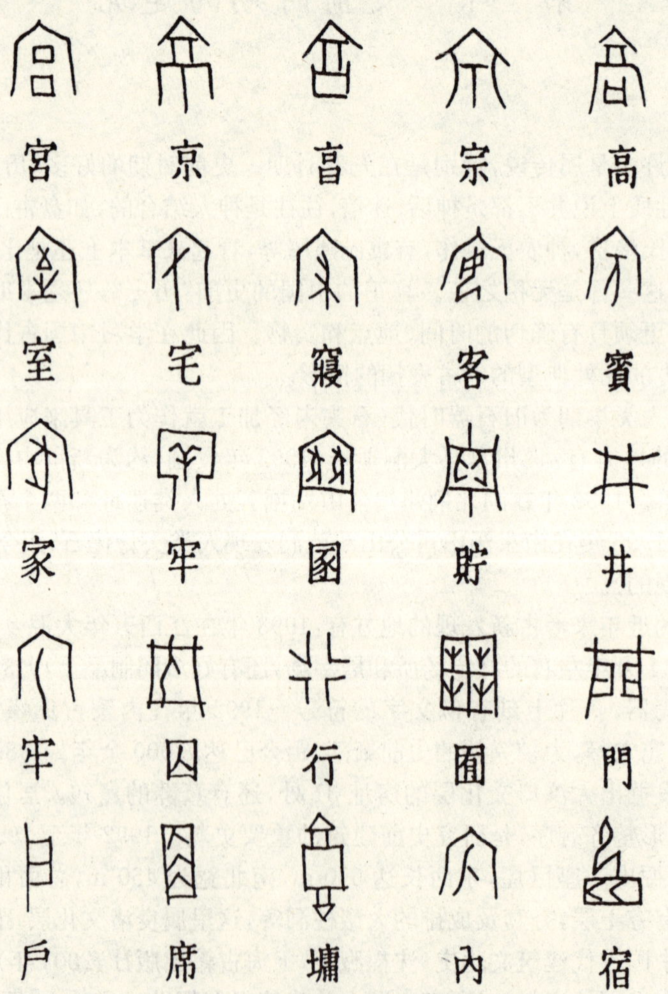

图 1－1－1　建筑与文字

二

中国的史前建筑分穴居和巢居两类。大体说，由于北方比较干旱，所以多穴居；南方比较湿润，林木多，所以多巢居。如《孟子·滕文公下》中说："下者为巢"，即为巢居，"下"就是低湿之地；"上者为营窟"，即为穴居，"上"即高地。

根据考古发掘，在陕西的西安附近半坡村，挖掘到许多史前时期的建筑遗址。这些聚落距今已达5 000年，属仰韶文化（仰韶在豫西渑池附近）。图1-1-2是考古编号为"半坡F21"的建筑，为半穴居形式。这是根据建筑考古学家臆复的建筑形象。根据发掘时的情形，穴底发现三只柱洞，皆直壁，深度各为80、100、110 cm，其中有一柱洞似为后来加的。其余两柱洞处于相对中轴的两个对称位置上，已遭破坏，估计原来应有一柱洞，即复原为对称布置的四中心柱。建筑上部的形式是考古学家推测的。估计可能在四柱顶杈上架四根横梁，构成周围椽木的中间支点；但也可能是以四柱顶杈为中间支点，先于对角架设四椽，顶部相交构成其余柱椽的顶部支点。据考古学家认为，后一种的可能性更大。从建筑内部中间的火塘可知，当时已用烧烤，熟食。此火也作冬天取暖之用，顶上有孔，可以排烟。

图1-1-2 半坡F21的复原

三

巢居在我国的南方较多。据考古学家分析，最早人们是住在树上的。开始时只是在一棵大树上居住，后来变成数棵树合一个居所。最后发展成人工插木桩建屋，形成典型的巢居。后来又演变成如今尚存的"干栏式"住宅。图1-1-3就是它的演变过程。

图1-1-3 "干栏式"住宅的演变过程

巢居建筑最典型的例子是1970年在浙江余姚的河姆渡（今设镇）所发现的建筑（构件），它们距今已达7 000余年。特别值得一提的是这些建筑的木构件（化石），已发现多处都已用榫卯结合，无论梁、柱、桁条等，上面都有榫头、卯眼，板与板之间也已用企口拼接，如图1-1-4所示。人们简直难以置信，这种木构方式距今已达7 000余年，至今仍在应用，真是建筑史上之奇迹了。

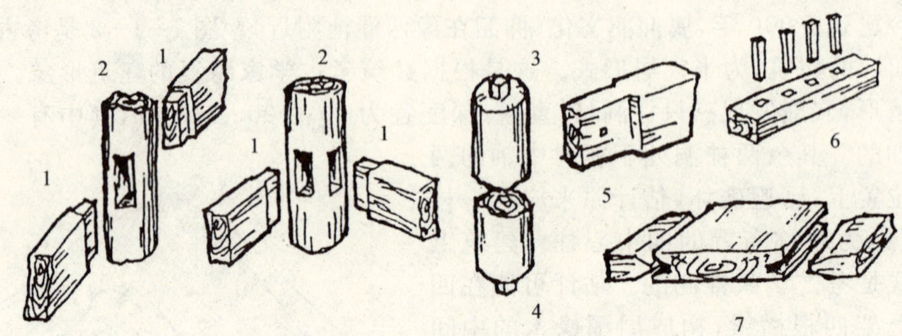

1—梁　2—柱　3—柱头榫　4—柱脚榫　5—有钉孔的梁头榫　6—栏杆榫卯　7—企口板

图1-1-4　河姆渡遗址木构件

第二节　殷周时期的建筑

一

如上所说，我国的信史时代始于殷商。“殷”是地方，即今之河南北部的安阳一带及偃师、洛阳等地；“商”是朝代，据史书记载始于汤武（公元前16世纪），终于辛纣（公元前11世纪），为周所灭，前后经历500余年。在此分析三个殷代建筑（遗址）。

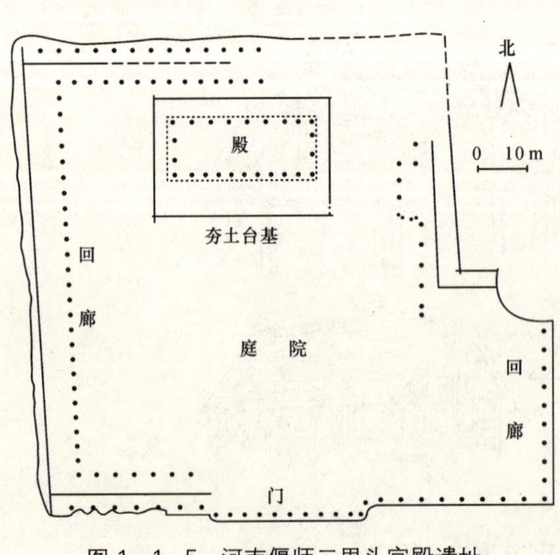

图1-1-5　河南偃师二里头宫殿遗址

一是位于河南偃师二里头的“一号宫殿”。据考证这是殷代的宫殿。图1-1-5是考古发掘的遗址形状，图1-1-6是中间的宫殿主体建筑的臆复形象。从遗址平面图可以看出，中间一个院子是主体建筑（宫殿），四周用回廊。这种格局可以看出已是内向性的空间形式了，与后来的许多朝代的宫殿，在空间布局上是一致的。而从主体建筑的形式来看，这种建筑形式就是“四阿重檐”，即庑殿二重檐形式。据《周礼·考工记》记载，宫殿，“殷人四阿重屋”。这种建筑形式就是四坡屋顶；重屋者，即重檐屋顶。这是中国古代建筑中等级最高的屋顶形式，如明代所建的北京故宫的太和殿、

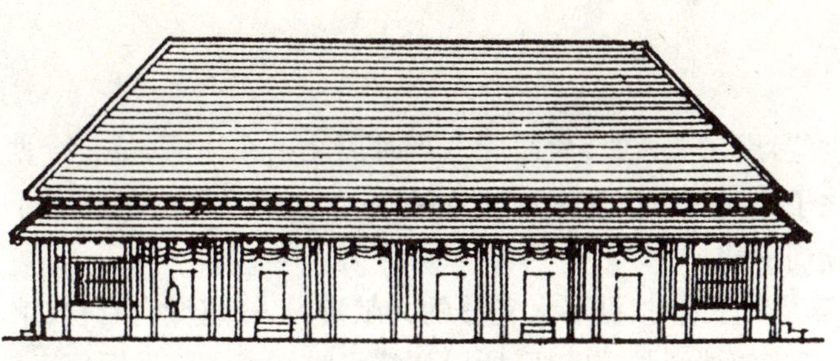

图 1-1-6 二里头宫殿臆复形象

乾清宫、午门及太庙等等，均是这种屋顶。但有些细节则与现在的宫殿建筑有些不同。如柱，那时没有斗栱，所以每柱位用三根柱支撑，不同于后来的一根柱；另外，当时的柱位数量是成单的(这里为 9 个)，即九柱，所以间数是成双的，八开间。这就不同于后来的建筑，在开间上总是成单数，柱则成双数，如北京故宫太和殿十一间十二柱，乾清宫九间十柱，等等。当然后来的做法更合理，更科学，这就是进步。

二是位于河南安阳的殷墟遗址。这个遗址规模甚大，包括王宫居住部分、宫殿部分和祭奠部分等。宫殿部分的遗址如图 1-1-7 所示。这里东面和北面有洹水，西和南设有壕沟，作为防御用。这部分位于今小屯村的东北隅。从图中可以看出，建筑群可以分为北、中、南三部分，据考古家学分析，北部为王宫居住区；中部似有庭院式布局痕迹。基础下还有人畜葬坑。这里应是宫殿和祠庙部分；南部建筑基址均比较小，可能是统治者的祭奠场所，后来的朝代有南郊祭礼之说，也许就来源于此。

三是墓葬。那时奴隶主统治者死后的墓葬十分考究，如图 1-1-7 所示，这是河南安阳后岗的一个殷代墓，其规模甚大。墓的平面近乎方形(当时的墓也有十字形的，侧面两端也做墓道)，墓深达 8.4 m，南北两端是墓道，北端的较陡，做踏级，南端的较平缓，为坡道，估计是安装灵柩时的通道，此墓连墓道全长达 35 m。

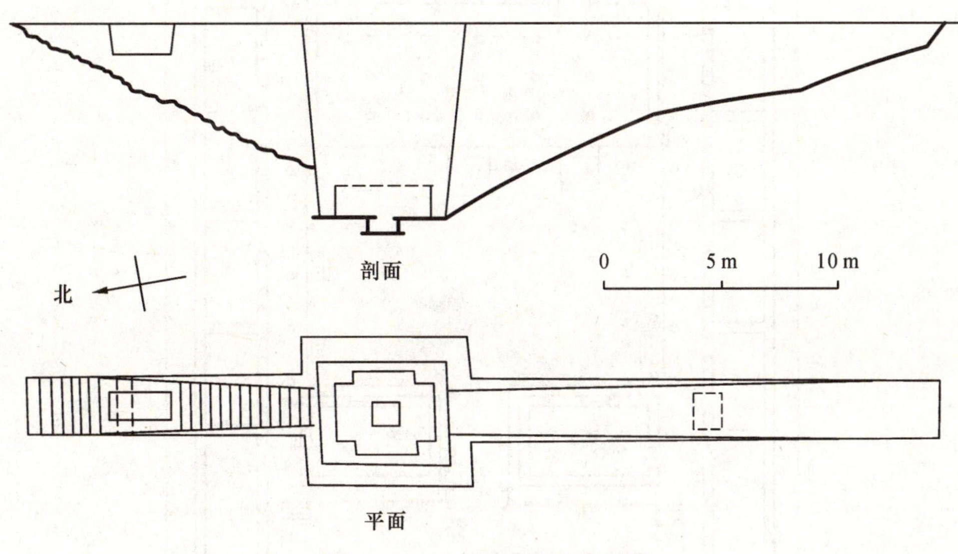

图 1-1-7 河南安阳后岗殷墓

二

公元前11世纪，周武王灭殷，为西周。当时周文王在沣河（位于今西安以西）西岸建立国都丰京；文王之子武王又在沣河东岸建立镐京，两者合称“丰镐”。他们以此为都城，兴兵推翻殷王朝，建立周王朝。

西周都城丰镐及其建筑，根据不太充分的文献资料，知道城内有宫、馆、台、庙等多种形式的建筑。另外，由于丰镐遗址久遭破坏，所以详情已难知道了。据近年来的考古分析，早在丰镐以前的周原地区，就已出现了布局严谨对称，结构精细实用，屋顶部分盖瓦的宫殿建筑，丰镐城中的宫殿建筑，也已有较高的工程技术水准。周初，为了加强对东方的统治而营造的洛邑王城，其规制更为完整，左右对称，并筑有内城、外郭两道城垣。估计丰镐的城市规划也相仿。

从考古的角度来看，西周最完整的建筑是今陕西岐山凤雏村的一处建筑遗址，如图1-1-8所示。这座建筑从平面布局来看很像后来的多进四合院住宅，所以刚发掘出此处遗址时，认为这是一座西周住宅；但后来进一步分析，认定它是西周初期的一座宗庙，因为在这里又发掘到许多筮卜甲骨文片，识读以后，才知道这是一个宗庙。不过我国古代的宗庙建筑形式，也很像住宅。

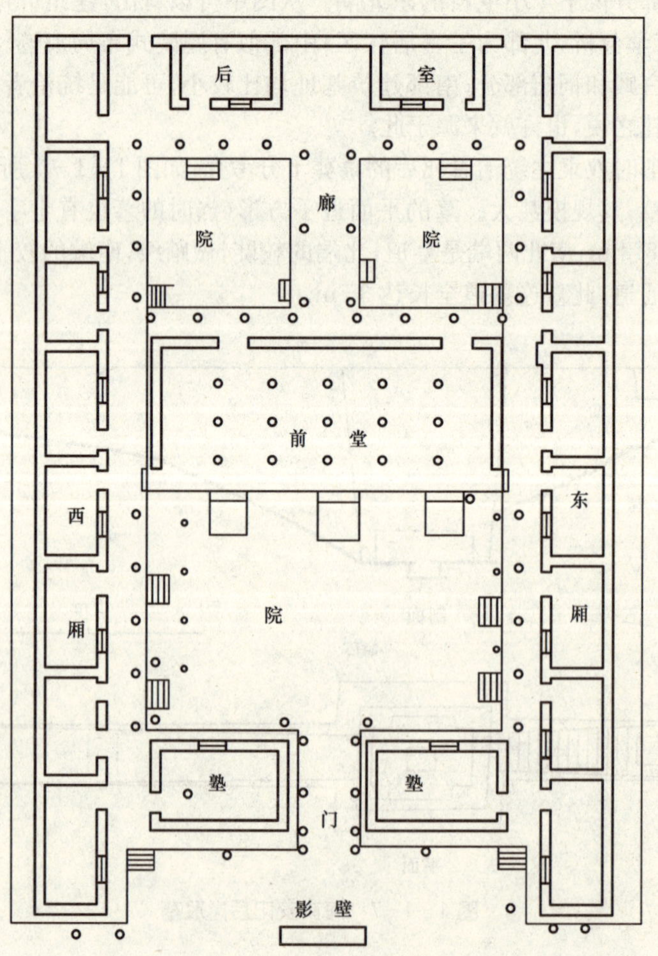

图1-1-8　陕西岐山凤雏西周建筑

三

春秋战国时期的建筑，也没有留存至今的，同样只能靠考古发掘（遗址）和文献资料。当时的住宅型制，在空间结构上也同样如此。图1-1-9是春秋战国时期的《仪礼》中的一幅图，是当时的士大夫住宅的平面图。建筑史学家刘敦桢在《中国古代建筑史》中说：“根据《仪礼》所载礼节，研究春秋时期士大夫的住宅，已大体判明住宅前部有门。门是面阔三间的建筑，中央明间为门，左右次间为塾。门内有院，再次为堂。堂是生活起居和接见宾客、举行各种典礼的地点，堂的左右有东、西厢，堂后有寝卧的室，都包括于一座建筑内。内堂与门的平面布置，延续到汉朝初期，没有多大改变。”

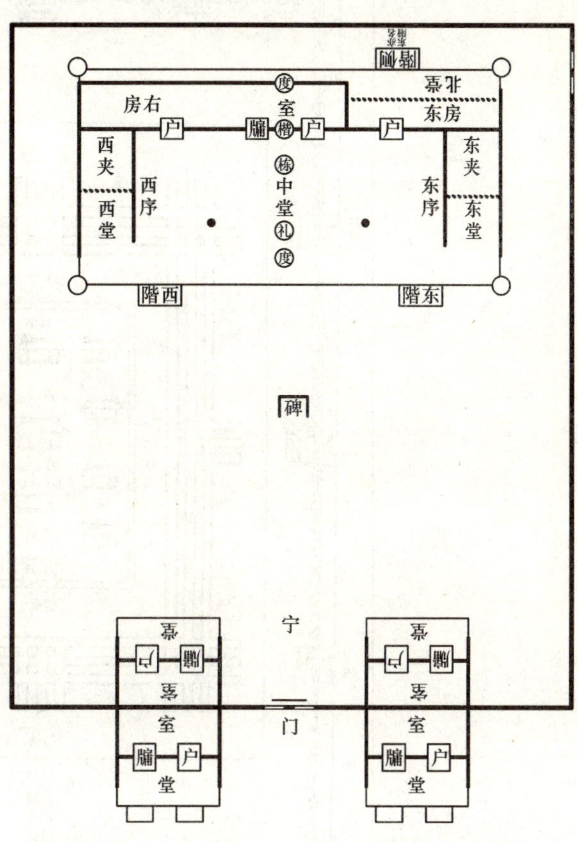

图1-1-9 《礼仪》中的士大夫住宅平面

西周时期的好多社会制度和思想、观念，多在春秋战国时期汇集成书，上面说的《仪礼》，其实也成于春秋战国时期。《周礼》中也记述着一些与建筑有关的宫廷制度。如其中有“天子诸侯皆三朝”，即“外朝”、“治朝”、“燕朝”。燕朝之后，则是“六宫六寝”。“天子五门”，“诸侯三门”，五门即自南至北的皋门、库门、稚门、应门、路门。三门即库门、稚门、路门。

外朝的作用：凡立新帝、迁都或遇国难，帝王与大臣、贵族们在此商议大事，这里还处理狱讼、颁布法令、举行大典等。外朝又叫“大朝”，在宫城外还有“大廷”，类似广场、大院。

治朝在外朝之北，布置在宫城内，是帝王日常与群臣治事的场所，故称治朝。“君日出而视之，退适路寝听政。”（《礼记·玉藻》）说明治朝与路寝的关系，故有叫“日朝”、“常朝”。

燕朝以为内朝，为路寝之庭，是举行册命，接见群臣及宗族们议事、燕（通宴）饮，举行喜庆典礼、帝王听政之场所。

四

还须说的是《周礼·考工记》①中记述的周代都城形制：“匠人营国，方九里，旁三门。国中九经九纬，经涂九轨。左祖右社，面朝后市，市朝一夫……”匠人营造都城，须九里见方，每旁设三座城门。城内主要道路有九纵九横，每条路可容九辆车并行，王宫路门外，左边是祖庙，右边是社稷坛。王宫的前面是朝，后面是市，市与朝合一百步见方。图1-1-10就是这

① 据研究，“考工记”是《周礼》中所缺之篇，后为春秋末年由齐人所补。

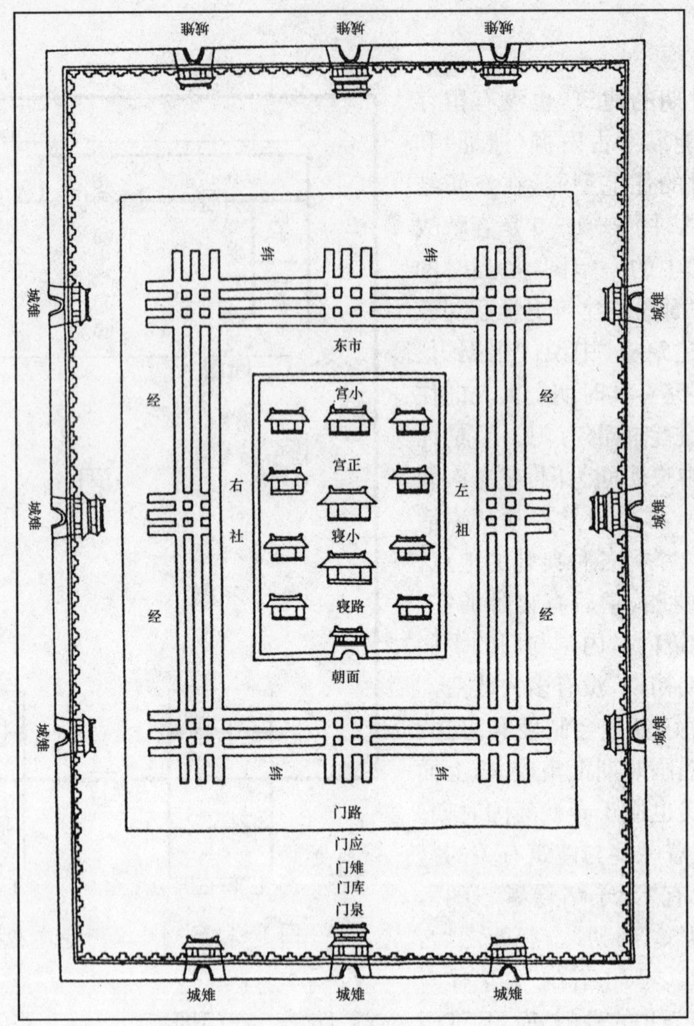

图 1－1－10 《周礼·考工记》的城市形制

种城市的平面形象，图 1－1－11 是据文献资料臆复的周王城图。对照这两个图，可以看出是十分相似的。

第三节　春秋战国时期的城市与建筑

一

春秋（公元前 770 年至公元前 476 年）与东周（公元前 770 年至公元前 256 年）是重叠的，这一时期的建筑几乎早已不存在了；但考古学家根据史料和实地发掘，还是得到了许多遗址和文物。在此着重说几处遗址。

首先说春秋时期的墓址。春秋时期的墓葬，大都位于其城址的附近。春秋早期的墓葬形式基本接近西周晚期的，使用鼎、簋数目按礼制的规范；到了春秋中、晚期，礼制发生动摇，

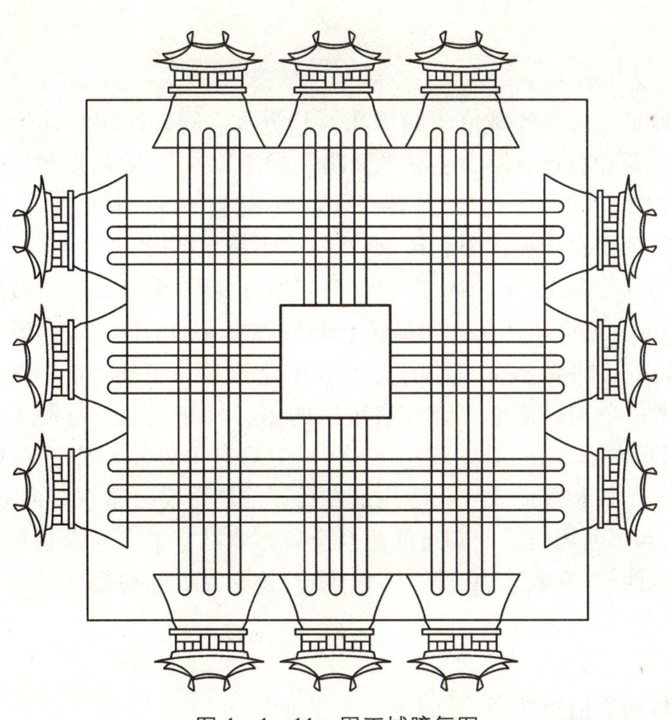

图 1－1－11 周王城臆复图

埋葬制度发生了较明显的彼岸的变化。

春秋中期的大墓，有新郑的郑伯墓，辉县琉璃阁诸墓，长治分水岭韩国贵族墓，侯马上马村晋国贵族墓，洛阳中州路春秋墓及山东滕州春秋薛国贵族墓，沂水春秋莒国国君墓以及山东长清仙人台、北临沂凤凰山春秋贵族墓，等等。

春秋时期的秦人墓，在雍城以南的高庄、八旗屯、南指挥西村等地都有发现，大墓多有墓道，还有殉人现象，多见车马坑，位于墓主左侧或脚下。中小墓葬形制为长方形竖穴土坑，早期多直壁，已出现口略大于底者，越晚，收分越大。盛行蜷曲特甚的是曲肢葬，也有直肢葬。墓主头向比较一致，大多朝西或偏北，使用木质棺椁，随葬品放置在棺椁之间的头箱或头部二层台上。

二

其次说周公庙遗址，位于陕西岐山县北，范围达好几平方公里，已探明夯土建筑基址数十处，其中一处面积达 500 余平方米，由三组建筑组成。保存较好的一组建筑长约 20 m，宽约 8 m，在其周围发现大量的先周和西周时期的空心砖、条砖、板瓦等建筑构件，应为贵族宫室区。附近还发现铸铜作坊和大量陶范，所铸器物有礼器、兵器、车马器及工具等，时代属商周之际。已探明三处大型墓地，一处是位于五爪梁东一爪的 36 座大型贵族墓，是迄今所知最高等级的西周墓，墓地外有陵垣。内有四条墓道的大墓 10 座，三墓道、两墓道和一条墓道的墓葬各有 4 座，无墓道的有 14 座，有的可能是车马坑；第二处为东三爪的中小型墓 192 座，多是贵族墓；第三处是樊村北的西周平民墓 200 余座。发现有三处甲骨坑，其中一处出土 740 余片甲骨，有刻辞者 82 片，计 400 余字，五次出现“周公”之名。关于周公庙的性质尚有分歧：其一，认为这是一处以先周遗存为主的、具有都邑性质的遗志，四墓道大墓可能是周王陵；其二，认为这是周公采邑，墓地应是周公旦的家族墓。

三

春秋时期的城址。曲阜故城位于曲阜洙河和沂水之间。此城约建于西周晚期,其文化内涵主要以西周晚期和春秋时期为主。平面略呈圆角长方形,除南垣较直外,其余三面均向外凸出。最宽处为 3 700 m,南北最宽处为 2 700 m,基宽 40 m,面积约 10 km^2。至今部分城垣仍耸立于地面。垣墙直接在地面起筑,夯筑技术不精。四周有宽约 30 m 的城壕,与西、北的洙河相连。城门共发现 11 座,其中东、北、西三垣各 3 门,南垣 2 门。城内发现纵横道路 5 条,分别通向城门或大型夯土建筑。宫城位于郭城中央及偏南部,东、西近 1 000 m,南、北约 2 000 m,以中部偏东处的周公庙一带的大型夯土建筑最为密集,如今最高处尚达 10 m 左右。手工业作坊和一些居住遗址围绕在宫殿区的东、西、北三面。还发现有冶铜作坊 2 处,制骨作坊 2 处,制陶作坊 3 处,冶铁作坊 2 处,其中只有 1 处制陶作坊在城外,其余均在城内,还发现居住址 11 处和墓地 5 处。居住址在西周前期主要分布在城内西、北部,基本上均靠近城门和大路,到了西周的后期则可能遍及全城。北部盛果寺一带是最大的一处居住区。墓葬区全部在城内西部,有的墓内有腰坑,内殉狗,这是商人的遗俗。

四

战国时期的城市更值得注意,下面说几座遗址。

首先说齐都临淄。此城最早建于公元前 11 世纪,开国之君是吕尚。城位于今山东省的东北。春秋初,齐桓公任用管仲进行改革,国力渐强。后来在齐灵公时代,其国疆扩大到今山东东部及河北南部。临淄城的城墙如今还有残址。此城有大小两座,大城南北约4.5 km,东西约 4 km。小城嵌在大城的西南隅,城总面积约 15 km^2(图 1-1-12),这是春秋战国时期都城中最宏大的一座城市。城中有桓公台,高 14 m,台基近乎椭圆,南北长 86 m,位于小城的西北。

其次说韩故城。此城位于今河南新郑县城附近原为韩国都城,正灭韩后,亦在此建都。城分主城和外廓城两部分(图 1-1-13)。主城近似正方,周长 9.8 km,面积 6 km^2。外廓城位于主城的东侧,其范围比主城大。主城内是宫殿区及贵族居住区,居住区位于宫殿的北边,今尚存很多当时的房基、下水管道及水井,居住区北有残存的烧陶窑址。外廓城内主要是手工业、商业和一般市民的居住区,有规模很大的冶铁遗址,曾发掘出鼓风管、炉渣、红烧土及铁砂等。冶铁场背面有一处玉器制造场及骨器制造场,发现有锯过的骨器。手工业区的西边,是当时商业交易的场所。外廓城内还有一座仓城,是储存物资的大型仓库。这个遗址规模大,遗物多,可见当时这座城市相当繁荣。

五

再说燕下都。此城位于今河北省易县城南(据记载燕上都在今河北省蓟县,但如今尚未被发掘)。此城分东西两城:东城是主城,为内城;西城是外城,为加强防御而建的。东城正面中轴线布局。城南有河道,即易水;北面远处也有河道,即北易水城墙厚达 7~8 m,高 4~7 m,最高处达 10 m。城内土台大部分都建在东城。东城偏北是宫殿区,所以土台特别高。在战国时期,高台建筑很多,所谓“高台榭,美宫室”,当时的大型建筑,都建在夯土台基上。保留到今天的有武阳台、张公台、老姆台、路家台、老爷庙台等,其中最大最高的是武阳台,长达 100 m,高 6~7 m。图 1-1-14 为燕下都遗址平面图。

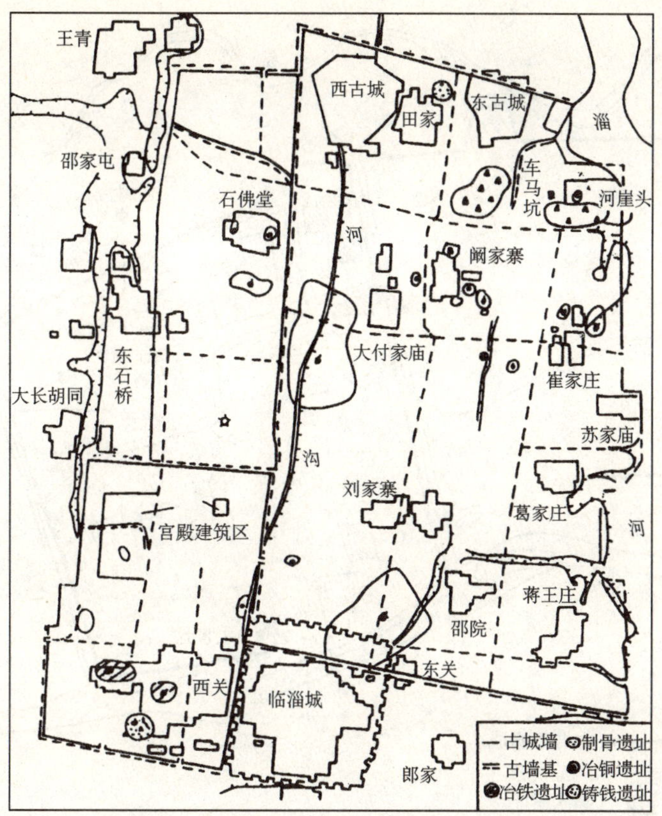

图 1-1-12 齐都临淄

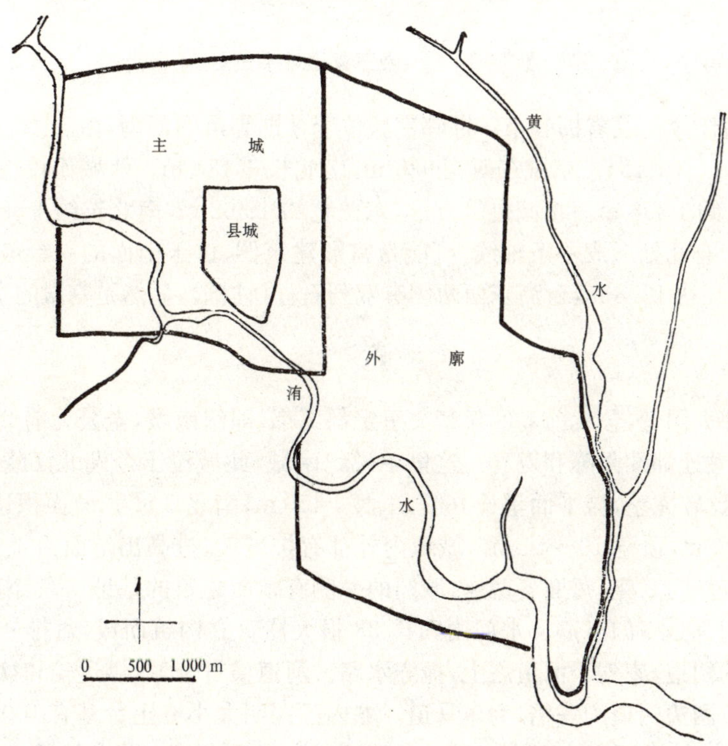

图 1-1-13 韩故城平面

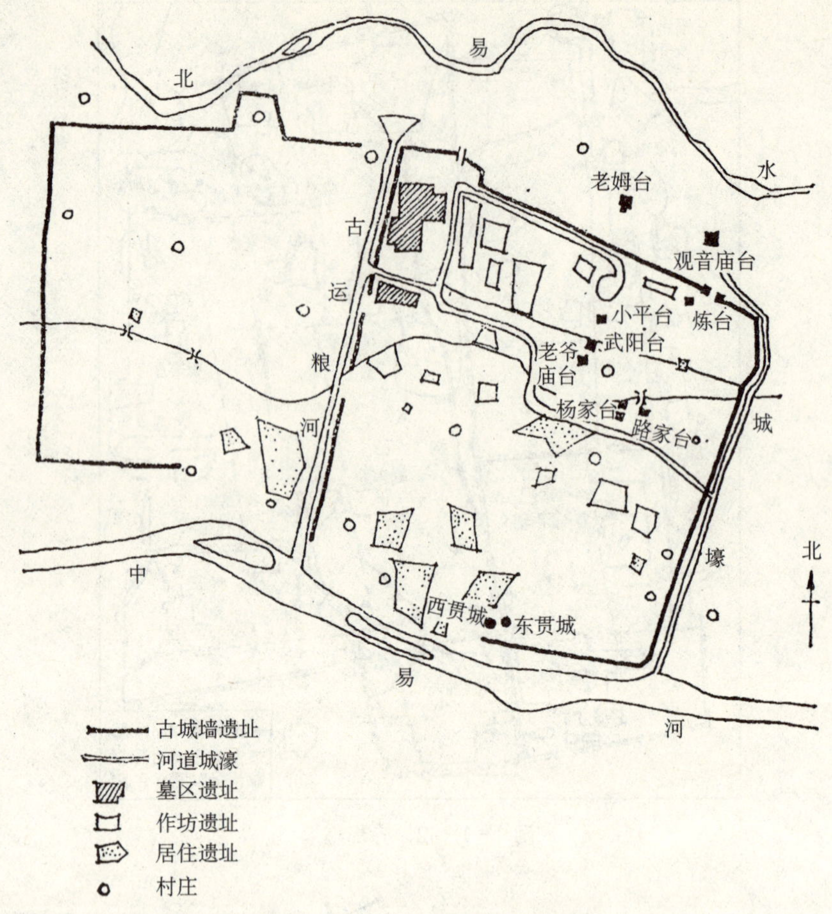

图 1-1-14　燕下都遗址平面图

赵都邯郸位于今河北省邯郸市。邯郸宫城位于今邯郸市的西南，由三个城组成，其平面像个“品”字(图 1-1-15)。东城东西宽 935 m，南北长 1 434 m。西城比较规整，东西宽约 1 326 m，南北长约 1 396 m。北城也呈方形，东西宽约 1 362 m，南北长约 1 557 m。城址有夯土平台 15 处，有几处形成一条轴线，可能是宫殿建筑群，位于南面的一台最大，其面积为 221 m×288 m，高达 13.8 m，台商东西两侧有双列石柱(柱础)，显然是宫殿的主要建筑。

六

战国时南部大国楚，公元前 689 年楚文王定都郢都，即纪南城，至公元前 278 年，秦将白起拔郢，楚便相继迁都淮阳陈和寿春。这里单说纪南城，此城位于今湖北江陵县北 5 km 的纪山之南，保存比较完整，城平面呈长方形，东西 4 450 m，南北 3 588 m，面积达 16 km^2。城墙底宽为 30～40 m，顶宽 10～14 m。城垣内外都有护城坡，进高出地面为 4～5 m，城外有护城壕。全城有城门 8 座，每面各两座，城门的一侧有附属建筑的基址。东、南、北各设水门一座。水陆城门都是一门三道。水门由四排 38 根大柱直立构筑而成，每排 9～11 根，形成三个宽度相等的门道，凌驾于河道之上，扼守水路。河道横贯全城，供运输和饮用；陆上城门的中间门道宽于两边门道约一倍，为车马道。城内已探明大小夯土台基有 100 多处，纵横排列，井然有序。东南部夯土台基较密集，61 座台基，排列规整，最大的长 100 m，宽也是

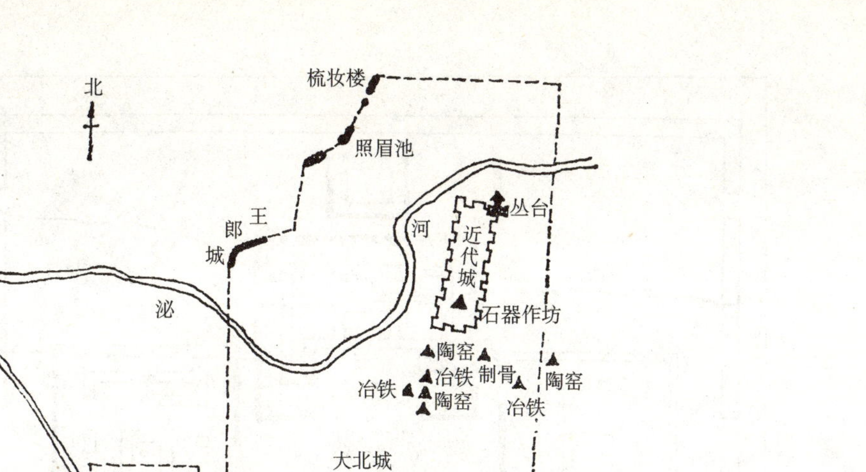

图 1-1-15 赵都邯郸遗址平面图

100 m,有成排的柱洞、隔墙以及散水、下水道等,是宫殿区。在其东侧和北侧,已探到夯筑宫墙遗迹,全长达 1 300 m,宽 9 m,墙外有壕沟。宫城的东北发现大型建筑 15 处和大型鱼池 5 个,并分布有一般居址,可能属贵族居住区。西南部是冶炼、铸造、纺织等手工业作坊区,周围堆积很厚的瓦砾城,城内外都有大量窑址。城北部龙桥和西段有制陶作坊遗址和数百个水井,西部和北部是密集的居民区。城内发现战国早期及以前的墓葬,春秋晚期以前遗存发现较少。根据已发掘的两处城门下压有春秋晚期地层、灰坑判断,该城始建于春秋晚期,与文献记载有出入,但也可能属于多次增修。一般认为此即郢都。

七

秦都城早期不在咸阳,而是在雍城。据史书记载,雍城位于陕西凤翔县城南,秦德公元年(前 677 年)建都雍,至献公元年(前 383 年)迁都栎阳。雍城为一不规则的方形平面的城市,边长3.2～3.3 km,东有纸坊河,南依雍水,西城墙外筑护城河,构成严密的屏障。城内中部姚家岗、马家庄、凤尾村均发现有春秋时期的宫殿建筑(遗址),城北部铁沟、高王寺等处也发现有战国时期的宫殿遗址。“马家庄遗址群位于城中偏南,发现三处宫殿宗庙建筑。一号宗庙建筑坐北朝南,平面长方形,四周环绕围墙,东西 87 m,南北约 70 m,面积 6 660 m^2。南茜正中是带塾的屋式大门,由大门向北,中庭、朝寝、亭台构成南北轴线,主体建筑呈”“品”字形排列,布局规整,各自绕以回廊和散水,内部再以墙分隔为不同功能的区间。东西左右对称配置厢房,形似周原的封闭式宫殿建筑……”(引自马利清主编《考古学概论》,中国人民大学出版社,2010.11)图 1-1-16 就是凤翔马家庄一号建筑群遗址平面图。

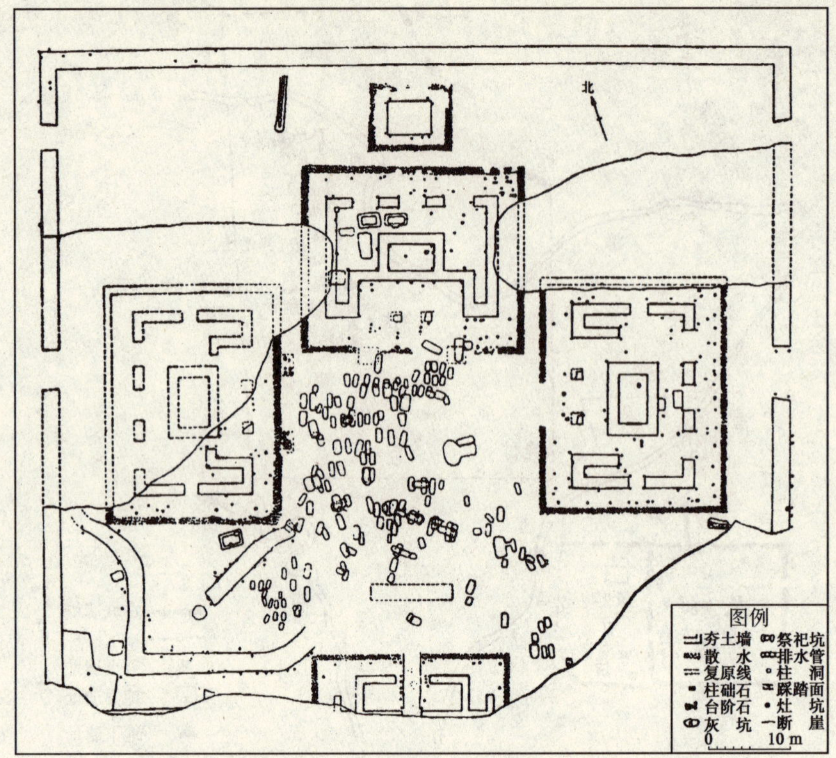

图 1-1-16　凤翔马家庄一号建筑群遗址平面图

第二章
秦汉至魏晋南北朝的建筑

第一节 秦代的建筑

一

秦始皇灭六国，一统天下；但到了秦二世，不到15年的时间，就被楚、汉所灭。秦在历史上虽然时间很短，但功绩不小，"……一法度衡石丈尺，车同轨，书同文字。"(《史记・秦始皇本纪》)做了好多统一中国的大事。在建筑上，秦代的建筑也比较轰轰烈烈，在此说秦代的最主要的三个建筑：万里长城、阿房宫和秦始皇陵。

所谓万里长城，是指秦始皇统一中国后整修的长城。但其实长城早在春秋时期就有了。到了战国时代"战国七雄"，各自修筑边城界墙，多为抵御北方少数民族及外来敌人所建，这些就是"万里长城"的前身。秦统一中国后，为了防止北方少数民族(匈奴、东胡等)的侵犯，把燕、赵、秦的北方边界的长城连接起来，并延长成为西起临洮(今甘肃肃岷)，东达辽东，长达万余里的"万里长城"。

如今我们所看到的长城是明代所修建的，秦长城现在几乎已消失殆尽，只留下一点点基址土墩了。秦长城，为秦大将蒙恬所造，据司马迁的《史记・蒙恬列传》所记："……秦已并天下，乃使蒙恬将三千万众，北逐戎狄，收河南。筑长城，因地形，用制险塞，起临洮，至辽东，延袤万余里。"

二

其次是阿房宫。这座建筑是秦代都城咸阳(位于今咸阳市东北)以南的上林苑中的朝宫。这座建筑规模甚大，据《三辅黄图》记载："……规恢三百余里，离宫别馆，弥山跨谷，辇道相属，阁道通骊山八十余里。表南山之颠为阙，络樊川为池。"其实秦始皇在世时此建筑还未完全建成，还没有给它取名。"阿房"是临时取的宫名，是根据这里的地名而名的，"阿房"应读作 ē páng，不读 ā fáng。据《史记・秦始皇本纪》中说，阿房宫前殿"东西五百步，南北五十丈，上可以坐万人，下可以建五丈旗。周驰为阁道，自殿下直抵南山。表南山之巅以为阙。

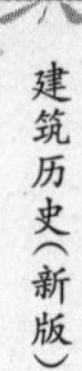

为复道,自阿房渡渭,属之咸阳,以象天极阁道绝汉抵营室也……"这座伟大的建筑早已被西楚霸王项羽付之一炬,但所幸其基址尚在,为之一证。

三

最后说秦始皇陵。此陵墓位于今西安附近的骊山。秦始皇即位不久,就开始建筑这座陵墓。这是一座伟大而神秘的皇陵,它的内部构造,据《史记》记载,墓的底部在很深的水层以下,整个墓室融铜灌铸以加固,墓室内有宫殿及百官位次,各种奇珍异宝充塞其间,墓内点燃着鲸鱼油脂制成的长明灯,墓中还设有防止盗掘的自动发射的弩弓暗箭。墓顶上绘有日月星辰,下面是九州山河的模型,奇异的机械装置驱使水银在江河湖海的模型中不停地流动。整个陵墓封土高达五十丈,周围近五里,俨然一座小山。据考古调查探明,秦始皇陵园原建有内外二城。内城平面呈方形,周长 2.6 km,外城南北向长方形,周长达 6.3 km。

20 世纪 70 年代,在秦始皇陵东侧,首次发现兵马俑,为之震动全球,被誉为世界古代"第八大奇迹"。

第二节　两汉时期的建筑

一

公元前 206 年,楚霸王项羽率军攻入咸阳,焚毁秦宫室,从此咸阳衰落。公元前 202 年刘邦击败项羽,建立西汉王朝,建都长安,从此建立了稳定的政权,历 200 余年。公元 9 年,王莽篡位,建立"新",但不久就被刘秀夺回政权,恢复汉室,建都洛阳,是为东汉。东汉又经历 200 余年,于公元 220 年分裂为魏、蜀、吴,东汉解体。两汉 400 余年,对中华文化影响甚大,如今我们仍称"汉人",就是由此而来。"汉承秦制",秦汉两个朝代,对于建筑文化影响很大,中国古代建筑有许多定制都是这一时期所定。

先说都城。汉都长安,位于今西安市的西北。这座城市为世界古代之大都市,比当时的古罗马城大数倍。

汉长安城外形不甚规则(图 1-2-1),这也许是受到地形的影响;但有的史书上则说是其形状是按星座而建的。"城南为'南斗'形,城北为'北斗'形,至今人呼汉京城为斗城是也。"(据《三辅黄图》)

长安城内街道宽畅,又植行道树,形态壮观又很有情态。城内宫殿占去一半以上面积。未央宫在城西南,长乐宫在城东南,北面还有桂宫、明光宫等。西汉末年,王莽篡位,城内大乱,从此长安衰落;东汉建都洛阳。

汉初,刘邦称帝,丞相萧何协助建城造宫,并向刘邦提议:"天子以四海为家,非壮丽无以重威,且无令后世有以加也……"(《史记·高祖本纪》)但大规模的建设,还是到汉武帝(刘彻)时才开始。

长乐宫位于汉长安城的东南。此宫是汉高祖五年(公元前 202 年)在秦离宫兴乐宫的基础上重加修葺而成的,以前殿、宣德殿、临华殿、温室殿等 14 座殿宇及鸿台等许多建筑组成。这里是汉高祖时期的政治中心,是汉代最初的朝仪之地。汉高祖过世后,长乐宫专供太后居住。

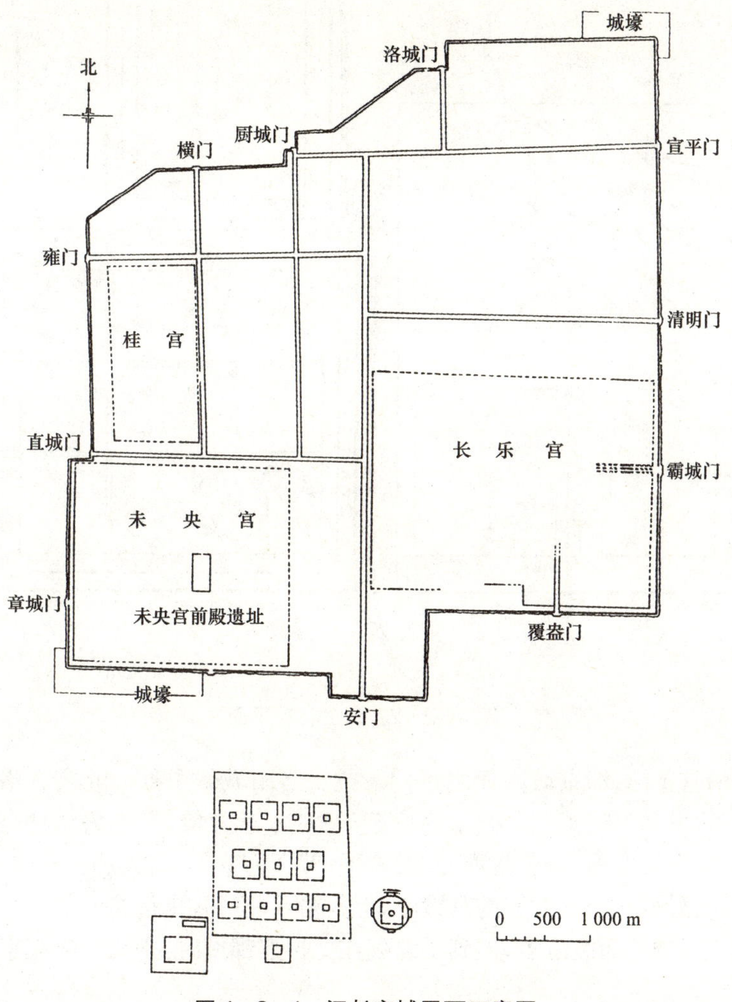

图 1-2-1 汉长安城平面示意图

未央宫位于长乐宫之西，建于汉高祖七年(公元前 200 年)。据统计汉代的未央宫内著名的建筑有 40 余座。未央宫主要的宫门有东门、北门，立东阙、北阙，阙内还有司马门。未央宫前殿为“大朝”，前面设端门。殿之东有宣明、广明两殿，西有昆德，玉堂两殿，殿西还有白虎殿，汉成帝时曾在这里接见匈奴单于，前殿后有石渠、天禄两阁。内庭有宣室殿，为宫的正寝，另有温室、清凉两殿。椒房殿为皇后所居，昭阳舍、增城舍、椒凤舍、掖庭等均为嫔妃所居。其他还有柏梁台、武库、苍池等。“宫周二十二里九十五步五尺，台殿四十三，门闼凡九十五。”(葛洪《西京杂记》)据现代考古工作者实测其遗址，未央宫近方形，周长 8 560 m，面积约 4.6 km^2。

汉长安还建造大型的皇家苑囿，位于城西郊的上林苑(图 1-2-2)最为有名，其中建章宫是苑内主体。苑之北有太液池，池周围建筑十分奢华。汉武帝晚年喜神仙道术，所以太液池中有三个小岛，分别叫蓬莱、方丈、瀛洲。说是象征“海外仙山”，后来造园有“一池三山”之法，即出于此。

汉光武帝刘秀建立东汉，都城改在洛阳。汉光武帝时代(公元 27—57 年在位)在洛阳建造南宫，汉明帝时代(公元 58—75 年)建造北宫，汉和帝至汉灵帝时代(公元 89—189 年)，又陆续建造了东宫、西宫等。东汉洛阳的宫殿建设时间拖得很长。

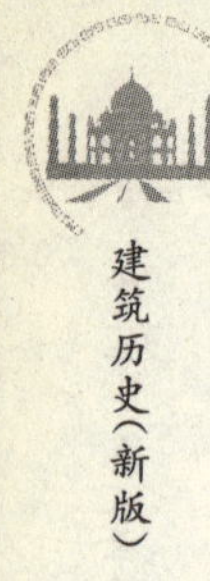

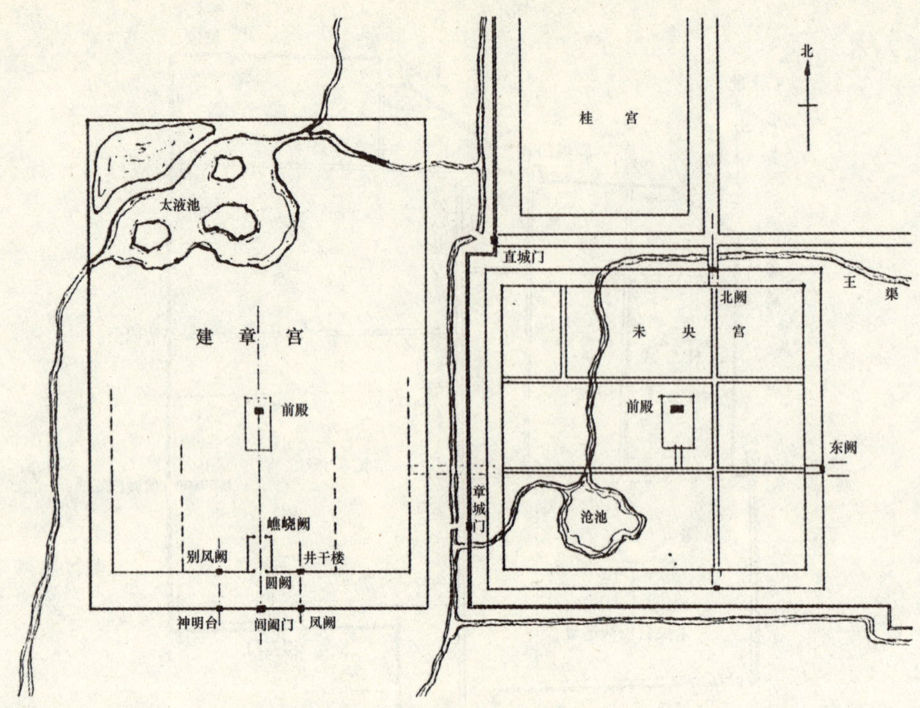

图 1-2-2　汉上林苑平面

东汉洛阳南宫正门，即京城南面之正门。位于洛阳城偏东处。北宫在洛阳之东北。南北二宫相距七里。据《三辅黄图》中说，皇宫建筑以“木兰棼橑，文杏为梁柱；金铺玉户，华榱璧珰。雕楹玉碣，重轩镂槛，清琐丹墀，左城右平；黄金为壁带，间以和氏珍玉。风至，其声玲珑然也”。东汉宫殿虽比西汉长安的宫殿小，但其精致、富丽，也许是有过之而无不及。东汉洛阳在东汉末年因战乱而衰落了，但到了北魏在此再建都城时，则又兴旺起来。

二

汉代的住宅，早已消失殆尽，但在一些文献资料中有所记述。图 1-2-3 是四川成都出土的一块汉代画像砖，图中画的是一座大型住宅，其主人也许有一定的官衔。这座住宅的布局分左右两部分：图的左侧有门、堂，是住宅的主要部分；右侧是附属性建筑。左侧的外部有大门，上装有栅栏，图绘得很详细而具体。门内分为前后两个院子，均用回廊绕之，很有生活情趣。后面的院子正面，绘出三开间的正屋，屋上梁架也画得很清楚，属悬山式单檐屋顶。室内还画出两个人席地而坐，似谈笑风生，院中有双鹤起舞。屋前有台阶，可能是堂屋。另一个院子里面有两只鸡在争斗，可能是一种娱乐性活动，右侧也分前后两院，有回廊。

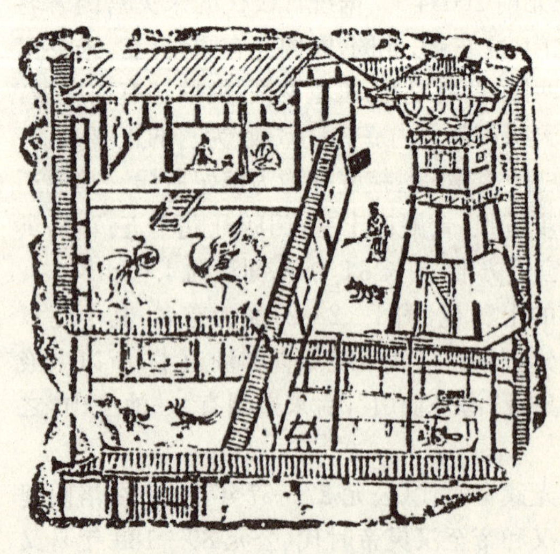

图 1-2-3　汉代画像砖

前院可能是个杂院，较小，里面绘出厨房、水井及晒衣架等。后院内画出一个高楼，可上楼远眺，高楼的屋顶用庑殿式，檐下有斗拱。

用建筑来显示人和社会等级，在汉代很重视。在住宅中把大门做得很考究，如贵族宅第，外有正门，由左、中、右三部分组成，屋顶中央高两边低。正门在中间，两边设小门，平时小门出入，有重大事件时需讲究仪礼，则“大开正门”。有的还在大门里面设中门，形成一条中轴线，可以通车马，十分豪华。大门两边设门庑，以留宾客。

三

两汉时期的陵墓做得也很考究，这里只说汉武帝的茂陵，此陵在陕西兴平东北的窦马，这座帝王陵墓是诸汉陵中最大的一座，它是汉武帝刘彻（公元前156—前87年）的陵墓。汉武帝是汉代第五代皇帝，在位达50余年，为西汉的鼎盛时期。茂陵周围用夯土方形城垣，每边长达400余米。里面的坟呈圆台形，形态庄重。茂陵里面藏有无数宝物，这是中国古代墓葬陵寝制度之做法，所谓“虚地上，实地下”。据《汉书》记载，墓室里“金银财物、鸟兽鱼鳖、牛马虎豹生禽，凡百九十物，尽瘗臧之”。

最后说墓阙，图1-2-4是四川雅安的高颐墓阙，这是一座建于东汉的石阙，其一边有子阙，不对称，其实这种阙有左右两座，对称布置，形成墓道中轴线。这种阙的形态是仿建筑的，主阙顶上有屋脊，下面似重檐屋顶，做出瓦楞状。下面还有石浮雕斗拱等，作为装饰，底下有基座。从建筑造型来说，可谓比例匀称，形态稳定，细部繁简得体。

图1-2-4 四川雅安高颐阙

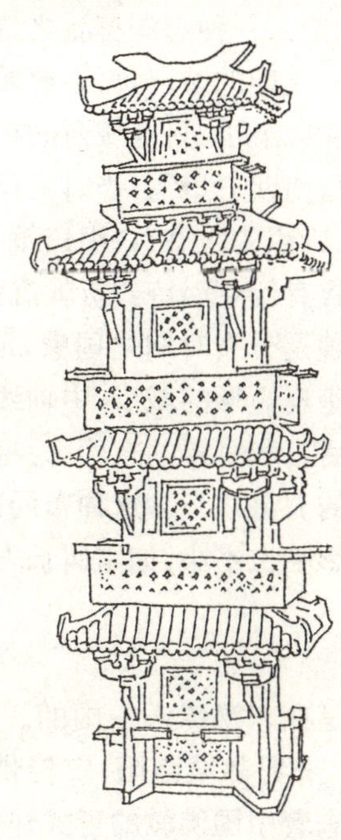

图1-2-5 山东出土的望楼明器

阙也是一种象征，相传是“阴间”的望楼。所谓望楼，其作用是登高望远，如上面说的成都出土的汉画像砖（图1-2-3）上所绘的望楼。图1-2-5是山东高唐出土的一座望楼明器，是墓内的象征物。

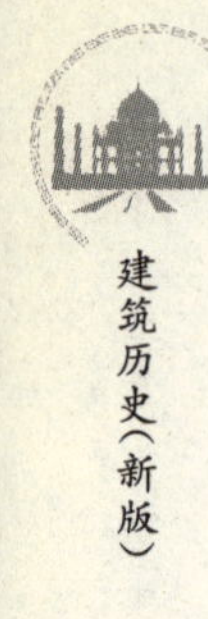

第三节　魏晋南北朝的建筑

一

东汉以后,国家分裂成三,历史上成“三国”,即魏、蜀、吴。后来统一,建立西晋王朝。但不久又分裂为南北两部分,南方为东晋,然后是宋、齐、梁、陈四个朝代;北方建立北魏,少数民族掌政,然后又分裂为东、西魏,接着分别被北齐、北周取代。到了公元581年,统一为隋,才结束400年的分裂局面。由于从三国时代的吴(东吴)开始建都建业(今南京),后来东晋、宋、齐、梁、陈均建都于此(东晋后,其名改为建康),前后历六个朝代,故历史上称之为“六朝”,这个时期在建筑上也颇有点成就。

这个时期虽然分裂、战乱,但在文化艺术上却有较多的成就。在城市建设上也有点成就。据《世说新语》所记:“宣武移镇南州,制街衢平直。人谓王东亭曰:‘丞相初营建康,无所因承,而制置纡曲,方此为劣。’东亭曰:‘此丞相乃所以为巧。江左地促,不如中国。若使阡陌条畅,则一览而尽;故纡余委曲,若不可测。’”(“言语”篇)桓温移镇建康以南的南州姑孰,他规划修建的街道很平直。有人对东亭侯王珣(王导之孙)说:“丞相当初筹建建康城的街道时,没有现成图样可以仿效,所以修筑得弯弯曲曲,与这里相比就显得差了。”王珣说:“这正是丞相规划的巧妙之处。江南地方狭小,不比中原。若街道平直一眼便见到底;若做得拐弯抹角,便能给人一种幽深莫测之感。”这其实就是不尽之意,有含蓄之感。

魏晋南北朝的城市,再说曹魏的邺城。此城位于今河北省临漳县附近。如今此地大部分已在黄河底下了,只有城西的铜雀台一带,还位于漳河岸上,郦道元在《水经注》中说,邺城“东西七里,南北五里”。当时一尺约0.245 m,故此城东西为3 087 m,南北为2 205 m。“西北有三台,皆因为之基”,“中曰铜雀台,西则金虎台,北曰冰井台”。其中铜雀台最有名。唐代诗人杜牧有《赤壁》诗:“折戟沉沙铁未销,自将磨洗认前朝。东风不与周郎便,铜雀春深锁二乔。”曹魏是分裂时期之国家,所以其都城规模不大。但邺城的最大特点在于形制创新。邺城是一座扁矩形的城市,中轴线之北端是宫城,其东为一组官署,官署后部为后宫,是曹操的宫室。后宫和官署的东面,为皇家贵族的住所,叫“戚里”。城的南部为居住、商业区,约占全城面积的五分之三。这种布局已与《周礼·冬官考工记》所说的大不相同了。邺城的形式对后世的影响也不小,如隋唐长安,与这种形式是相近的。

二

佛教是在东汉传入中国的。东汉永平年间(公元58—75年)汉明帝时,印度高僧摄摩腾、竺法兰来到都城洛阳,宣传佛教,于永平十年(公元67年)译出第一部佛经《四十二章经》,这标志着中国佛教的正式建立。当时又建造佛寺白马寺,这是我国建造最早的佛教寺院。此寺至今尚在,但其建筑已是后来重建的了。后来到了魏晋南北朝时期,佛教建筑就大量涌现。

唐代诗人杜牧有诗云:“南朝四百八十寺,多少楼台烟雨中。”但其实当时南朝的佛寺远远不止480座;北朝的佛寺也不亚于南朝。据记载,当时北朝的佛寺达1 300余座。

人事有代谢，往来成古今。魏晋南北朝距今已有1 500多年了，佛寺虽多，如今却都不存在了。现存最古的佛寺是唐代所建的山西五台山南禅寺大殿。不过，始建于魏晋南北朝的寺院留存至今的不少，只是建筑已是后来重建的了。在此举二例。

杭州的灵隐寺，创建于东晋，据《灵隐寺志》记载，此寺始建于东晋咸和元年（公元326年）。"……竺僧慧理，山门始榜曰'绝胜觉场'，仙翁葛洪所书，正殿曰觉皇殿……宋景德四年改景德灵隐禅寺"，明初重建，改名灵隐寺。现在的灵隐寺由天王殿、大雄宝殿、药师殿、联灯阁、大悲阁等建筑组成。

河南登封嵩山西麓的少林寺，如今因武术少林拳而甚有知名度。此寺是北魏孝文帝为印度高僧佛陀修行而建。魏孝文帝笃信佛教，太和二十年（公元496年），印度僧人佛陀来洛阳传法，很受皇帝尊重，于是敕令在少室山北麓为他们修建寺庙，供给衣食。因寺庙建于少室山的密林深处，遂命名为"少林寺"。佛陀在少林寺专心翻译佛经，传授小乘佛教。少林寺建筑多有圮建。最后一次是1928年毁于战火（军阀混战），今之寺是新中国成立后修建的。

佛教建筑分三大类：寺院、塔幢和石窟。佛塔这种建筑形式是随着佛教由印度传入的；但它的形式已与印度佛塔很不相同了。"塔"这个字也是后来创造的（汉字），最早时叫窣堵坡（stupa），又叫浮屠、灵庙等，后来才统一称之为塔。印度的佛塔形式好像坟墓，是半球形的，外周环以石栏。而中国的佛塔，则种类甚多，有楼阁式、密檐式、瓶式等等。数量最多、最典型的中国佛塔为楼阁式，很像古代的望楼（图1-2-5）。中国的佛塔往往造得很高，北魏洛阳建有永宁寺塔，有九层，木构，"架木为之，举高九十丈，有刹复高十丈，合去地一千尺。去京师百里，以遥见之，……刹上有金宝瓶"，"浮图有四面，面有三户六窗，户皆朱漆，扉上有五行金钉，……至于高风永夜，宝铎和鸣，铿锵之声，闻及十余里。"（杨衒之《洛阳伽蓝记》）此塔后来毁于火灾。

河南登封的嵩岳寺塔，建于北魏正光四年（公元523年），这是我国现存最早的砖塔（图1-2-6）。此塔平面十二边形（这也是我国佛塔平面形式的特例），外径10.6 m，内径5 m，高39.5 m。塔壁有砖雕。塔的外形呈抛物线状，向上内收，曲线形状优美，增添了塔形之秀美感。塔顶部之塔刹，在壮硕的覆莲上以仰莲托相轮，做得很精致。

在魏晋南北朝的佛教建筑中，还有一类是石窟。石窟是在山崖上开凿出来的洞窟，这种形式来自印度佛教建筑。它本是佛教徒修行、生活和举行佛事活动之场所。印度佛教石窟叫"支提"（chaitya），如著名的卡尔利支提，为一长方形洞窟，洞底部平面呈半圆形。在半圆形空间的圆心处有一佛塔，用于佛事纪念活动，外部（长方形空间）多用来做功课、讲经、说法等。

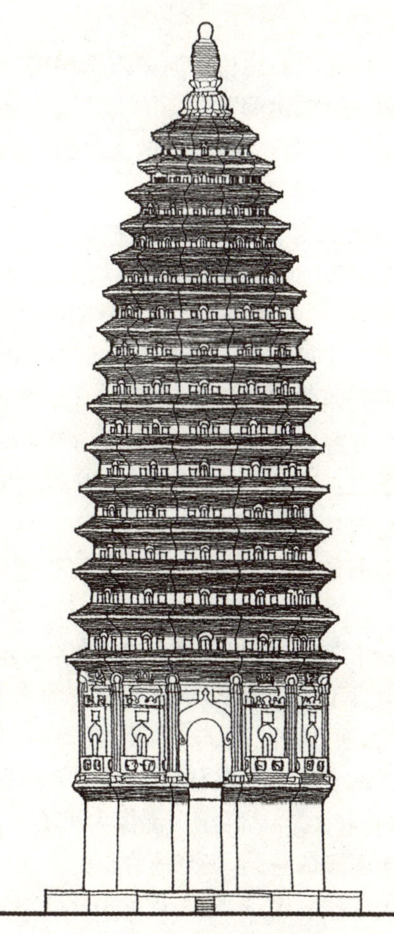

图1-2-6 河南登封嵩岳寺塔

石窟从印度传入我国,到了魏晋时代兴盛起来,大规模开凿。后来到南北朝、隋唐、五代时期,又在此基础上加建、扩建及新凿。我国较早的著名石窟有山西大同的云冈石窟,甘肃敦煌的莫高窟和河南洛阳的龙门石窟,即我国之“三大石窟”,另外如甘肃天水的麦积山石窟、山西太原的天龙山石窟及甘肃永靖的炳灵寺石窟等,也很有名,更小的石窟则数不胜数。

石窟有很多种形式,大体可以分为平顶、小窟、覆框形方窟、覆斗顶方窟、中心柱窟、穹隆顶椭圆窟、崖阁及大型佛龛、摩崖等。但从内容来说,石窟又可分为僧院窟、塔庙窟、尊像窟三类。僧院窟是在主室四面墙壁开凿佛龛、小室,然后再将塑像置其中。塔庙窟多长方形,分前后室,前室是礼拜的地方,后室中间有龛柱,柱上有小龛,内置佛像。尊像窟也是长方形的,穹顶纹饰甚有气派。

山西大同云冈石窟。此窟位于大同之西的武周山麓,东西连绵约 1 km。云冈石窟现存 53 窟,佛像菩萨飞天等总共达 51 000 余尊,规模宏大。

云冈石窟始凿于北魏文成帝和平元年(公元 460 年),至孝文帝十八年(公元 494 年)基本建成。全部洞窟可分三类:早期的 16—20 窟,平面椭圆,以造像为主,高大雄伟,其中第 20 窟,为云冈石窟雕刻艺术之代表。中部诸窟平面多长方形,有前后室,除中央雕造佛像外,四壁及顶部有浮雕。第三种是方形窟室,室内有方塔柱,四壁有佛像、龛座。其中第六窟最为典型。窟内浮雕不计其数,除大小佛像、菩萨、飞天外,还刻有释迦牟尼从降生到成佛的本生故事。

龙门石窟位于河南洛阳城南,这里南北两山对峙,伊水穿流其间,远望犹如一座天然门阙,故称“伊阙”。

龙门石窟最早开凿于北魏,大约是在魏孝文帝定都洛阳时期,此石窟开凿时间相当长,历经东魏、北齐、隋、唐、五代、北宋等朝代。据统计两山现存大小窟龛达 2 000 余个,造像达 10 万余尊。其中最大的造像,高达 17 m 余,最小的只有 2 cm。另外还有佛塔 40 余座,造像题记 3 680 余品。龙门石窟著名的洞窟有宾阳洞、潜溪寺、万佛洞、奉先寺及古阳洞等。宾阳洞由中、北、南三洞组成,宾阳中洞为主洞。宾阳洞位于龙门西山之北部,是北魏宣武帝元恪为其父母孝文帝和文昭皇太后做功德而营建的二窟之一。自北魏景明元年(公元 500 年)至正光四年(公元 523 年),是龙门造像中雕凿时间最长、用工最多,也最富丽堂皇的一个洞窟。本尊释迦牟尼位于中央,高 8.4 m,面部清秀,为北魏时期的石刻之上品。主佛两侧有二弟子、二菩萨。两侧壁上雕一佛二菩萨。窟顶雕有 10 个伎乐天人飞翔在莲花宝盖周围。宾阳北洞是北魏时期始凿的,到唐代才完成。正中是阿弥陀佛像,高 7 m,雕刻工细生动。宾阳南洞是北魏至隋代所凿,以阿弥陀佛为主佛像面部丰润,衣纹流畅,为佛教雕刻艺术之上品。

甘肃敦煌的莫高窟。此石窟俗称千佛洞,位于甘肃之敦煌三危山与鸣沙山之间,南北长约 1 610 m。相传前秦建元二年(公元 366 年),有位僧人叫乐樽的,他在此山上见金光闪闪,似有千佛在山上,于是他就在山崖上开凿洞窟,即莫高窟的第一个石窟。后经北魏、西魏、北周、隋、唐、五代、宋、西夏、元等各朝代不断开凿,形成了一座规模雄伟、内容丰富,具有高超艺术价值的佛教石窟。如今莫高窟中还保存洞窟 492 个,壁画总面积达 45 000 m^2,彩塑 2 000余尊,莫高窟中佛像大小不一,大的有数十米高的彩塑,小的只有十几厘米高。窟内绚丽多彩的壁画,表现内容也是多方面的,如古代的狩猎、耕作、纺织、交通、战争以及建筑、音乐、舞蹈、婚丧、寿庆及各种社会活动,可谓应有尽有,它不但是一部佛教艺术史,同时也是一部社会文化史。

麦积山石窟位于甘肃天水，开凿与十六国时期的后秦，并创建佛寺。北魏、西魏、北周时期，大规模开凿。如西魏文帝，再修崖阁，重兴寺宇；魏文帝皇后去世，凿麦积崖为龛而葬；北周保定、天和年间，大都督李允信为亡父造七佛阁。现存最早的石刻题记为北魏宣武帝景明三年(公元502年)。唐代开元二十二年(公元734年)天水大地震，使麦积山石窟崖面中间部分倒塌，故整个石窟便分成东西两崖。东崖现存54窟，西崖现存140窟。麦积山的特征是窟内的佛像几乎都为泥塑，这是由于这座山的石质松，不宜精雕。麦积山石窟内有大小佛像7 200余尊，其中最高的高16 m，最小的高仅10余厘米。

三

魏晋南北朝时期的居住建筑，如今早已消失殆尽；但从一些文献资料中可以了解到，当时的住宅形式可以分为两大类，一类是城市住宅，其形式仍以分进四合院为主；另一类是乡村住宅，其形式比较自由，结合地形和农业生产之需而为之。

图1-2-7　洛阳的北魏宁懋石室石刻

魏晋南北朝的居住建筑形式，还可以在一些石刻画上依稀看到，如洛阳的北魏宁懋石室石刻，如图1-2-7所示，图中还可以看出屋架结构，还表现出斗拱(人字拱)、栏杆等，说明是一处比较考究的住宅。图中还有一些林木，也能了解到当时生活场所与自然的结合。

魏晋南北朝时期乃是分裂、动乱的时期，但这时江南一带相对比较平安，而且也比较富庶，所以一些文人士大夫多到这里来过隐居生活，如大书法家王羲之和他的一些志同道合者，来到山阴(今浙江绍兴)之兰亭，吟诗书文，赏景作画。当时有王羲之、谢安、谢万、孙绰、徐丰之、孙统、王徽之等共42人，在兰亭大聚会，“永和修禊”，“流觞曲水”，吟诗饮酒，将诗合成诗集，王羲之作“序”，即《兰亭序》，被褚遂良誉为“天下第一行书”。东晋时的陶渊明，更是追求山居田园生活：“少无适俗韵，性本爱丘山。误落尘网中，一去三十年。羁鸟恋旧林，池鱼思故渊。开荒南野际，守拙归园田。方宅十余亩，草屋八九间。榆树荫后檐，桃李罗堂前。暧暧远人村，依依墟里烟。狗吠深巷中，鸡鸣桑树颠。户庭无杂尘，虚室有余闲。久在樊笼里，复得返自然。”(《归田园居》)这就生动地描述了他的居住环境。

四

魏晋南北朝时期的陵墓也很有特点。这里主要说南朝的一些帝王陵墓。

南朝帝王陵墓大多是在江苏南京附近的江宁、句容、丹阳一带。主要的陵墓有：宋武帝刘裕的初宁陵，齐宣帝萧承之的永安陵，齐武帝萧道成的泰安陵，齐景帝萧道生的修安陵，齐武帝萧赜的景安陵，齐明帝萧鸾的兴安陵，梁文帝萧顺之的建陵，梁武帝萧衍的修陵，梁简文

帝萧纲的庄陵。陈武帝陈霸先的万安陵，陈文帝陈茜的永宁陵，及梁代宗室王侯萧宏、萧秀、萧恢、萧憺、萧景、萧绩、萧正玄、萧暎墓等。

南朝的陵墓可以分为帝王陵和王公贵族墓两大类。帝王陵前置有许多石刻，其中以梁文帝萧顺之建陵保存最多，共有四种八件，对称布置：石兽一对、神道石柱一对、石碑一对、石兽与神道石柱之间残存的方形石础一对，石础上的结构已失。大多数帝王陵前的石刻只存石兽一对，少数只有石兽一件。帝王陵前的石兽，其形象大同小异，这种石兽不是狮，而是叫麒麟、天禄或辟邪。南朝帝王陵前的这些石兽，称得上是我国雕塑艺术史上的优秀之作。这种石兽形体硕大，雕刻精到，造型夸张，自然生动。这些雕刻，已脱去了汉代石刻的板滞、古拙，抓住了形象的典型特征，仰首垂身，有的蹲伏潜发，有的举踵如跃，有的若行若止，十分生动。

在这一大片土地上，还有18处王公贵族的墓做得比较考究。其中以梁代安成王的萧秀墓保存最全，共有八件三种，即石狮一对（帝陵前不用石狮，王公贵族墓前多用石狮），神道石柱一对，石碑两对。

南朝帝王陵前的神道石柱（又叫墓表）做得很考究，内容很丰富。神道石柱的总体形象为圆柱状，分为上、中、下三部分。图1-2-8是萧景墓的墓表（神道石柱）。下部柱础刻有两螭，两螭口皆衔珠，头长双角，长尾相交，相对作环状蹲伏。中部为柱身，柱表饰竹筒纹二十四道，上有长方形石额一方，额上文字即表文。石额上下雕有蛟龙、绳索、力士等浮雕。上部为一仰莲形的圆盖，圆盖上蹲着一小辟邪。整个墓表形象挺拔秀美，又富有纪念性。

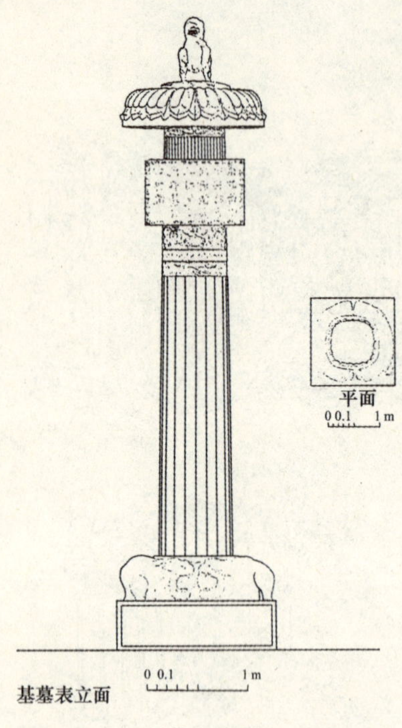

图1-2-8　萧景墓前的神道石柱

第三章
隋、唐、五代的建筑

第一节　隋、唐、五代的城市和宫殿

一

从东汉以后的三国开始，直到隋统一中国，分裂的局面前后持续了将近400年之久。但与秦一样。隋也很短，只有37年就被唐所取代。隋统一中国，在城市和建筑方面也有一定的成就。

先说城市。隋文帝是一位有远见卓识的皇帝，他觉得大国都城，唯有长安最宜，因为长安是很有优势之地：一是洛阳、邺城等地，在战乱中受到严重的破坏；二是建康（今南京），似偏南，对统治整个中国不利；三是陕西关中一带，东西南北，是当时的政治统治之要地，而且这里又是隋起兵之地，是"革命根据地"，这里的百姓必然拥戴皇朝。隋文帝决定建都于此，但也并不是在西汉长安原址上建都，而是在汉长安城之东南，新辟一地，建造都城。其理由是：首先，这里曾经战乱，破坏严重，残垣断壁，清理困难，不如另择平坦之地；其次，这里地势本来也不怎么好，地形狭小，水质咸卤；第三，原来西汉时都城的道路和建筑等多有不合理之处。因此，隋文帝杨坚在开国的次年，即开皇二年（公元582年），就在西汉长安之东南动工兴建都城，并定名为"大兴"，以示新的历史的开始。

大兴城的布局，外面是方正的城廓，内部是整齐的街道，整个城市井井有条，建设得十分理想。可惜隋炀帝腐败，都城建成后不久，皇朝就被李渊等起义军推翻。后来李渊建立唐朝，其都城也选在此，可谓坐享其成。但名字改为长安。大兴城的基本格局几乎没有什么变动。图1-3-1是唐长安城，其总体特征是中轴线对称布局，以正对宫城大门承天门、皇城大门朱雀门，直至南城中门明德门的朱雀大街为中轴线，城门位置、道路的格局及东市西市的位置等，都是严格对称的。城内的道路是方格网形式，南北大街十一条，东西大街十四条。道路等级分明，层次清楚，以通达城门的大街为主干道，其他则为次级道路，最后则是通达诸街坊内的小路。道路最宽的达180 m。唐长安城内的居住区为街坊形式，是封闭式的坊里制。这样的布置便于管理，对社会治安有好处。唐初贞观年间，有"道不拾遗，夜不闭户"之说，即"贞观之治"。

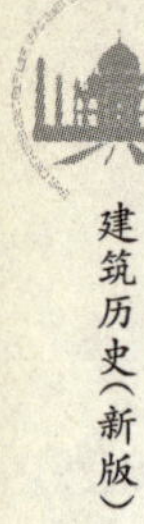

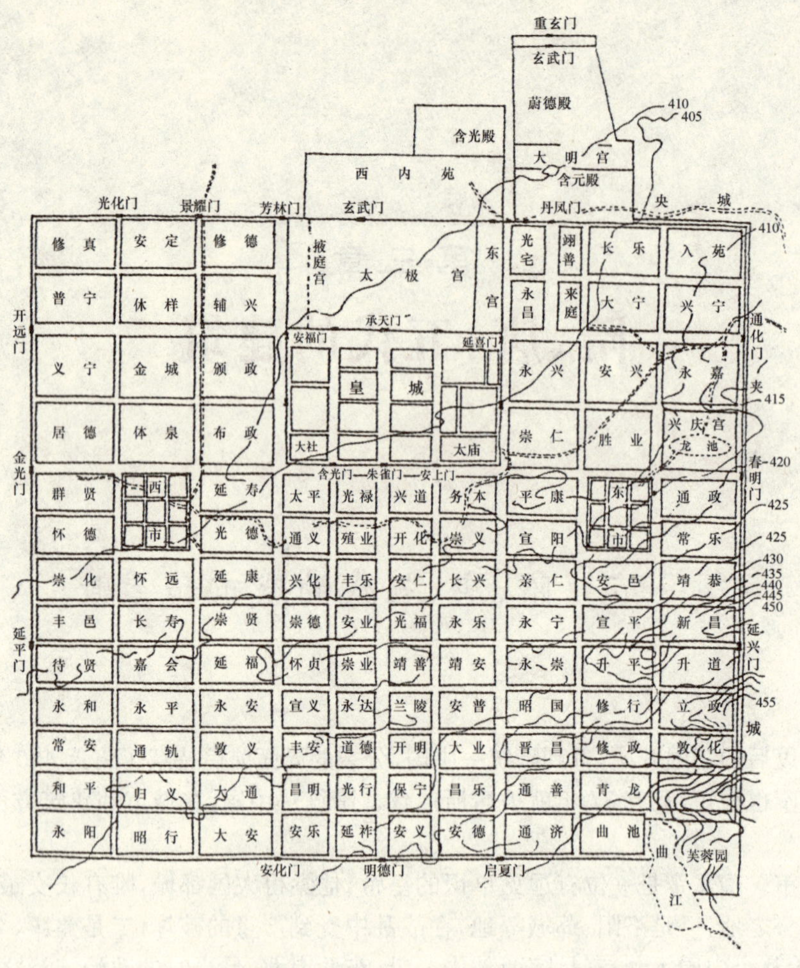

图 1-3-1　唐长安城平面示意

五代的都城。五代时后唐建都洛阳，后梁、后晋、后汉和后周建都开封。这些朝代是分裂时期的小国，其都城只是在前朝城池的基础上作一些整修，规模不大，十国的都城，小而边远，但其中南唐的金陵（今南京）和吴越的杭州，甚有点新的城市气质，有小巧玲珑之感。金陵在南朝时的都城建康之南，据记载，金陵城周二十五里四十四步，上阔二丈五尺，下阔三丈五尺，高二丈五尺。南门一带，均用巨石砌成，东北面依山带江为险固，凿护城河。城门有8个，除东南西北四门外，又有上水门、下水门、栅寨门、龙光门。整个都城的位置"夹淮带江以尽其利"，"南止于长桥，北止于北门桥，盖其形局前倚雨花台，后枕鸡笼山，东望钟山而西带石头。"（《客座赘语》，转引自《中国历史都城宫苑》阎崇年主编，紫禁城出版社，1987）至于吴越国的杭州，有待后面的两宋都城去说了。

二

唐朝乃是泱泱大国，所以宫殿建筑也是辉煌至极的。但唐朝的宫殿，最初是在城北的太极宫，后来"玄武之变"，唐太宗夺权，为高祖李渊建造大明宫（在长安城东北），颐养天年。但到了高宗李治，便将皇宫由太极宫迁至唐长安东北的大明宫。

大明宫里的建筑宏大而又精美，图 1-3-2 是大明宫总图，其中主要建筑有含元殿、麟德殿、宣政殿和紫宸殿等。在此说其中的两座殿宇：含元殿和麟德殿。

含元殿为大明宫的正殿，位于大明宫的中轴线上。大明宫正门丹凤门向北 600 余米处，即含元殿。整座建筑建于高高的龙首原上，并有3 m 多高的夯土台基。登上含元殿，向南望去，下为丹凤门内的广场，遥望远处，则是长安城及苍翠的南山，风景如画。含元殿东西宽十一间，南北进深四间。这座建筑的特点不仅是巨大，更是美而新奇，在大殿前方两侧相距约 150 m 处，对称地建有翔鸾、栖凤两阁。这两阁与大殿间有曲折的长廊相连(图 1-3-3)，形成围护、烘托主殿的作用，使殿宇辉煌无比，而且又特征鲜明。

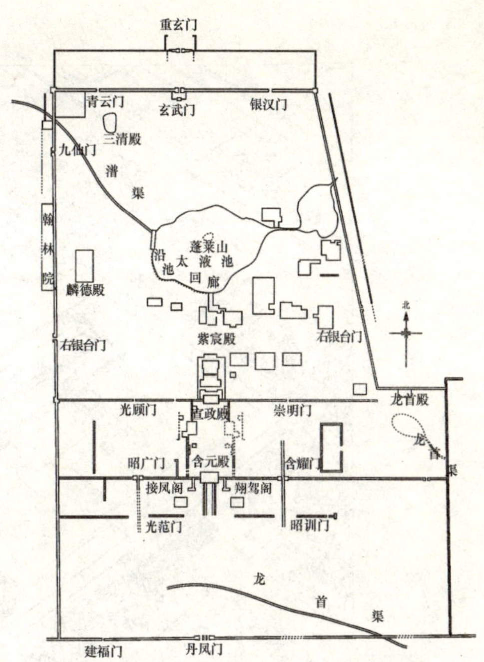

图 1-3-2　唐长安城的大明宫平面

图 1-3-3　唐长安的含元殿复原形象

麟德殿位于大明宫后部的太液池之西，这里是唐朝皇帝赐宴群臣、大臣奏事、藩臣朝见之处。据考古发掘和研究，这里还有观看伎乐和做佛事道场的地方。整个殿宇有前、中、后三座殿堂，平面进深：前殿为四间，中殿为四间，后殿为三间；此殿面阔均为九间。(图 1-3-4)此建筑三殿相合，所以深度(83.5 m)大于宽度(58.5 m)。此建筑总面积达 5 000 m^2。是北京故宫太和殿的三倍，其大可想而知。在此殿四周，有一圈回廊，廊宽 3 m 余。在殿的两侧，东为郁仪楼，西为结邻楼。楼之前还设有东西两座亭子。据考古学家研究

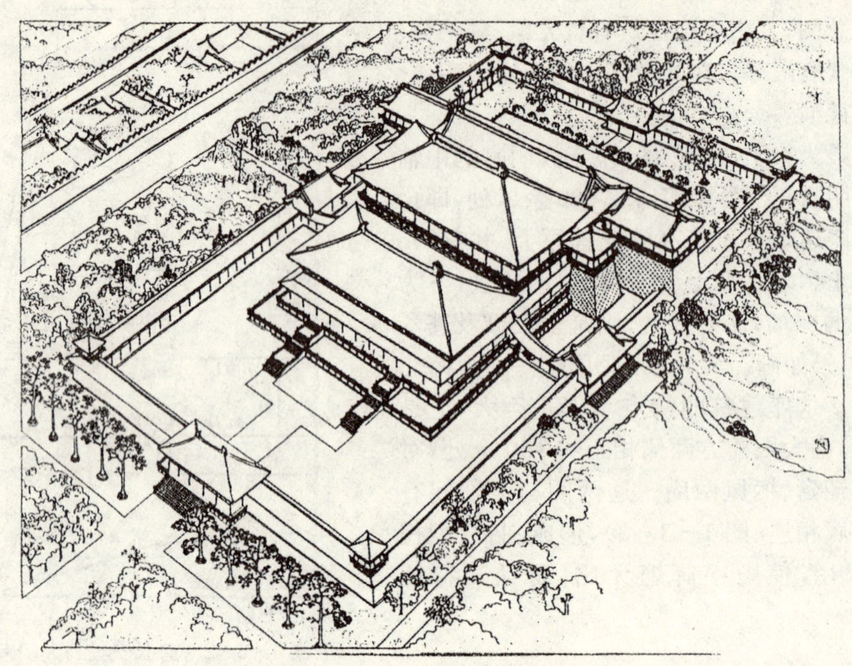

图1-3-4　唐长安的麟德殿

认为,前殿是单层的,中殿和后殿均是二层的。殿的左右两边,各建一亭一楼,建于高台上,与中殿的楼上有飞廊相连接。整座建筑高低错落,交接方式多样,但风格统一,真可谓"各抱地势,钩心斗角。"(杜牧《阿房宫赋》)建筑体形复杂,但多样而统一,具有建筑造型美,充分体现出中国古代建筑艺术文化精神。

第二节　隋、唐、五代的住宅、陵墓及桥梁

一

隋唐时代的居住建筑,如今早已无存,但在文献资料和文艺作品中,却也留下了不少痕迹。唐代诗人李商隐有诗《正月崇让宅》,对当时的住宅建筑形态有所描述:"密锁重关掩绿苔,廊深阁迥此徘徊。先知风气月含晕,尚自露寒花未开。蝙拂帘旌终展转,鼠翻窗网小惊猜。背灯独共余香语,不觉犹歌《起夜来》。"在绘画上,如晋代画家展子虔就有《游春图》,画中把住宅设在风景秀美的山水环境中,唐代诗人兼画家王维有山水画《雪溪图》,描述的也是这种居住环境,是理想中的居住环境。后来中国山水画大都以这种环境为题材,而且绘出这种住宅形式,可见其一斑。

当时人们期望着与大自然一起生活,在诗歌中有更多的反映。东晋时有陶渊明,他的《桃花源记》、《归去来辞》等,可谓典型。唐代的王维诗,对这种居住环境有更深刻的描写。试看他的诗:

寒山转苍翠,秋水日潺湲。倚杖柴门外,临风听暮蝉。渡头余落日,

墟里上孤烟。复值接舆醉,狂歌五柳前。(《辋川闲居赠斐秀才迪》)

二

隋唐时期的陵墓,其型制基本上承前朝,皇陵规模也相当大。在此说唐乾陵和五代十国时期的南唐二陵,即钦陵和顺陵。

唐乾陵是唐代高宗李治和武则天合葬之陵,位于陕西省乾县城北 6 km 的梁山,是"唐十八陵"中最有代表性,而且保存得最完好的一座陵墓。高宗李治虽然昏庸无能,但凭着祖上创立下的盛基伟业,又有老臣如长孙无忌、褚遂良等辅弼,国家仍盛世气象。后来武则天做了皇后,渐渐得势,掌握政权,并废中宗、睿宗,创立"武周王朝"。但她临终前却还想回到李氏家族,所以后来她将与高宗合葬于乾陵。乾陵风水好,梁山有三峰,北峰最高,即乾陵地宫所在。南峰有二,东西对峙,俗奶头山,是乾陵的"天然门户"。据《长安图志》记载,乾陵周围原有内外两重城墙,内城南北城墙长 1 450 m,东城墙长 1 582 m,西城墙长 1 438 m。城墙四面设门。南为朱雀门,北为玄武门,东为青龙门,西为白虎门,都用"五行"之说。至于建筑,据《唐会要》中说:"贞元十四年(公元 798 年)……献、昭、乾、定、泰五陵各建屋三百七十八间。"但今天这些建筑都消失了。

据文献资料记载,唐高宗临终时曾说,要把他生前所喜爱的书籍、墨迹带入坟墓,所以估计陵内东西甚多。乾陵地面上之物,遗留至今的,多在陵前之中轴线上,从朱雀门外南面第一对土阙向北排列:第一是一对华表,然后是表示瑞兽祥禽的翼马、朱雀。再向前为五对石马,然后是十对石人像,然后为石碑两通:两边的是述圣记碑,又称亡节碑;东边的是"无字碑"。按武则天遗言:己之功过,由后人来评,故称。另外还有石人像六十余尊,为外国参加高宗葬礼的来使。

南唐二代皇帝,末代皇帝李煜被掳去北方,死后葬在洛阳的北邙山。李昪和李璟二帝的钦陵和顺陵位于南京以南的江宁牛首山祖堂山。此二陵连在一起,相距仅 50 m。这里的地形有"王气",三面抱山,形似"太师椅"。正面对远处的云台山峰,背后又有牛首山双峰相托,历史上称"背倚双阙,面矗云台。"

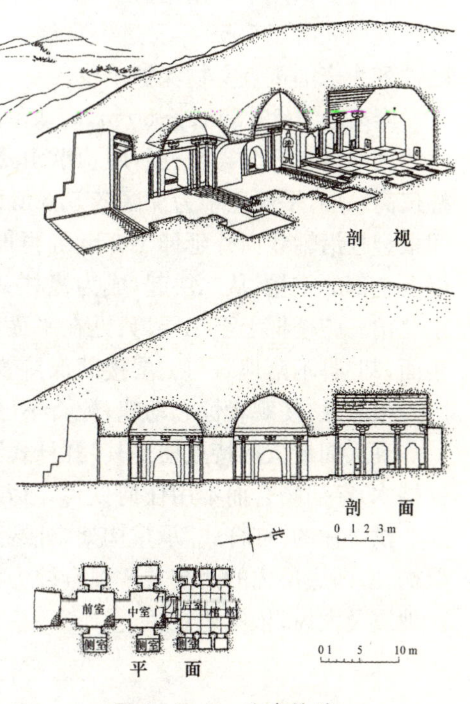

图 1-3-5 南唐钦陵

这两座王陵在地面上已没有什么遗迹了,地宫却很有特色,图 1-3-5 为钦陵。此陵地宫规模较大,全长 21.8 m,宽 10.45 m,自南至北分为前、中、后三个主室,前室与中室东西两侧各有一个侧室,后室东西两侧各有三个侧室,总共有十三室。后宫是主要部分,南壁正中有方门,门扇用巨大的青石板做成。东西部伸入北壁的大型龛门。室壁有倚柱,以示此室面阔(一间)和进深(三间)之感。壁上涂以红色,柱、枋、斗拱等有彩画。室顶用石灰粉刷,再在上面画上天象和地上的山河大地之形,有"上具天文,

下具地理”之意。

顺陵(李璟和钟皇后合葬之陵)要比钦陵小,但布局与钦陵相似。地宫全长与钦陵一样,其中分为三个主室。前、中东西两侧各有一个侧室,后室东西两侧各有两个侧室,墓中共有墓室十一间。整个陵墓与钦陵相比就见逊色了,包括用才和装饰上,如室中很少有雕刻,室顶也没有绘制天文地理图。

三

隋唐时期在工程技术上也有好多成就,最有代表性的是隋代建造的赵州桥。赵州桥是俗名,其实是叫安济桥,位于今河北赵县。此桥由李春、李通等人建造。安济桥建成于隋代大业初年,至今已达 1 400 余年。赵州桥位于河北省赵县离城五里的洨河上,是一座敞肩式单孔圆弧弓形石桥。此桥净跨 37.2 m,南北桥堍距离共长 51 m,桥面宽近 10 m。大拱两端,各肩两个小拱,不但结构合理,而且造型优美。桥侧有石栏,共 24 块栏板上刻龙兽等浮雕,形态逼真,雕工精美,亦为中国古代雕刻艺术之上品。中间栏杆(称冒石)和龙门石(锁石)上,分别装饰着栩栩如生的龙首和莲花。这座桥整体造型稳重而又轻巧,雄健而秀美。桥形如初月出云。长虹饮涧,称得上是科学与艺术之结晶。

四

在这里还要说一座结构很特别的建筑:位于广西壮族自治区容县的经略台真武阁。此建筑建于唐乾元至大历年间。由唐代诗人元结任容管经略使时所建,所以叫经略台。当时作为操练官兵、朝会习仪等活动的场所。后来台上的建筑已毁,只留下一个台。明代万历元年(公元 1573 年),由当地乡绅募款为镇火神而建阁,供奉真武大帝,命名为真武阁并沿用至今。明代万历四十八年(公元 1620 年)至清代同治十二年(公元 1873 年)曾先后六次大修。新中国成立后于 1953 年又进行重修。今之真武阁木构架为明代原物,已达 400 余年。如今已被列为全国重点文物保护单位。

经略台宽 39.5 m,长 50 m,高 4 m。四周砌砖石墙,中间填土夯实,上面堆沙厚约 1 m。真武阁建筑三开间,共三层,屋顶歇山式,三重檐。建筑面宽 13.8 m,进深 11.2 m。底层檐柱仅高一层,平面正中为深阔各 5.6 m 的正方形,为四边檐廊深度 2.8 m 的一倍。底层中间四根金柱沿轴线向外延伸 1.3 m 处再加金柱,形成两排共 8 根金柱,伸上二、三层,承托二层以上全部的重量,从二层起,成为檐柱并仍保持着矩形平面,明间大于次间的格局。由底层东北角三跑楼梯上至二层,只见在平面正中的正方形内,又出现四根粗大的金柱,托着三层楼面,却“脚不落地”,与二层楼面保持着 2～3 cm 的间隙,乃从屋顶构架穿过 3 层楼面而下的 4 根悬柱,使观者惊心动魄,惊奇不已。

真武阁最大的特点便是其“杠杆式”的承重构架。全部构架用近 3 000 条优质铁黎木(俗称格木)穿插吻合而不用任何铁件。以 18 根枋子(拱板)分上下两层檐柱(底层内金柱),形成斗拱一样的“杠杆式”承重构架,外端承托深远的出檐重量,内端承托楼面及悬柱自重,以 2 层檐柱,即底层内的两排共 8 根金柱为支点,挑起内外重量,保持平衡。400 多年来,历经多次地震及大风,依然屹立。

第三节　隋、唐、五代的宗教建筑

一

隋、唐、五代时期的佛教建筑，我们仍以寺院塔幢和石窟三部分来说。隋的佛寺原物今已无存，唐代的山西五台山南禅寺和佛光寺，为留存至今的最古的木构建筑原物。

南禅寺不大，仅一进院落，现存山门、伽蓝殿、罗汉殿、观音殿、护法殿和大殿（又称大雄宝殿）等。此大殿建于唐建中三年（公元 782 年），如图 1－3－6 所示，其结构部分是当时之原物，至今已有 1 220 余年了。这座建筑规模不大，面阔三间，进深亦三间；但从形式来说（歇山单檐屋顶），不但是典型的唐代建筑，而且比例得当，繁简得体，在中国古代建筑艺术上也是很可贵的。

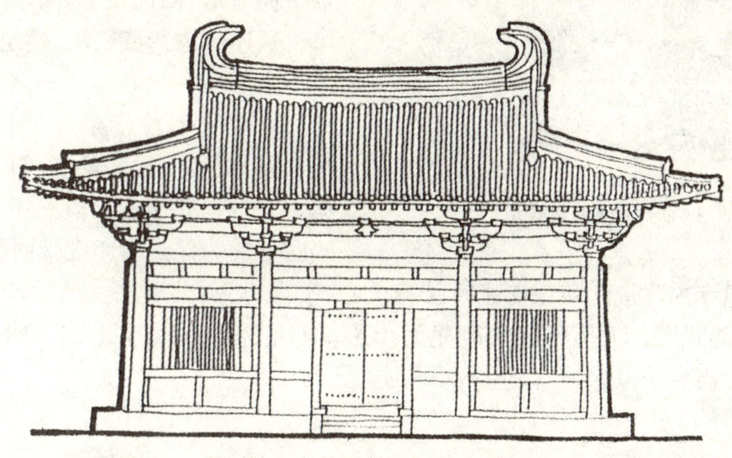

图 1－3－6　南禅寺大殿立面

另一座唐代佛教建筑是五台山佛光寺大殿。此寺坐落在五台山东北约 25 km 的佛光村。全寺有殿堂楼阁 120 余间。佛光寺始建于魏孝文帝时期；现存之大殿的木构部分是唐大中十一年（公元 857 年）所建之原物。大殿面阔七间，进深四间，单檐庑殿屋顶，殿内斗拱硕大，出檐甚深，装饰简洁，比例协调，表现出典型的大唐建筑风度（图 1－3－7）。寺内还有

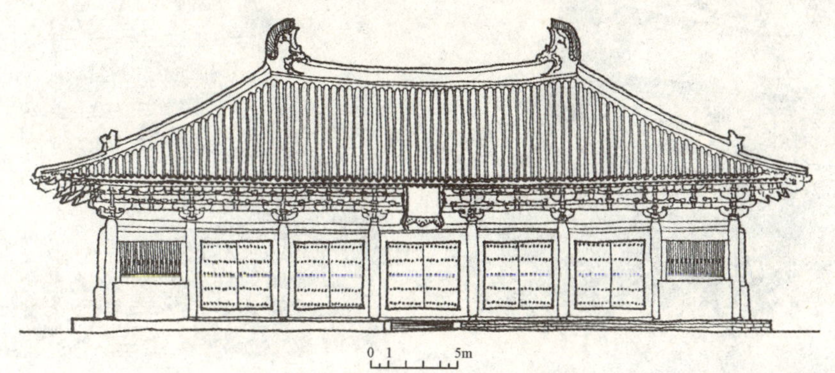

图 1－3－7　佛光寺大殿立面

一座文殊殿,位于大殿前右侧,为金代天会十五年(1137 年)所建原物,用"减柱法",既节约了木料,又能使殿内空间宽敞。这种形式多为金、元时期的做法。

二

图 1-3-8 历城神通寺塔

隋、唐、五代时期的佛塔,留存至今的原物比建筑多。隋代所建的山东济南附近的历城神通寺塔(图 1-3-8),是一座单层的方形塔,塔顶用大量的叠涩,较似印度佛教建筑风格,而且内有东魏武定二年(公元 554 年)造像题记,因此过去一直以为此塔是东魏之物;后来在塔内发现建塔之记,才认定为隋大业七年(公元 611 年)所建。此塔平面方形,四面设圆拱门,所以称为四门塔。这座佛塔造型简洁,建筑风格雄伟。

大雁塔。此塔的正式名字叫兹恩寺塔(图 1-3-9),位于今西安市雁塔路。此塔平面正方形,底层每边长 24 m,共七层,高 64 m。此塔建于唐永徽三年(公元 652 年),当时玄奘为保护由印度带回的经籍,由唐高宗资助,在兹恩寺内建造此塔。初建时砖身土心,平面方形,共五层。公元八世纪初用青砖改建为七层楼阁式塔。大历年间又改建为十层,但因战乱,只留下七层。明代此塔又遭破坏,在外表加砌面砖予以保护,直至今天的形式。

图 1-3-9 大雁塔

图 1-3-10 小雁塔

小雁塔，即荐福寺塔，位于今西安寺南端。此塔建于唐中宗景龙年间(八世纪初)，是藏经之塔。小雁塔平面亦为正方形，建塔时为十五层，明代大地震时，倒掉顶上二层，现为十三层。塔高 43 m(残高)，砖砌密檐式(图 1-3-10)，中空，有木楼层。此塔外形轮廓线呈抛物线状，形态秀美。

千寻塔。此塔位于云南大理崇圣寺，共三座，主塔即千寻塔(图 1-3-11)，还有两座塔，俗称南塔和北塔，这三座塔俗称大理三塔。千寻塔建于南诏保和年间(公元 824—839 年)。塔为密檐式，平面正方形，高 69 m，十六层。塔内发现许多唐宋时期的珍贵文物，这说明当时南诏国与唐朝交往甚密。

图 1-3-11　云南大理崇圣寺千寻塔

图 1-3-12　栖霞山舍利塔

栖霞山舍利塔。此塔位于南京栖霞山麓(图 1-3-12)，创建于隋代仁寿二年(公元 602 年)。现存之塔为南唐(公元 937—975 年)时重建。塔共五层，八角，高约 15 m，是我国古代楼阁式密檐石塔中形态较好的一座。塔身上下刻着许多浮雕，题材也多样，其中有海浪、鱼、虾、龙、凤和石榴等，还有"释迦八相"及四大天王、文殊、普贤菩萨和飞天供奉人等。此塔对研究当时的建筑装饰艺术和雕刻艺术很有价值。

另外，位于山西平顺的明惠大师塔是一座典型的唐代所建的单层塔，建于乾符四年(公元 877 年)，构造精美，体型、比例、尺度等都做得很恰当，不可多得。

三

隋、唐、五代的石窟，多为继魏、晋、南北朝所凿石窟之基础上加凿的。如河南洛阳的龙门石窟，其中奉先寺就是唐代所刻凿的。奉先寺位于龙门西山之最高处，是唐高宗咸亨三年

(公元672年)开凿的,至上元二年(公元675年)完成。奉先寺为龙门石窟造像艺术中的杰作。本尊卢舍那大佛高17.17 m,头高4 m。佛像面容丰满秀丽,眼神含蓄宁静,姿态端庄肃穆,衣纹简洁流畅,可谓形神兼备。佛两边侍立二弟子,迦叶严谨持重,阿难温顺虔诚。那尊头带宝冠、身穿璎珞的菩萨,形象生动,衣带飘逸,显得端庄矜持,又风采动人。天王像和金刚力士像,也都刚毅有力,很有个性。

龙门石窟中的潜溪寺,又名斋袚堂,是龙门石窟北端的第一洞窟,为唐代贞观十五年(公元641年)开凿。洞高9.3 m,宽6.65 m。主佛阿弥陀佛,趺坐在须弥座上,面部丰满,胸部隆起,姿态静穆慈祥,衣纹斜垂于座前。两侧侍立二弟子、二菩萨、二天王。特别是二菩萨,面部圆润,双目含蓄,充分表现了初唐时期的雕刻风格。

龙门东山石窟,主要的洞窟有看经寺、擂鼓台和万佛沟等。其中看经寺是公元700—720年,武则天为唐高宗李治修建的。窟顶浮雕飞天,四壁浮雕二十九尊罗汉像都很珍贵。相传这二十九尊罗汉像是从摩诃迦中到菩提二十九个天竺“祖师”衣钵相承的形象,性格刻画入微,为唐代罗汉群像中的佳品。

四

道教起源于东汉后期,张陵的五斗米道(天师道)和张角的太平道被称为早期道教的两大派。魏晋南北朝时期,葛洪、寇谦之、陆修静等道学理论家相继将道教理论化,推动了道教的传播和发展。唐宋时期,在封建王朝的推崇和扶持下,道教得到了全面的发展,道教宫观建筑规模也空前宏大,数量也增多了。但这些道教建筑如今已基本无存;在此说一些隋唐五代较有名的道教宫观。这些宫观当时的建筑虽已无存,但这些宫观今仍存在。唐朝时,尊奉老子为宗祖,并以唐高祖唐太宗唐高宗唐玄宗唐睿宗五帝画像陪祀老子,所以“观”又称“宫”。(晋时道教建筑称“庐”、“治”、“静”,南朝时改称“观”,后来又改称“宫”)

北京白云观创建于唐朝,最初叫天长观,是中国道教最早的宫观之一。据《再修天长观碑略》中说:唐玄宗为“斋心敬道”,奉祀老子,建此观。唐开元十年(公元722年)建至今已有1 200余年。今寺中珍藏着一尊汉白玉刻成的老君像,它就是当时观中所奉祀的老君圣像。这尊玉石雕像是建观以来的镇观之宝,玉质洁白,老君,坐在长方形石椅上,面含微笑,双目炯炯有神,神态悠然,雕刻精细。今之白云观,如图1-3-13所示,基本上还保持原来气质,但其建筑已几经圮建,如今的建筑已为明清时期之物。

图1-3-13　白云观

杭州西湖北端的葛岭有抱朴道院,为纪念东晋的葛洪而建。葛洪(公元284—364年)号抱朴子,是我国道教界的一位重要人物。唐朝时,为了纪念葛洪,在杭州西湖北首山上建抱朴道院,此山亦命名为葛岭。最初,抱朴道院的建筑是唐代修建的葛仙祠,祠内有初阳台石亭,初阳山房等建筑。元代时葛仙祠毁于战火,明代重建,改称玛瑙山居,后又改称抱朴道院。今之建筑为清代之物。

青羊宫在四川成都市西南,创建于唐代。唐朝末年,黄巢起义,唐僖宗逃奔蜀地,曾在此为行宫。后来回长安,曾下诏改青羊观为青羊宫。自唐以来,成都每年春天都在青羊宫旁边举行盛大的花会,可谓花天锦地,好不热闹。

第四章
两宋的建筑

第一节　北宋的建筑

一

五代以后，宋朝一统江山。公元 960 年，赵匡胤扫平诸小国，定国号“宋”。历史上宋朝分为两个阶段，公元 960 年至 1127 年为北宋，与金战争后，失去北方大部分领土，在南方建立政权，是为南宋，直至 1279 年被元所灭。在南、北两宋期间，北方有三个少数民族政权：辽(公元 907—1125 年)、金(公元 1115—1234 年)及西夏(公元 1032—1227 年)。后来蒙古人统治中国，改国号“元”。

北宋定都汴梁，又叫东京(当时称洛阳为西京)，汴梁即今之开封市。开封一地，其实在军事上不怎么有利，无险可守。但因其政治、经济和文化等方面的原因，定都于此。都城既定，于是加强其城防工事。当时以三层环套的城墙，筑成东京城，有“固若金汤”之说。最中心的为皇城，是帝王朝政、生活和中央机构之所在。正门叫丹凤门，门上建宣德楼，高大华丽，反映出大国风度。北宋的东京十分繁华，内城除各级衙署外，其余住宅、商店、酒楼、寺院、道观、庙宇等不计其数。据宋孟元老的《东京梦华录》记载，这里的许多金银珠宝店，绫罗绸缎店等，都是高楼广宇，而且买卖兴旺，“每一交易，动即千万”。这里的酒楼，光是大型的“正店”，就达 72 家，小的更是不计其数。酒楼门口，扎缚彩楼欢门，作为其行业的标志。最有名的酒楼是“樊楼”，是一座三层楼的建筑群，五座楼房各有飞桥相通，楼内设雅座，珠帘绣阁，达官贵人多来此光顾。

东京外城早在后周时就有了，到了宋真宗、神宗、徽宗时屡有加固。城高四丈，上有女墙，高约七尺。外城共有城门十三座(图 1 - 4 - 1)。三道城墙均有外壕。外城的城门除东、南、西、北为四条御路通道外，其余城门都有瓮门三层，屈曲开门，以备城防之需。外城水门，据考证达九座。水门均设铁裹闸门。

东京城市道路是以宫城为中心放射式与方格式相结合的路网系统，大道正对各城门，形成“井”字方格路网，次一级的道路也是方格形的。主要干道称御路共四条：一自宫城宣德

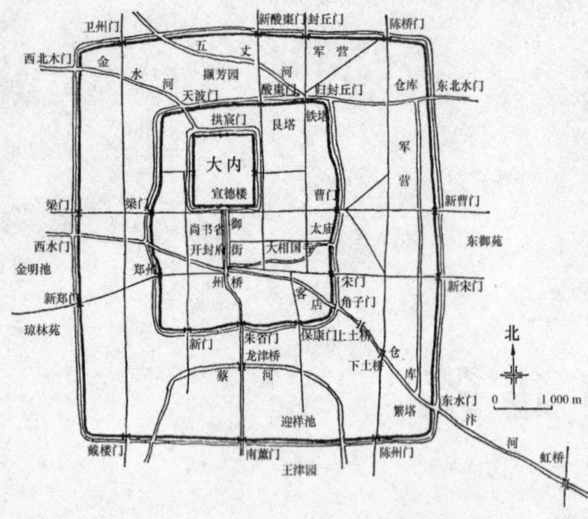

图 1-4-1　开封(汴梁)城平面

门,经朱雀门至南熏门;二自州桥向西,经旧郑门到新郑门;三自州桥向东,经旧宋门到新宋门;四自宫城东土市子向北,经旧封丘门到新封丘门。东京城内不但道路很有特色,而且城内河道也十分讲究,城内和四周有四条河道:汴河、蔡河、五丈河、金水河,都与护城河连通。其中汴河横穿城的东西,是城市的主要水上交通线,商业、贸易等相当发达。金水河通大内,是宫中用水之源。

北宋东京的街市,从"市"的意义来说,是中国古代最发达、繁华的了。当时的街,取消了唐代的坊里制。唐代长安及其他都市各坊均设门,按时启闭。到了宋代,坊里之名称虽然仍保留,但已无分隔,不设门了。宋代东京的商业区分布甚广,甚至沿街设店设摊,以及边走边卖的,商业气氛很浓。据《东京梦华录》记载,东京城内还有一些定期的集市,如相国寺每月朔、望和逢三、八日,共开放八天。还有一些集市在黎明时开始,天大亮时就收,称"鬼市子"。从三更至五更,城门是关闭的,所以也与城防时间相联系。夜市中以州桥最为热闹,从州桥到龙津桥,一路上都有小吃店摊,咸、甜、冷、热样样齐备。夜间灯火通明,其热闹场景难以言表。

二

在我国的建筑历史上,祠庙建筑占有相当高的地位,早在西周已有了(参见第一章第二节),到了北宋,这种建筑形式已相当完备。祠堂,是古代宗族祭祀祖先的地方,有宗祠、家祠、先贤祠等。宗族即以姓氏亲族构成,形成社会结构系统,如赵姓之族,就有赵家祠堂,陈姓就有陈家祠堂,等等。先贤祠则类似于纪念馆,多为名人而设。至于庙,有好多种类,有皇家庙(即太庙),也有家庙。另外还有与先贤祠性质相近的有各种名人之庙,如关帝庙、岳飞庙、曹蛾庙等。当然还有民间宗教的土地庙、山神庙、龙王庙、水神庙等等。

祠庙建筑有一定的形式,从其平面布局来说,早期的祠庙形式较为简单,用一间或多间的单体建筑,如图 1-4-2 所示。据《礼记·王制》中所说,周代"天子七庙,三昭三穆。与大祖之庙而七。诸侯五庙,二昭二穆,与大祖之庙而五。大夫三庙,一昭一穆,与大祖之庙而三。士一庙。"这里的七、五、三指建筑的间数。宋代的朱熹认为,周代明堂九室,"东之中为青阳太庙,东之南为青阳右个,东之北为青阳左个;南之中为明堂太庙;南之东即东之南,为明堂左个,南之西即西之南,为明堂右个;西之中为总章大庙;西之南即南之西,为总章左个;西之北即北之西,为总章右个;北之西为元堂太庙;北之东即东之北,为元堂右个,北之西即西之北,为元堂左个;中是太庙大室。……""明堂,想只是一个三间九架屋子;王者随月所居,则分面为九室;祀上帝,则通而为一堂。"(据宋马端临《文献通考·郊社考》)如图 1-4-3 所示。后来历朝历代,在继承的基础上又派生出好多别的祠庙形式。从宋代起,祠庙形式更多,大小也很不一。比较小的庙只有一进,前后殿,中间院子,两边厢庑,如图 1-4-4 所示。更大的祠庙则形成多进的建筑形式。

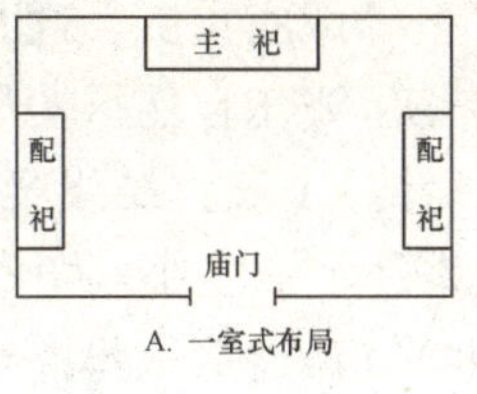

A. 一室式布局

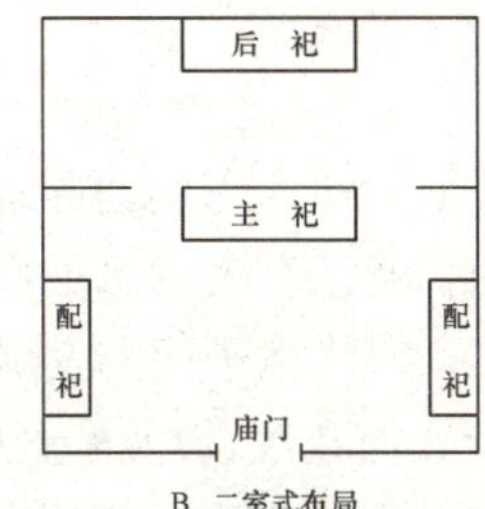

B. 二室式布局

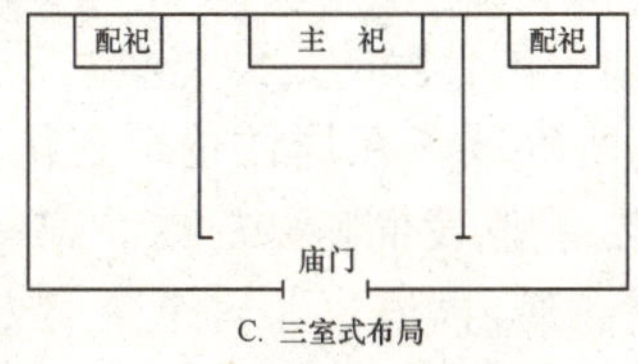

C. 三室式布局

图 1-4-2 祠庙建筑形式(一)

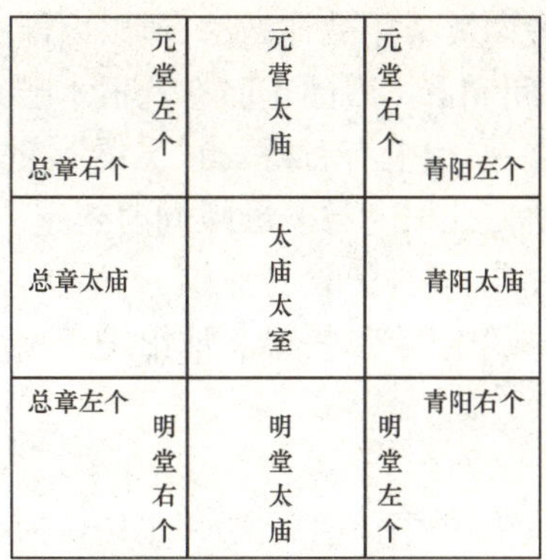

图 1-4-3 祠庙建筑形式(二)

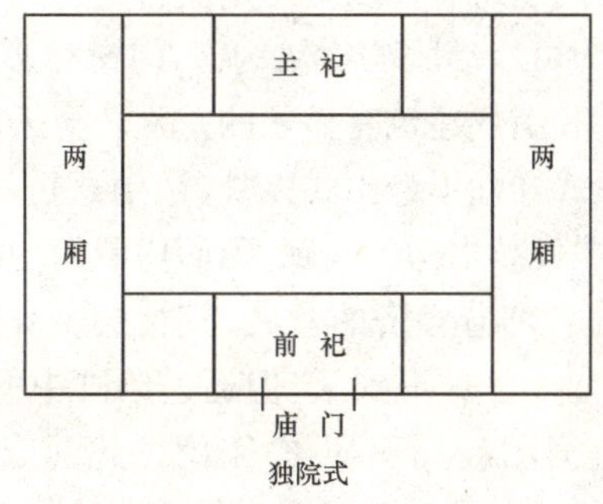

独院式

图 1-4-4 祠庙建筑形式(三)

山西万荣汾阴后土祠是一座典型的祠庙。此祠位于万荣县城西南约 40 km 黄河东岸的庙前村土垣上。西汉后元元年(公元前 163 年),立汾阴庙,汉武帝“东幸汾阴”,立后土于脽上,即后土祠之雏形。北魏郦道元《水经注》中说:“汾阴城西北隅脽邱上有后土祠。”今之祠为清代同治年间重建。现存有山门重楼、戏台三座、献亭三间、后土大殿五楹及钟鼓楼、配殿、廊庑等,雕刻富丽,琉璃鲜艳,布局完整。后院廊下有北宋大中祥符四年(1011 年)宋真宗赵恒祭后土时亲书的萧墙壁,为河水溢祠后移来。这组建筑群中最有名、形态最美的是“秋风楼”,为我国古代“三大奇楼”之一。

北宋最有代表性的祠庙,为太原的晋祠。晋祠原来是祀春秋时晋侯的始祖唐叔虞的祠庙,坐落在悬瓮山下,这里是晋水之源头,山清水秀,风景很美。晋祠始建于何时,说法不一,最早记载是北魏郦道元所著之《水经注》:“际山枕水,有唐叔虞祠,水侧有凉堂,结飞梁于水上。”晋祠经历代多次修葺、扩建,祠中殿宇、楼阁、亭台等,达百余座。这些不同时代建造的建筑,组成了一个紧凑而精美的建筑群。圣母殿这座建筑,始建于北宋天圣年间(公元 1023—1031 年),崇宁元年(公元 1102 年)重修,原物今存,如图 1-4-5。此殿高 19 m,屋顶为重檐歇山式。殿面阔七间,进深六间,平面近方形。殿四

图 1-4-5 晋祠圣母殿

周有围廊。殿内梁架用减柱做法，所以内部空间很宽敞。圣母像庄重威严，两边泥塑侍女像亭亭玉立，空间和谐。殿的正面有八根木雕蟠龙柱，雕工精美，姿态自然。圣母殿前的鱼梁，为晋水三泉之一，沼上有石桥，叫“飞梁”，北魏郦道元《水经注》中曰：“结飞梁于水上”，即指这种形式的桥。北宋时与圣母殿同时建造。“飞梁”的形式是水中立小八角石柱三十四根，柱础为宝幢莲花，石柱上设有斗拱、石梁枋，衬托桥面，南北平坦，连接圣母殿与献殿，东西向也是桥坡，形成“十”字形桥梁。池沼是正方形的，故形成“田”字状。

三

据刘敦桢在《中国住宅概说》一书中认为：“……到 10 世纪中叶宋王朝建立统一的国家，又促进农业和各种手工业的发达。建筑方面，在 10 世纪后半期，浙江有名的木工喻皓，曾著了一部木经，开我国建筑著作的先河是值得记述的。”“在技术方面，宋代格子门的发展，与固定的直棂窗逐渐改为可以启闭的栏槛钩窗，门窗和彩画的构图盛行几何花纹，以及彩画中对晕退晕的长足发展，都和唐代建筑有显著的差别。至于较小的住宅商店见于清明上河图中的，不仅平面较自由，屋顶式样除了悬山式以外，歇山式也占相当数量。大型宅第虽仍用四合院，但院子周围往往用廊屋代替木构的回廊，因而房屋的功能与结构以及四合院的造型都发生变化。”

宋代社会，随着经济的发展，其社会文化也相应有所发展。在居住建筑文化方面，虽然当时的住宅如今已见不到了，但通过绘画中的建筑形象，能使我们略知一二。宋代画家张择端的《清明上河图》起了不小的作用。此画取景于东京汴河，描绘当时各个阶层人物的各种活动。值得注意的是汴河在这里不仅仅是一个环境，或仅供人们游乐的地方，它在我国古代社会的经济发展中起着巨大的作用，它是隋炀帝时代开凿的运河之北端。运河在经济上和政治上，连接了长江流域与黄河流域这两片广大的地区，起着积极的作用。汴河上的汴梁，首先作为一个商业城市，然后作为政治和军事的要地，这都与汴河有密切的关系。画中以汴河为依托，作了详细的描述，把这一时期的社会动态和人民的生活状况，具体地展现出来，描写了街市、各种商业、手工业等，这里有酒楼、药铺、香铺、弓店及十字路口的茶馆、酒肆等，还有门前挂着“解”字的当铺，木匠、铁匠、卖花人及各种摊贩也穿插其间。当时有许多小型的住宅，多为长方形平面。梁架、栏杆、棂格、悬鱼、惹草等具有朴素而灵活的形体。屋顶多用悬山式或歇山顶，除草葺与瓦葺外，山面的两厦和正面的庇檐则多竹篷或在屋顶上加建天窗。转角屋顶往往将两面正脊延长，构成十字相交的两个气窗。稍大的住宅，外建门屋，内部为多进四合院，也有的在院中种植花木，近乎园林。

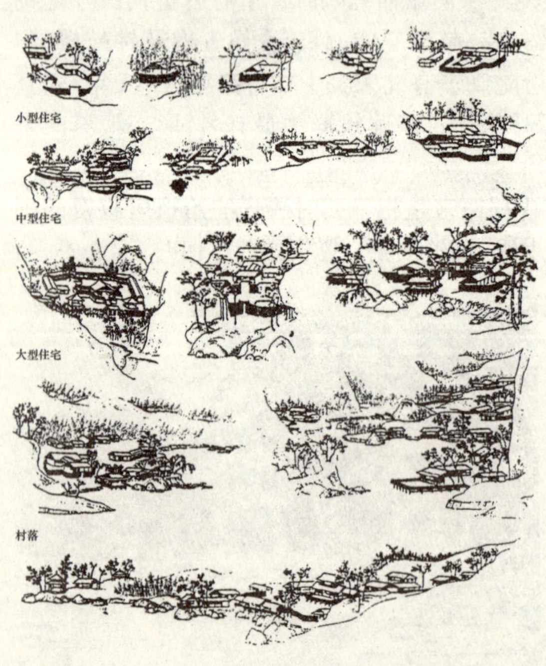

图 1-4-6 《千里江山图卷》中的住宅形式

北宋另一位画家王希孟的《千里江山图卷》，其中也画上好多住宅，但基本为农村住宅，如图1-4-6所示，画中可见许多

形式不同的住宅，有长方形的，曲尺形的，“丁”字形的，“工”字形的。有三合院、四合院；有单进的，也有多进的。

四

我国古代园林，从史书上所记来看，始于西周初年周文王造“灵台”。《诗经·大雅·灵台》：“经始灵台，经之营之。庶民攻之，不日成之。经始勿亟，庶民子来。王在灵囿，麀鹿攸伏。麀鹿濯濯，白鸟翯翯，王在灵诏，于牣鱼跃。……”这是中国古代园林的雏形，后来春秋、战国、秦、汉及魏晋南北朝，所造之园，大多为皇家苑囿，宅园多在山林村野。隋、唐、五代时期的皇家园林也很有成就，如唐代大明宫中有苑林区（在宫的北面），规模恢弘，也很美。在唐长安城的东面，有兴庆宫，内有龙池，池东小山上有沉香亭，是唐玄宗与杨贵妃经常去游玩的地方。“解识春风无限恨，沉香亭北倚栏杆。”（李白《清平调》）但隋、唐、五代以前，私家园林还未独立成一类园林，只是在住宅中的附属空间，即宅园；或山野田园别业，结合自然山水，取其景。直到北宋，私家园林才独立而兴盛。

北宋的皇家园林也很发达。都城汴梁有后苑、延福宫、艮岳等，其中艮岳最为著名。艮岳位于都城之东北（艮乃八卦中的东北方向，故名），这座大型皇家园林后来在战争中已消失殆尽。根据其基址考古研究和有关的文献资料分析，无论雁池、大方沼、万岁山、万松岭等，池山结构已很成熟。其中山石最有特征，搜集了全国各地名石堆筑而成。据说这些名石后来在金代被运往金中都（即今之北京）造园，即今之北京的北海和中南海皇家园林。艮岳内万岁山是主体，山上“蹬道盘纡萦曲，既而山绝路隔，继之以木栈，倚石排空，周环曲折，有蜀道之难。”（《艮岳记》）山的南坡怪石林立，如紫石岩、祈真蹬等，都很险峻，建龙吟堂、揽秀轩；山南麓“植梅万数，绿萼承趺，芬芳馥郁”，建萼绿华堂、书馆、八仙馆、承岚亭、崑云亭等。从主峰顶上的介亭遥望景龙江，“长波远岸，弥十余里，其上流注山间，西行潺湲”，景界极为开阔。万岁山的西面隔溪涧为侧岭“万松岭”，上建巢云亭，与主峰之介亭东西呼应成对景。

汴梁城西还有金明池（图 1-4-7），池面广大，不但可赏可游，而且还可以操练水军。池内常有龙舟竞渡夺标活动，当时逢赛舟时，热闹非凡。据《东京梦华录》所记：“池南的正中有高台，上建宝津楼，楼之南为宴殿，殿之东为射殿及临水殿。宝津楼下架仙桥，连接于池中央的水心殿，仙桥南北约数百步，桥面三虹，朱漆阑楯，下排雁柱，中央隆起，谓之‘骆驼虹’。”池北岸之正中为奥屋，即停泊龙舟之船坞。环池均为绿化地带，没其他建筑。金明池原为宋太宗检阅“神卫虎翼水军”的水操演习的地方，故其规划不同于一般园林。后来水操演习没有了，龙舟竞渡活动渐渐多起来，成了一个游乐之园。

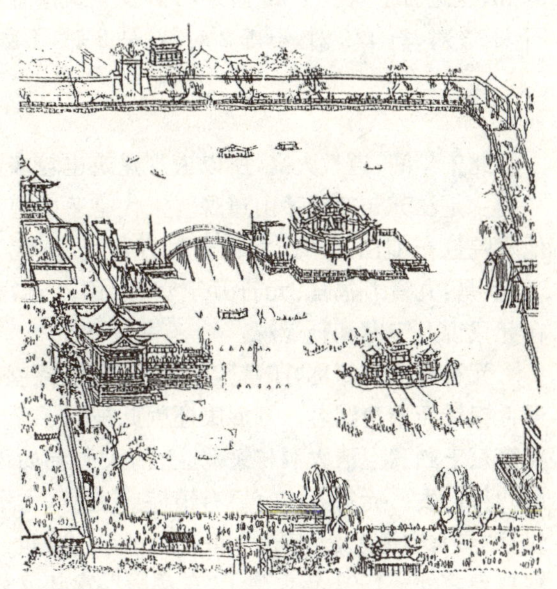

图 1-4-7 汴梁金明池

图 1-4-8　苏州沧浪亭

北宋的私家园林，多集中在洛阳。李格非的《洛阳名园记》，叙述了其中的 19 个园。当时南方的私家园林也发达，这里只说当时的苏州沧浪亭（图 1-4-8）。

北宋庆历年间（1041—1049），在朝廷做官的文人苏舜钦退居苏州，购得苏州城南的一个废园，将它重新整修成园，此园山水俱丽，林木廊轩，错落有致。假山顶上造一亭，名曰沧浪亭，园应亭名，也叫沧浪亭。“沧浪”一词，出于《孟子·离娄》：“沧浪之水清兮，可以濯我缨；沧浪之水浊兮，可以濯我足。”故此名既高雅，又有较深的内涵。

五

北宋的陵墓，在此只说两例：河南巩县的永昭陵和永昌陵，均建于河南巩县，只有最后的徽、钦二帝被金人虏去，囚死于北方大漠。巩县有 8 座帝陵，除了 7 位皇帝的陵墓外，还有开国皇帝赵匡胤之父赵宏殷也建陵墓于此。

永昌陵是开国之君宋太祖赵匡胤的陵墓，太平兴国二年（公元 977 年）葬于此。永昌陵底东西宽 60 m，南北长 62 m，近方形，高 21 m，存有镇门石狮 7 个（现存，下同），石人 7 个，石羊 4 个，石虎 4 个，石马 4 个，石麒麟 2 个，石凤 2 个，石象 2 个，石望柱 2 个。

永昭陵是宋仁宗赵桢的陵墓，仁宗于嘉祐八年（公元 1063 年）葬于此。墓底宽 55 m，长 57 m，也近方形，高 22 m，陵墓石狮及建筑遗址等与其他北宋皇陵差不多。今存墓前石刻有石人 13 对，石羊 2 对，石虎 2 对，石马 2 对，石麒麟、石凤、石象、石望柱各 2 对。

六

北宋年间，道教大兴，所以道观建筑也较多，较考究。在此说几个实例：

一是江苏句容的茅山道观。宋代是茅山道观兴建的鼎盛时期，除“三宫五观”外，还有其他庵院遍布前山后岭。相传当时有宫观、庵院 257 房，殿宇房屋 5 000 余间。所谓“三宫五观”就是：九霄万福宫、元符万宁宫、崇僖万寿宫，德佑观、仁佑观、玉晨观、白云观、乾元观。在此只说万宁宫和乾元观。

元符万宁宫简称“印宫”，始建于唐代，兴盛于北宋。宋哲宗因道士刘混康，事医好皇后误吞银针而诏建赐名。刘混康还因此被赐予珍宝八件，包括玉印、玉圭、哈砚、镇心符、《辽王符简》、玉剑、《上清大洞秘箓》、《上清大洞卷简词》等。前四件宝至今尚存于茅山道院顶宫，后四件已失。元符万宁宫原有道院十三房，太平天国战乱后尚存四房，后又遭日寇焚烧，现仅存“灵官殿”、“太元宝殿”和一房道院。20 世纪 80 年代修复了“睹星门”，为古时候道士观察星象之处。1991 年重建了“东岳殿”，次年又修复了古“三天门”和“万寿台”。

乾元观原名“炼丹院”。南朝梁天监年间，陶弘景居此“郁洞斋室”，以追玄洲之迹，唐天

宝年间，因李玄静居此而敕建“栖真堂”及“会真”、“候仙”、“道德”、“迎思”、“拜表”等五亭。北宋大中祥符年间，朱观妙九层坛行法，天圣三年赐名“集虚庵”，后改名为“乾元观”。观有郁岗峰，上面有石门，著名的“石门艺术”即产生在这里。今尚有明万历年间的碑刻一块，碑一面是《乾元观天心庵碑记》，另一面是《乾元观记》，系研究乾元观的珍贵资料。

二是山东泰山碧霞祠。此祠位于泰山顶上，背靠玉皇顶，西临天街、南天门，这里山势甚高，碧霞祠常隐于云雾中，远看如天上宫殿，为我国古代高山宫殿建筑之代表。

碧霞祠创建于北宋大中祥符二年(1009 年)，初名昭真祠，金代改为昭贞观。明弘治时改名灵应宫，嘉靖时扩建，并改称碧霞灵佑宫。清雍正八年(1730 年)重加修葺，增建歌舞楼(南神门)及东西神门阁。清乾隆三十五年(1770 年)，重修殿宇，改正殿为铜顶，殿顶饰物均为铜铸。

碧霞祠建筑面积近 4 000 m^2，分前后两院，前院的大门叫南神门，南神门上建有歌舞楼。走进南神门，两边是东西神门，还有钟鼓楼。山门殿上盖铁瓦，内供奉四尊铜铸神像，前为道教守护神青龙、白龙，后为赵公明、刘挺。进山门是碧霞祠的主院，院中有香亭，亭后即为碧霞祠正殿，两边是配殿。东配殿以铁瓦盖顶，面阔三间，内供奉铜质眼光神，殿称眼光殿。西配殿建置与东配殿相同，因供奉送生娘娘铜质神像故名送生殿。

碧霞祠主体建筑正殿面阔五间，重檐八角，殿高 14.25 m，长 24.75 m，宽 13.8 m。殿顶用铜瓦，晴天朗日，殿顶金光璀璨，十分壮观，如同天上宫阙，琼楼玉宇。殿内供奉碧霞元君铜质神像，清乾隆年间所铸。

三是河南登封中岳庙。此建筑位于黄盖峰下，原为太宝祠，始建于秦。西汉时扩建，约在北魏时，始改中岳庙这个名字。此庙在北宋为鼎盛时期。但今之建筑都是清代重建的。

中岳庙规模甚大，从中华门起，中经遥参亭、天中阁、配天作镇坊、崇圣门、化三门、峻极门、崇高峻极坊、中岳大殿、寝殿，直到御书楼，共达 11 进，中轴线长达 1.3 里(1 里=500 m)。现存宫殿楼台阁廊等 400 余间，为河南最大的庙宇。特别是中岳大殿(峻极殿)，面积约 1 000 m^2。重檐九脊，规格很高，为今河南最大的大殿。

七

北宋的佛教建筑不但数量多，而且留存下来的建筑(原物)也远比隋唐及五代多。在此说几个实例。

正定隆兴寺。此寺位于河北正定县城内东部，相传始建于隋初开皇二年(公元 586 年)，当时称龙藏寺。北宋初改称龙兴寺，并扩建。清康熙年间赐名隆兴寺。寺为南北中轴线布局，轴线长达 380 m。自南至北为：琉璃照壁、石桥、山门、大觉六师殿、摩尼殿、牌楼、戒坛、韦陀殿、大悲阁及左右联建的集庆阁和御书楼，最后是弥陀殿。轴线两侧分别布置其他建筑。这些建筑组成大小不等的六进院落，建筑主次分明，布置有序，后部以大悲阁为中心，三殿并列，是宋代佛教寺院的一个特点。

隆兴寺内现存最古的建筑是摩尼殿，此殿建于北宋皇祐四年(1052 年)，建筑平面较特殊，略呈方形，四面均出抱厦，设门，其他均为墙。主入口在南，前有月台。殿顶为重檐歇山式，四面抱厦为单檐歇山，如图 1-4-9 所示，外形和谐统一。

寺内还有两座古建筑：转轮藏和慈氏阁。转轮藏和慈氏阁形式基本上相同，均为两层楼阁，楼上单檐歇山顶，上下二层之间设腰檐，并有回廊栏杆。室内中空，佛像贯通二层，里面

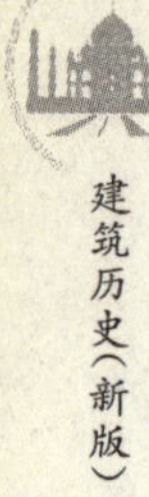

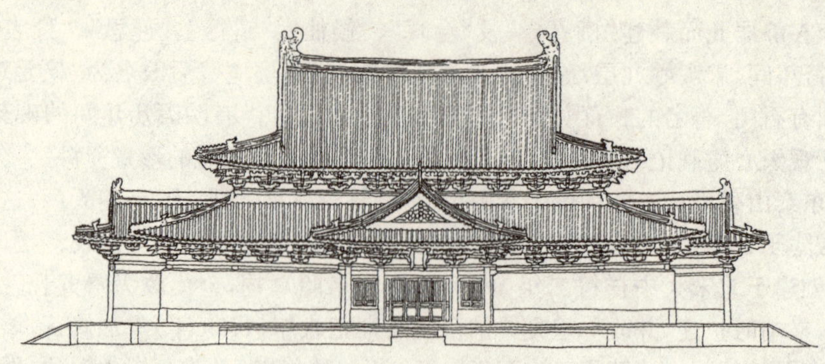

图 1-4-9　隆兴寺摩尼殿

当然也设回廊。此二建筑不但具有典型的宋代建筑风格,而且形态玲珑秀丽,很有人情味,体现出中国佛教的世俗性精神。大悲阁即佛香阁,是隆兴寺中最高大的建筑。今之大悲阁是 1940 年重建的。阁内有千手观音像,高 24 m,是北宋开宝四年(公元 970 年)所铸铜像。此建筑高 33 m,面阔五间,进深三间,外观三层,重檐歇山顶,下面设二层腰檐,一层廊檐,形态富丽而雄伟。这种形式,称“重檐五滴水”。

宁波保国寺。此寺位于浙江宁波市北洪塘灵山。相传寺始建于东汉建武年间(公元 25—55 年),名灵山寺。唐广明元年(公元 880 年),僖宗赐“保国”匾额,故改名为保国寺。北宋大中祥符六年(1013 年)重建。中轴线上自南至北分别为天王殿、净土池、大雄宝殿、藏经楼等。寺西南有园,现为葡萄园。寺内大雄宝殿为北宋大中祥符六年所建之原物。此建筑平面较为独特,进深(13.83 m)大于面阔(11.83 m)。屋顶本为单檐歇山顶,坡度平缓,宋式格局,清康熙年间增建下檐,故成了重檐歇山式。从外表看,上下二檐缺乏协调感。

上海龙华寺。今之龙华寺已是晚清咸丰之型制,但建筑大部分毁于日本侵略上海时之战火,多数为解放后所修,如三圣殿建于 20 世纪 80 年代。龙华寺始建甚早,据记载最早建于三国东吴赤乌十年(公元 247 年)。龙华寺在漫长的历史中时有圮建。特别是北宋治平年间(公元 1064—1067 年),赐名“空相寺”,大兴土木。清代康熙年间是龙华寺的鼎盛时期。大雄宝殿、三大士殿、圆通宝殿、韦驮殿、天王殿、大悲殿等等,不计其数。

福建华林寺。此寺位于福州市屏山南麓。寺建于北宋乾德二年(公元 964 年),原名越山吉祥禅院。明正统九年(1444 年)改为华林寺。寺内现存大殿面阔三间,15.84 m,进深四间,14.70 m,八架椽,前后乳栿对四椽栿用四柱,平面略呈方形。前为敞廊,上拖平闇;后为殿堂,彻上明造。平柱高 4.75 m,角柱生起 8 cm,柱头有阑额,四椽栿纵横连结,形成外层大方形框架结构。内有 4 根高达 4 m 的内柱。柱之间由前内额及四椽栿纵横连结,形成框架状,结构稳定、坚固,所以能千年不倒,今仍岿然屹立。

八

北宋年间所建佛塔,留存至今的较多,在此仅分析四例。

龙华塔。此塔位于上海市西南,相传创建于三国东吴赤乌年间(公元 238—251 年)。现存之塔是北宋太平兴国二年(公元 977 年)重建,但仅为塔身部分。此塔为砖木塔,宋塔型制。塔为七层八角,高 40 m。这是最典型的砖木楼阁式塔。此塔内部空间方形,各层铺有

木板。底层较为高大，上面各层向上逐层收小。每层四面设壸门，逐层转换门的方向，如底层四门为正东、南、西、北四向，则二层是东南、东北、西南、西北四向，三层又回到底层的四向，如此类推。这样做使塔身每面削弱均匀，不至于某面墙面因过多开门而削弱。造成开裂。木构部分除砖身内室各层都有楼板、扶梯外，在砖身外面，底层有围廊，以上各层都有腰檐平座，飞檐高翘，平座上栏杆随塔身而转。各层檐下悬铁马铜铃，每角一个，共 56 个，风吹铃动，铁马叮当，清脆悦耳之声可传数里以外。塔刹高 8 m，重约 10 余吨，由铁刹的覆钵、露盘、相轮、宝瓶等组成。在塔刹尖端，还拖有四根铁索，增加塔的抗风能力。图 1-4-10 就是龙华塔的优美动人的外观。

料敌塔。此塔位于河北定县城内开元寺，名叫开元寺塔。由于这里地处宋辽边境，北宋为打探敌情，故造高塔观之（相传视线可以远涉十里以外）。所以也叫料敌塔（又叫了敌塔）。

图 1-4-10 龙华塔

图 1-4-11 定县开元寺料敌塔

此塔始建于北宋咸平四年（1001 年），北宋至和二年（1055 年）建成，历时达 55 年。今存之塔为原形，砖塔，平面八角，十一层，总高 84.2 m。此塔结构严谨，外形简洁秀丽，比例和谐（图 1-4-11）。塔各层的东、南、西、北均有门。第一层较高。上施腰檐平座。其上各层则仅有腰檐。塔顶雕饰忍冬草覆钵，上为铁制露盘及青铜塔刹。

开封铁塔。此塔位于河南开封市东北隅，黄河边上。其实此塔并不是铁塔，而是砖塔，因为塔面由铁褐色的琉璃砖贴面，看上去好像是铁铸的。此塔创建于北宋皇祐元年（1049 年），初名灵盛塔，又名上方寺塔。明代重修寺院后，始名祐国寺塔。

此塔的前身是开宝寺福胜院内的一座八角十三层的木塔。相传为宋初巨匠喻皓（五代末北宋初著名木工，著有《木经》，今已失传）所造。此塔后遭雷击、火烧而毁。重建时改为琉璃砖塔，形式与原来的木塔相同。此塔高 55 m，外观完全仿木。它的各种不同尺寸的柱、椽、额枋和不同组合的斗拱、平座，只用了 28 种型砖，这说明我国古代预制装配技术的高度成就。琉璃面砖上的花饰图案，也具有很高的艺术价值。

图 1-4-12　苏州罗汉院双塔

苏州罗汉院双塔。此双塔位于苏州城东定慧寺巷内，是苏州最具特色的古塔。两塔一叫舍利塔，一叫功德塔(图 1-4-12)。据清同治编纂的《苏州府志》记载，此双塔是吴县王文罕兄弟二人所建，建于宋太平兴国七年(公元 982 年)，后经历代修缮，今仍保持宋塔风格。双塔均为砖塔，八角七级，腰檐作反翘形。每层四面开门，与龙华塔的做法相仿，上一层转一向，轮流而上，保证塔有较好的整体性。此双塔顶铁制铁刹，高度占塔高的三分之一，特别高大，使塔形更显得挺秀而雄伟。

九

《营造法式》是北宋崇宁二年(1103 年)颁布的一部重要著作。这部著作不仅在建筑技术上具有很高的价值，而且也在建筑文化深层意义上，反映出中国建筑的一个重要阶段。北宋时期，称得上是我国古代的一个最关键的转变时期，无论是自然科学、哲学社会科学及人文方面，都具有划时代的特征，也可以说是中国古代型制的定型时期。北宋以后，无论南宋、元、明、清诸代，皆无什么突破性的发展，只是顺着这种形态不断加以充实而已。从建筑这一领域来说也不例外，而《营造法式》，则可以说是这种特征的十分重要的标志。此书纲目清晰，有条不紊，详尽、系统地记述了当时的官式的一系列建筑规程，包括建筑设计、施工、用料及劳动定额等。此书把建筑设计方法概括为“以材为祖”四个字。这种方式其实是由自汉唐以来建筑业的总结的基础上得出的。

《营造法式》作者李诫(？—1110)博学多才，又善于实践。元祐七年(1092 年)，他被调到东京(汴梁)任职“将作监”(相当于皇家工程总负责)，官职由主簿、丞、少监直至正监。李诫在将作监任职期间，主持修建了五十邸、龙德宫、朱雀门、九成殿、太庙殿和钦慈太后佛寺等工程。绍圣四年(1097 年)十一月，李诫奉旨“重别编修”《营造法式》。全书共 34 卷，可分五部分。

一、“序”、“劄子”和“看样”。此三部分属“序目”，扼要叙述了交代任务的经过和编书的指导思想。在“看样”中，更为详细地说明许多规定及数据，如屋顶坡度线及其画法，计算材料所用的各种几何型的比例，定垂直和水平的方法；还对用“功”作了原则规定。“功分三等，为精粗之差”，即按照工种的难易、手艺的高低，把“功”分为上、中、下三等。在计算劳动定额时，“役辨四时，用度长短之晷”，即据一年四季日照时间来规定服役时间，将夏季定为长工，春秋定为中工，冬季定为短工，工值以中工为标准，长短工则增减百分之十。又定“木议刚柔而理无不顺”，按木质软硬定出加工定额的差度；“土评远迩而力易以供”，按取土方的远近定出土方定额的多少。这些原则规定，都为“功限”的制定提供了依据。

二、“总释”、“总例”二卷。注释各种建筑和构件的名称，力求统一。另外在“总则”中对营建的某些规定和数据加以说明，如计算木料方圆几何关系和计算人工的“加限”标准等。

三、各作制度十三卷。分别叙述了壕寨、石、大木、小木、雕、旋、锯、竹、瓦、泥、彩画、砖、窑十三个工种的标准作法。工种的排列，基本上是按施工程序的相互衔接、互相配合来考虑

的。从土方工程、基础工程、承重结构体系到装修工程、墙体、屋盖等方面都依次讲到了。在各种制度中，既有一般的作法，又有特殊作法，以适应不同情况与不同要求。

在书中占很大篇幅的是各作的制度，如同“法规”。这是工程质量方面“关防”的重要内容，是研究古建筑的重要部分，它完整地总结了建筑工匠熟练运用的模数制，规定“凡构屋之制，皆以材为祖”，这就是说设计建造房子以这幢建筑中所用的斗拱的“材”为依据。“材”就是拱的断面，高 15 分，宽 10 分。一般工匠只要依据所定的口诀记住各种构件的“分”数，就能施工建屋，免去了大量的数字换算，能减少差错，提高工效。这种方法一直沿用至清代，乃至今之仿古建筑。

四、“功限”、“料例”十三卷。他为了对建筑经济“关防”目的，对十三种制度的各工种的劳动定额和用料定额都定得非常细致。例如制作斗拱、斗八藻井、重台勾栏的木工算为上等工；能按椽子做乌头门的木工算为中等工，能做草架板门的为下等工。还提出不能大材小用，规定特等大材须整料用作第一至三等材大殿的梁柱，不准分锯小使用。还规定有许多木材拼接的灵活做法，石料加工也同样。

五、各种工程图样共六卷。工程图样包括平面、剖面、立面及大样等。这也反映出当时的技术、工艺水平之高，更反映出宋代的理性精神之发展。

《营造法式》之实义，在此举一些实例。

一是如图 1－4－13 所示，这是《营造法式》的造叉手之制、槫缝之襻间之制（转引自《中国建筑史》中国建筑工业出版社，1996 年 11 月）。这里的“槫”，就是后来称之“檩”的构件。

二是如图 1－4－14 所示（转引自刘敦桢《中国古代史》中国建筑工业出版社，1981 年 10 月），“梭柱”，即“卷刹”。这种做法可以对应于西方古典建筑柱式中收分，它们所起的作用其实都出于视觉形象的稳定感。

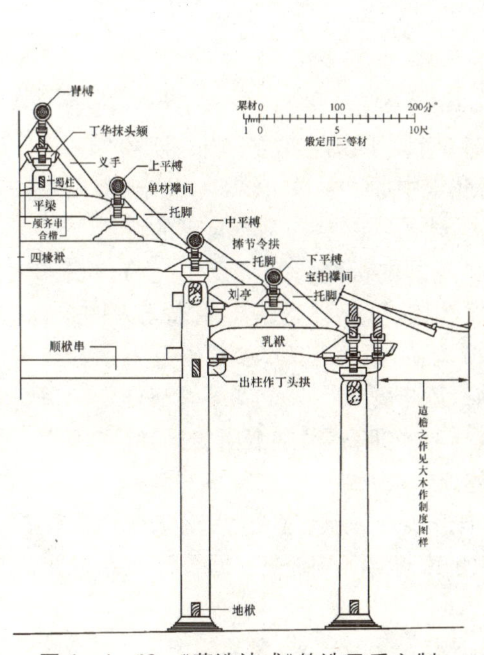

图 1－4－13 《营造法式》的造叉手之制、槫缝之襻间之制

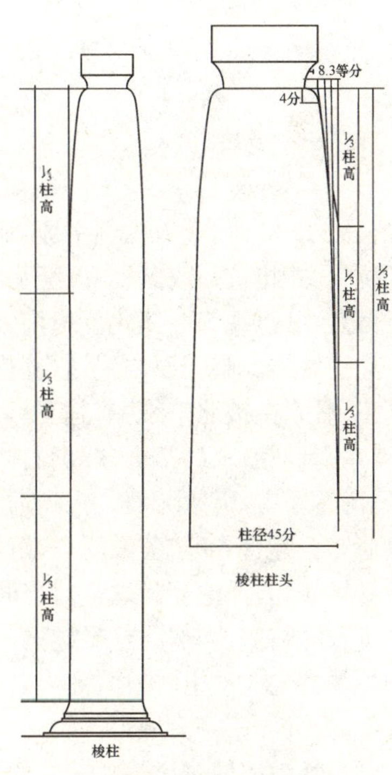

图 1－4－14 梭柱

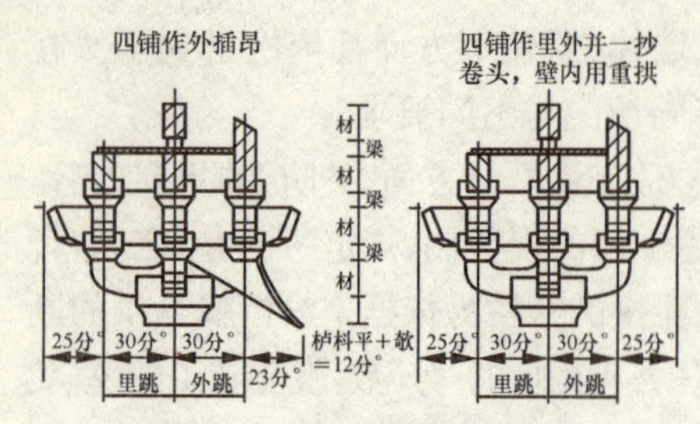

图 1－4－15　斗拱（四铺作）

三是斗拱做法，图 1－4－15 是两种“四铺作”斗拱（转引自《中国建筑史》中国建筑工业出版社，1996 年 11 月）。

四是《营造法式》中所规定的建筑立面型制，见图 1－4－16（转引自刘敦桢《中国古代建筑史》中国建筑工业出版社，1981 年 10 月）。

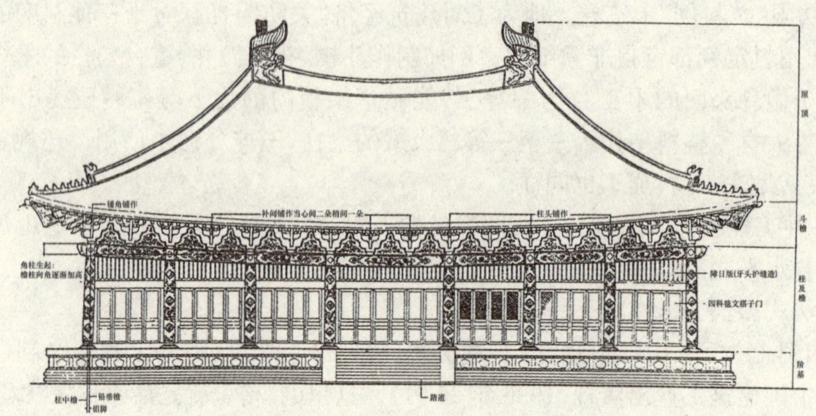

图 1－4－16　《营造法式》中的建筑立面形制

第二节　南宋的建筑

一

公元 1126 年，金人占领中原，北宋告亡，宋室南渡于次年建立南宋，年号“建炎”。后来定都杭州，并将杭州改名临安，意为有朝一日要北定中原。从文化来说，北宋、南宋，还有辽、金及西夏，可以视为一体化。但南宋地处江南，在建筑（文化）上又有自己的特色。

先说城市。临安原叫钱塘，五代十国时为吴越国的都城。开平元年（公元 907 年）钱镠为国王，后来虽被北宋统一，建都汴梁（今开封），但这里仍很繁华。北宋词人柳永词《望海潮》：“东南形胜，三吴都会，钱塘自古繁华。烟柳画桥，风帘翠幕，参差十万人家。云树绕堤沙，怒涛卷霜雪，天堑无涯。市列珠玑，户盈罗绮，竞豪奢。　　重湖叠巘清佳，有三秋桂子，十里荷花。羌管弄晴，菱歌泛夜，嬉嬉钓叟莲娃。千骑拥高牙，乘醉听箫鼓，吟赏烟霞。异日图将好景，归去凤池兮。”这是对当时杭州之描述。

南宋的临安，当然要比吴越国时的钱塘繁华得多。“靖康之变”后南宋在这里建都。此时，北方的官僚、地主、僧侣、商人及许多百姓大量南逃，涌入临安。据统计当时杭州人口超过百万，为世界第一大城市。

杭州既为都城，自然要扩建，并加固城郭。据宋人吴自牧著《梦梁录》所记：“诸城壁各高三丈余，横宽丈余。禁约严切，人不敢登，犯者准条治罪。”城四周共有十三座城门：东便门、

候潮门、保安门、新门、崇新门、东青门、艮山门、钱湖门、涌金门、清波门、钱塘门、嘉会门、余杭门。城门外均有护城河，全杭州城东之河尚在。

南宋都城临安比较特别(见图 1-4-17)：一是不规则，不对称，依山、湖、江而成；二是皇宫位置在城的最南端，皇宫之北为都城，似乎很别扭；三是皇宫、太庙及其他官署位置也十分杂乱，没有规章，这也许都处于"临时安顿"、暂时将就。皇宫官署在城南的凤凰山麓，东麓是皇宫，其北是三省六部、枢密院等。屋宇高大轩昂，也较有气派。云锦桥和三省六部的官府大院相对，故此桥称六部桥，今之桥仍是当时之原物。北面清河坊是御史台(司法机关)。望仙桥一带是王公贵族、达官宦臣所在之地方。

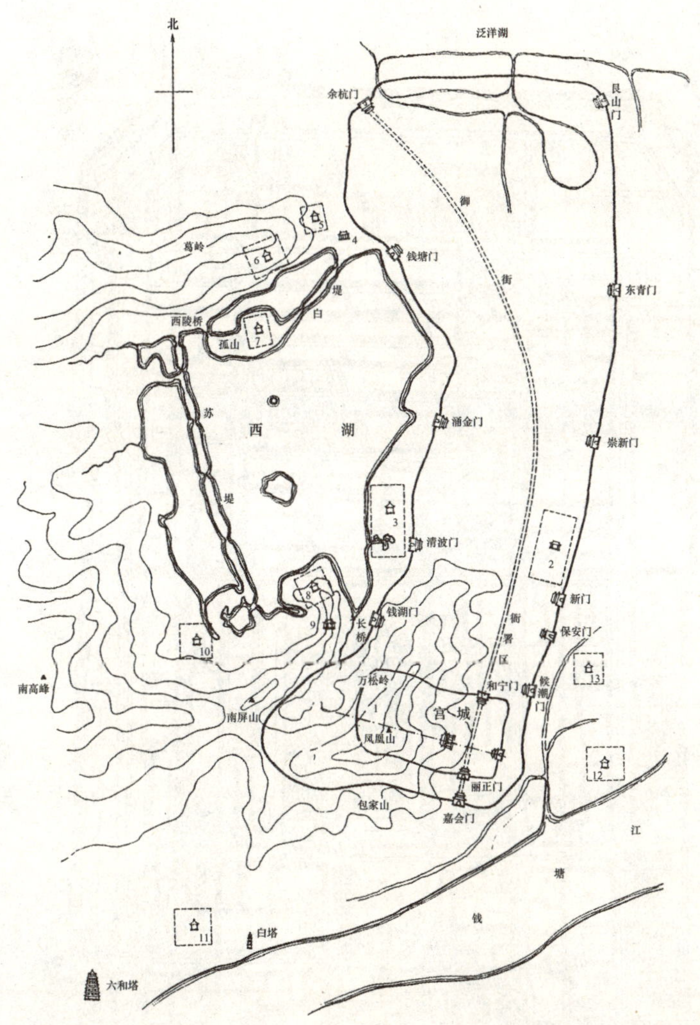

1—大内御苑　2—德寿宫　3—聚景园　4—昭庆寺　5—玉壶园　6—集芳园　7—延祥园
8—屏山园　9—净慈寺　10—庆乐园　11—玉津园　12—富景园　13—五柳园

图 1-4-17　南宋都城临安平面图

皇宫和宁门外向北直到武林门中正桥为临安的南北向主要街道，称御道，又称"杭城天街"。街面用石板铺成，两边用砖砌出沟渠以排水。沟渠边上种植桃李等树，春天花满树枝，美不胜收。中间的路只能皇帝通行，百姓只能走沟渠外面的路。

南宋的临安虽是一座自然形的都城，但城内布局还是有一定的规则的，也有气派。街道、河巷也比较有秩序。在街路河道的网格之间，分设九厢八十余坊。“坊”是城的内部结构的一个单元，四周有高墙，与外界联系出入有门两至四个，坊内有十字交叉的两条大路，然后是小路，称巷，又叫“曲”，宅舍入口就在巷内。

二

图 1-4-18 是“南宋平江府治图”，即南宋时的苏州地图。此图很珍贵，是南宋时所刻原物。从图中可知，这座城市是一座相当规则的矩形城市，南北长 4 km 余，东西宽 3 km 余。

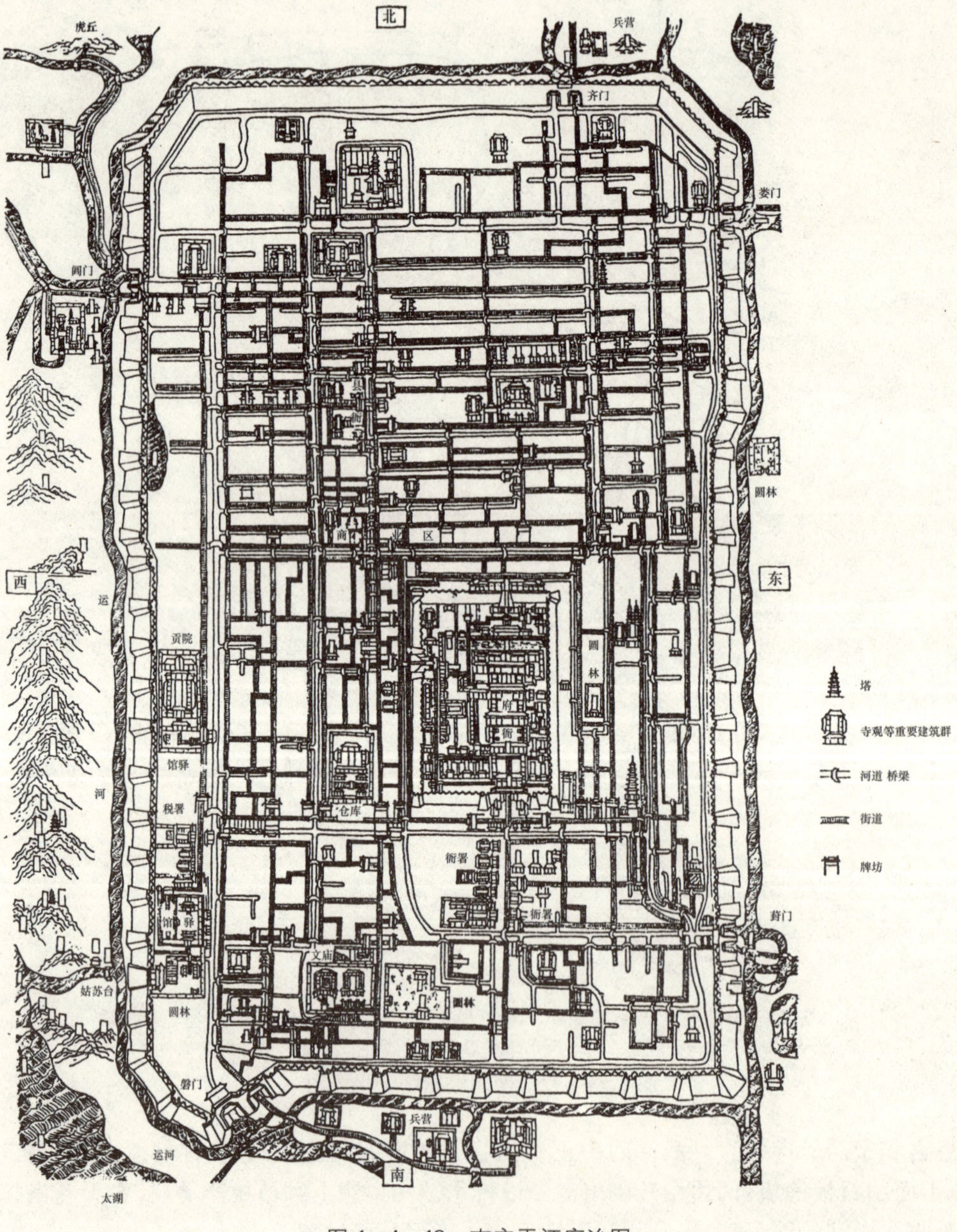

图 1-4-18　南宋平江府治图

共有五个城门，还设水门，城墙外有护城河。这是一座很典型的南宋时期的府城，城市道路是方格网布局，还有许多与街道平行的河道，河上架石桥，是一座典型的江南水乡城市。城市的中央有子城，为平江府治所在。子城内有六个部分：府院、厅司、兵营、住宅、库房及大花园。苏州是座文化发达的城市，所以城中有游乐场所，最典型的就是位于城西南的百花洲，这是一处以花卉林木、小桥流水、亭台楼阁构景的名胜之地。从这里可见当时由于经济发达，人们以有丰富的文化生活内容了。图中还标出韩园（沧浪亭）、南园等园圃。江南园林形态此时已见雏形。

图中还绘出 139 座寺观，还有好几座塔、孔庙等，这说明此时中国古代城市的政治、军事、经济、文化诸方面格局基本定型。所以说南宋的苏州，称得上是典型的中国古代非都城的城市形态。

三

临安的皇宫，在城南凤凰山之东麓。这里原来是吴越国的子城，南宋改为宫城，城周围九里，称南内。宫城之南有丽正门，北为和宁门，其规模当然比不上北宋汴京的宫城。这里的正朝，只有两座殿宇，须轮番使用。据《梦粱录》等记载，其中的文德殿、紫宸殿、大庆殿、明堂殿、集英殿等，其实是同一座建筑取了好多名字而已。“丽正门内正衙，即大庆殿，遇明堂大礼、正塑大朝会，俱御之。如六参起居，百官听麻，改殿牌为文德殿；圣节上寿，改名紫宸殿；进士唱名，易牌集英；明禋为明堂殿。”（《梦粱录》卷八）实际上没有什么“三朝五门”，但为了继承大宋皇朝宫廷传统，所以名义上仍如此，只是要忙忙碌碌地不时换牌匾。在权宜之计的背后，也许说明南宋皇朝还想“王师北定中原日”，回到开封去。

大庆殿两侧有朵殿，西名垂拱殿，是日朝之所在。此外还有复古殿、福宁殿、缉熙殿、嘉明殿、勤政殿等等。

南宋临安的宫殿，还有望仙桥东的德寿宫。这一处宫殿规模宏大，富丽堂皇，是两宋高宗、孝宗诸帝退居养老之所。这里本是一个花园，后来被秦桧看中，于是请赐为第宅。绍兴十五年（1145 年），宋高宗满足其要求。秦桧人居后，一直营建房屋，达 19 年之久。里面楼堂馆所、宅轩亭榭，数不胜数，而且都是高大而华丽的建筑，可以说是临安城内最豪华的第宅了。高宗数次前往，并为宅内的建筑题匾。绍兴二十五年（1155 年），秦桧死后，第宅缴还。后来高宗欲行禅让，下令将这里的建筑改为宫殿，以备退位后居住。绍兴三十二年（1162 年）六月，改建成功，并命名为“德寿宫”。此宫正门位于南首，门外有百官漏院。殿堂楼阁多集中于南郊，后为花园。园内凿大水池，从清波门外引西湖水注入，其上叠石为山，似飞来峰。又按四季划成四部分，园内遍植奇花异草，以便四时游览。又建冷泉堂、聚远楼等。聚远楼之名，出自苏轼的诗句：“来有高楼能聚远，一时收拾付闲人。”冷泉堂在飞来峰旁，堂前松竹，浓荫蔽日，环境秀雅。德寿宫之型制和规模可与凤凰山下的宋皇宫相媲美，当时人称此为“北大内”。后来宋孝宗退位也居此，改为“重华宫”；绍熙五年（1194 年）孝宗崩，遗诏改为“慈福宫”，由高宗后吴氏、孝宗后谢氏居之；宁宗庆元二年（1196 年）又改为“慈寿宫”。开禧二年（1206 年）遭火灾，后来变荒芜了。

四

南宋皇家宗祠，在今浙江绍兴华舍。南宋初年，绍兴曾是南宋的都城，后来才迁到临安。

当时北方被金人所占,赵宋皇族纷纷南渡,其中宋太祖赵匡胤十三世孙赵昌二,携带皇室赵氏家谱,择定绍兴城西华舍的一块风水宝地定居下来。据说华舍的赵氏传到宋太祖十六世孙赵存善任族长,此时华舍赵氏族人已逾300。当时赵存善率族人,完成了祖上几代想在华舍建宗庙的夙愿,择地建造了赵大宗祠。

这座皇家宗祠五开间三进,中进为主厅,高达28 m,气势雄伟。祠有三道围墙,作为皇家精神支柱的围护。庙内有历代名人的楹联、画像达200余幅。祠前是一条下河,有18道湾,河对面有高大的黄色照墙,墙上有字:"宋室屏垣",很有皇家之气。

这座宋祠为南宋皇室的唯一宗祠,故每逢祭祀,散居于江南诸地的宋室赵氏族人都来到这里。同时,华舍赵氏也每年去宋六陵(南宋皇陵)祭扫。但如此显赫的皇家祠庙,今已无存,只留下两块碑。

五

南宋的陵墓,皇家陵墓也在绍兴,即绍兴城东南的攒宫的宋六陵。关于宋六陵,还须说它的历史。1276年,临安被元人所攻陷,南宋告亡。当时西域僧人杨琏真伽任佛教江南总摄,派驻杭州,乘元初社会尚未稳定,便肆意盗挖南宋皇陵。当时宁宗、理宗、度宗及杨后四陵被盗窃一空,尸体乱仍,惨不忍睹。后来它再次被盗,徽宗、高宗、孝宗、光宗诸陵,也难幸免,惨状难以言表。后来当地人唐珏、林景熙等人将这些皇帝的遗骨收起来,迁葬于兰渚山天章寺(今兰亭附近),并植冬青树作为标记。到了明初,这些尸骨,迁回攒宫,重新立碑植树,并配以享殿三间,四周围墙,陵旁又建义士唐珏等人之墓。

岳飞是宋代民族英雄,抗击南侵的金兵,屡立战功,但后来被奸臣所害。岳飞墓和岳飞庙是为他昭雪后所建。岳王庙大门在杭州西湖边上的北山路,正面朝南,建筑中轴线布局。庙门前一个小广场,在广场南端树"碧血丹心"牌坊。岳王庙之庙门为重檐歇山顶,面阔五开间,这在中国古代建筑形式上等级较高。正中一匾,竖写"岳王庙"三字。庙门内是一个院子,两边松柏,森然有序。正面是庙的主体建筑:忠烈祠大殿,其形式也是重檐歇山屋顶,面阔五开间。此建筑基座较高,垂带式台阶,使建筑形象更为高大、庄重。今大殿正中有岳飞塑像,气度轩昂,上悬一匾,书"还我河山"四字,点明主题。殿前院子,东西两侧有廊庑,还有启忠祠,为纪念岳飞父母而设,还有正气轩、南枝巢等。

在岳王庙的西侧,就是岳飞墓,当地称"岳坟"。其实这里的主体应为岳坟,庙是其次。据《朝野遗记》中记载,岳飞被害后,"狱卒隗顺负其尸出,逾城至九曲丛祠中……葬之北山之阳。"孝宗即位,恢复岳飞官爵,访求其尸,"起枯骨于九泉之下",改葬于栖霞岭南麓。

岳飞墓自岳王庙内院西首入,正前一照壁,上刻"尽忠报国"四个大字。照壁前为墓道,两侧各有碑廊,内有岳飞的《送紫岩张先生北伐诗》,岳飞书写的诸葛亮前后《出师表》,唐代李华的《吊古战场文》,岳飞的奏章文稿,后人凭吊岳飞的诗词及历代重修岳飞墓、庙之碑记。墓道尽处有方池,上架石桥,桥前是墓门,穿过门便是坟地。正中是岳飞的墓,墓碑上刻"宋岳鄂王墓"。其左有子岳云墓,墓碑上刻"宋继忠侯岳云墓"。墓台有望柱,柱上刻对联:"正邪自古同冰炭;毁誉于今判伪真。"墓前两侧有石俑、石马、石羊,为明代所设。墓门后两侧有奸臣秦桧夫妇、万俟卨和张俊的铁铸跪像。

六

南宋文化中心在东南,即以杭州为中心的江南一带,当时佛教中心也在这些地方。南宋

佛教(禅宗)有“五山”、“十刹”。五山即有名的五大寺:杭州径山寺、灵隐寺,宁波天童寺,杭州净慈寺,宁波阿育王寺。十刹为十大名寺:杭州中天竺寺,奉化雪窦寺,天台国清寺,温州江心寺,湖州道场山寺,金华双林寺,苏州报恩光孝寺及虎丘云岩寺,南京太平兴国禅寺,福州雪峰山寺。这里说几个寺院实例。

净慈寺。此寺俗称净寺,位于杭州西湖之南的南屏山麓。这里峰峦耸秀,山色甚美。寺创建于五代十国时期,早叫慧日永明院,北宋年间改名为寿宁禅院,南宋时又名净慈保恩光孝寺,简称净慈寺。此寺后衰败,至南宋嘉定十三年(1220 年)复建。当时规模较大,有殿宇十座,房舍共 500 余间,为“五山”之四。

今之净慈寺分为前、中、后三大殿,中间的大雄宝殿为主殿,屋顶用黄色琉璃瓦,殿宇高大壮观。大雄宝殿之西有济祖殿,这里供奉的就是世人皆知的“济公活佛”,院内还有“运木井”,与济公有关,虽属神话传说,但今亦已成一文物。

天童寺。此寺位于浙江宁波太白山下。经长达 10 余华里的“万松关”,就到寺前的“万工池”,是放生池。池的北端有巨大的照壁,上书“东南佛国”四字,从这里开始向北,一条中轴线,主要殿宇即在其上,自南至北为天王殿、大雄宝殿、法堂等,最后为罗汉殿。天王殿面阔七间,进深六间,高 18 m,大雄宝殿为寺内主殿,面阔七间,进深六间,高达 27 m,殿顶歇山重檐式,气宇轩昂。罗汉堂依山而建,地势甚高,共达十九间,均缘山岩而造,别具一格。

江心寺。此寺位于浙江温州瓯江的江心屿小岛之上。早在南北朝时期,就有西域高僧诺巨那尊者来这里结茅而居。唐咸通七年(公元 866 年)建“普寂禅院”于此。北宋开宝二年(公元 969 年)在岛上西山建“净心讲院”。南宋建炎四年(1130 年),金兵犯临安宋高宗赵构由绍兴、宁波(明州)从海路到温州,居江心屿,次年回临安,赐寺名龙翔禅寺。又因寺在瓯江之中,故俗称江心寺。此寺在南宋时规模甚大,奉为高宗道场。此寺为南宋禅宗“十刹”之四。后来寺屡有圮建,今之江心寺有三进院落:第一进由金刚殿与两侧的钟、鼓楼组成;第二进以圆通殿(大雄宝殿)为主体,两侧伽蓝殿和祖师堂;第三进以三圣殿为主,院内还有方丈室、斋堂、僧房等。此寺之建筑符合佛教禅宗的“伽蓝七堂制”。所谓“伽蓝七堂”,即寺内必须有山门、佛殿、法堂、僧堂、厨房、浴室、西净(即厕所)。

国清寺。此寺位于浙江天台山麓,为佛教天台宗发祥地。南宋时被列为禅宗“十刹”之三。此寺始建于南朝陈太建七年(公元 575 年),智顗和尚入天台时所建。隋大业元年(公元 605 年)皇帝赐名“国清寺”。后来此寺屡有圮建,现有房屋 600 余间,图 1-4-19 为其山门内外平面图。今之寺为清雍正十二年(1734 年)所建,为我国寺院建筑中最完整者。主要建筑分布在三条轴线上。中间主轴线上依次有弥勒殿、雨花殿、大雄宝殿等,雨花殿前两边设钟鼓楼。西轴线上有安养堂、观音殿、妙法堂等。在安养堂以南有寺园,中为放生池。东轴线上有斋堂、方丈楼、迎塔楼等。

七

南宋的佛塔保留至今的也不少,在此列举几例。

六和塔。此塔位于杭州之南,钱塘江畔的月轮山上,又名六合塔,始建于北宋开宝三年(公元 970 年),后因兵燹两次圮建。南宋绍兴二十三年(1153 年)重建,于隆兴元年(1163 年)完成。现存之塔身就是当年所修之物。但塔檐、平座等,为清光绪二十六年(1900 年)所

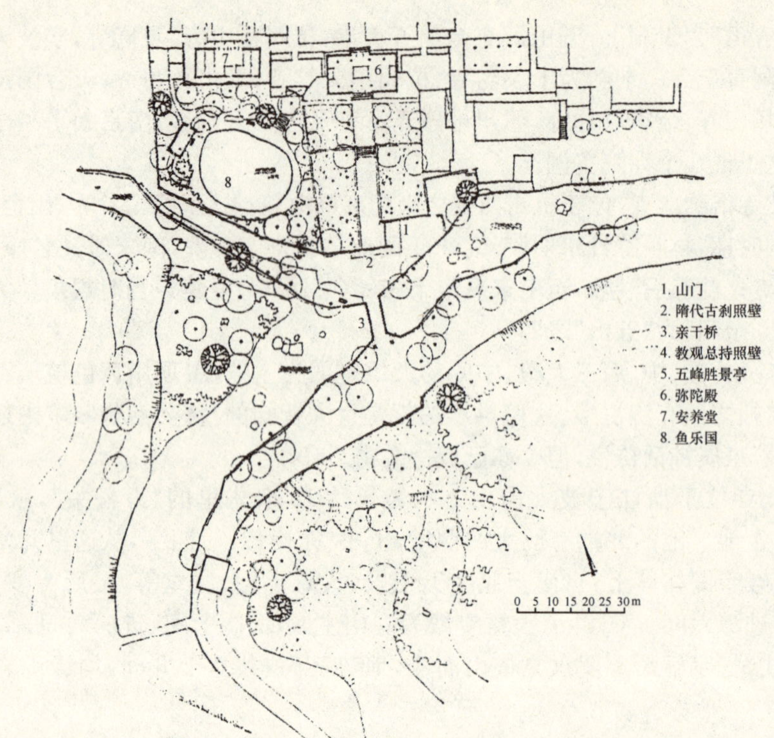

图 1-4-19　天台山国清寺山门内外

修之物。此塔十分粗大，因为在清光绪二十六年大修时就在南宋所修之塔身外，加上砖塔身和木檐，故外表十三层，里面七层。塔八角形，高 59.89 m。今之塔在许多细部仍为南宋原物，而且清代所建之物，也是基本上保持南宋风格。此塔之建造，其实是出于非宗教目的，这里临钱塘江转弯处，当时杭州水路交通很繁忙，所以须有一个标志性之物临江而设，以免江上发生意外事故。当时塔上还装灯，夜间作为灯塔。

图 1-4-20　福建泉州开元寺双塔

福建泉州双塔。这两座塔坐落在泉州开元寺，分列于大雄宝殿前(图 1-4-20)。西塔称仁寿塔，东塔称镇国塔。

仁寿塔最早建于后梁，叫无量寿塔。到南宋绍兴二十五年(1155 年)及淳熙年间(1174—1189 年)两次失火，被毁，后来在绍定元年至嘉熙元年(1228—1237 年)改建为石塔，用花岗石建成，平面八角，五级，高近 45 m，仿木构形式。塔身各层四门四龛。位置诸层互换。塔身转角立倚柱，塔檐成弧形，向外伸展，檐角高跷，如木构无异。每层塔身外有回廊护栏，悉如木构秀丽清润。塔刹为铸铁制成，高达 11 m，有刹座、覆盆、火珠、仰莲、宝盖、七层相轮、圆光、镏金铜葫芦串连在一起。还有八条大铁链从刹顶系到顶层檐角。此塔内有

一根八角形的塔心石柱，从低层直通塔顶。由塔心柱塔壁与石梁组成一个严密的框架，有很好的整体性。塔的各层塔门、塔龛，层层错位排列，形态坚固，又美观。

镇国塔又称东塔。此塔原为砖塔，南宋嘉熙二年至淳祐十年（1238—1250 年）也改为石塔。塔用花岗石砌筑，平面八角，也是五层，高度 48.24 m，比西塔略低，塔的型制与西塔基本相同。

崇教兴福寺塔。此塔俗名“方塔”，坐落在江苏常熟市内，初建于南宋建炎三年（1130 年），后来由于筹建者去世，一直未能建成，直到咸淳年间（1265—1274 年），遂将未成之塔拆除，重建九层佛塔。今之塔已是经明清多次修理之形，但塔身仍为南宋遗物。此塔平面方形，高 67.14 m，砖身、平座、腰檐、栏杆等均为木构。塔内有塔室，除底层为八角形外，其他各层均为方形。塔的外观因逐层递减高度和宽度，所以形成外轮廓的抛物线形状，体态清秀平稳，美不胜收。

八

南宋的园林，以杭州为最。自南宋建都临安（杭州）后，这里大小花园数不胜数，皇家、私家都有。特别是在西子湖附近，依托于自然美景，更是疯狂造园。据不完全统计，南宋杭州著名园林，大体有以下这些：

秀邸园，钱塘门外九曲城下，又名择胜园。

胜景园，长桥附近，原名庆乐园，又名南园。

赵冀王园，方家峪，内有华津洞。

水月园，大佛头西。高宗赐杨存中，孝宗又赐秀王伯圭。

隐秀园，钱塘门外，刘鄜王别墅。

挹秀园，葛岭下，杨驸马别墅。

福邸园，又名小水乐园，地点不详。

谢太后府园，昭庆湾，又名万花小隐园。

谢府新园，净慈寺附近。

杨太后梅波园，小麦岭，又名杨郡王园。

慈明殿园，清湖北。

琼花园，褚家塘东，相传为春秋时庆忌宅。

王氏富览园，万松岭。

卢园，花港观鱼，内侍卢元升园。

史园，葛岭西，有半春、小隐、琼华三园，皆为史弥远别墅。

快乐园，孤山西，赵婉容别墅。

药洲园，履泰山西，廖莹中别墅。

斑衣园，九里松附近，韩世忠别墅。

瑶池园，小流水桥，中贵吕氏别墅。

养乐园，葛岭路，属贾似道，内有养乐堂。

甘园，净慈寺旁，内侍甘升之园，又名湖曲园，后赐谢节使。

阅古泉，宝莲山麓青衣泉，韩侂胄赐第，内有阅古堂。

蒋院使花园，望仙桥东，内侍蒋院使别墅。

在此再略择几处皇家苑囿作简要叙述。

玉津园。在嘉会门外，洋洋桥侧，绍兴十七年（1147 年）建。此园是仿汴梁玉津园建造的，专供皇室射御和习艺，外国使臣也按例到此射弩。南宋亡后园废，园址在旧龙华寺附近。

聚景园。在清坡门外，又名西园，范围甚广，内有会芳殿、瀛春堂、揽远堂、芳华亭等十几座建筑。另外，引西湖水入园，园中挖河，上架学士、柳浪二桥。后来便成"柳浪闻莺"景点。

下竺御园。在下天竺、九里松一带。内有无竭泉、枕流亭等景点。此园之特点是尽量借用自然山水作园内主景。

南园，即胜景园、庆乐园，位于雷峰塔路口。南宋爱国诗人陆游写过一篇《南园记》，其中有："自绍兴以来，王公将相之园林相望，莫能及南园之髣髴者。"可见其规模之大。

南宋时绍兴沈园，由于诗人陆游在此有一段不平常的经历，特别是那首名词《钗头凤》，从而名闻天下。沈园位于绍兴城东南，今洋河弄内，始建于南宋，原为沈氏宅园，当时面积达百余亩。据《乾隆绍兴府志》中记载："在府城禹迹寺南，会稽地，宋时池台极盛。"这"池台"指沈园。沈园虽是私家园林，但因园内亭台楼阁，小桥流水，假山叠石，景色甚美，故为文人名士常往之地。今园中之葫芦池和池边土丘，为南宋时之原物。

有人把风景名胜也列为园林。故还要说南宋时的杭州西湖。西湖早已闻名天下，但直到北宋还没有"西湖十景"之说。这"十景"始于南宋。当时祝穆在《方舆胜览》中有记载："苏堤春晓，曲院荷风，平湖秋月，断桥残雪，柳浪闻莺，花港观鱼，雷峰落照，两峰插云，南屏晚钟，西湖三塔。"这是"西湖十景"最早之记述了。后来《梦粱录》中也有记。今之"西湖十景"，将曲院荷风改为曲院风荷，雷峰落照改为雷峰夕照，两峰插云改为双峰插云，西湖三塔改为三潭印月。

第五章
辽、金、西夏及元代的建筑

第一节　辽、金、西夏的城市及宫殿

一

辽代存在于公元 907 至 1125 年，位于我国北方，与北宋对峙，以河间府、真定府以北约 100 km 处为界。辽都上京，位于今内蒙古自治区的巴林左旗林东镇南。上京分南北两城，今城之遗址尚在。北城是皇城，呈正方形平面，东西宽和南北长均约 4 里余。城内正中今尚有高地，可能是当时辽国的皇宫，北端地形较规则，可能为禁苑。宫殿位于南端，今除了还有长方形的基址外，尚存石狮两对。据研究这里是当时的宫殿正门承天门。据《辽史・地理志》记载，这里还有寺院安国寺及绫锦院、内省司曲院、瞻国省司二仓等。

二

金代存在于 1115—1234 年，与南宋对峙，以泗州、襄阳、均州一带为界。金最早是在今东北、内蒙古东部一带，其首府上京会宁，在今之黑龙江阿城县南四里许。这里地形甚佳，西有高山为屏，东有阿什河。据研究此城为长方形，东西 2 300 m，南北 3 300 m。城墙土筑，今尚留存约 5 m 高，3 m 厚的一些城墙。城四周各有门，外有瓮城。城分南北两部分，中设隔墙，墙中偏东处设门。南部靠西北处地势较高，为宫殿所在，今还有宫城遗迹。宫殿区正门在南，与城的南门相对。正门前左右有高丘，是防御性的建筑。正门内左右有廊(遗址)，中间有三座建筑，今基址尚在。

公元 1115 年金灭辽，于贞元元年(1153 年)将都城迁至中都(原为辽之南京，今之北京西南)，并作大量的建设。金中都为两套方城。外城东西宽约 3 800 m，南北长约 4 500 m。每边设三门，城内中部是皇城。道路从城门延伸，垂直交叉，形成规则的“井”字形。皇城南中轴线约 2 km，两边皆建宫殿、寺庙等。宫城前有石桥及千步廊。进入宫城，至大殿，殿后中轴线上就是高高的天宁寺塔。今寺早已毁，塔尚存。

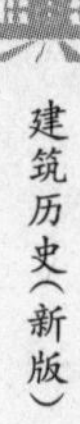

金中都宫殿苑囿十分雄伟、辉煌。城东北建大型皇家园林，有宫殿，其中最大的宫殿是万宁宫，即今之北京中南海。这座都城后来被元兵破坏，成一片废墟。

三

西夏存在于两宋期间。在唐宋时期，在今宁夏回族自治区一带，党项族势力日益强大，北宋明道元年(1032年)，在此建立西夏，定都怀远，扩建城池，构建宫殿，定名为兴州。西夏显道二年(1033年)改名兴庆府，并继续大兴土木。天授礼法延祚元年(1038年)元昊自立为“大夏皇帝”，定兴庆府为国都。历史上的兴庆府，称得上是一座“塞北江南”的城市，这里有不少的河流、湖沼，似是江南水乡。从生态意义来说，特别值得一提的是这座城市被称之为“人形”的城市。兴庆府城郭为长方形，“相传以为人形。”(《弘治宁夏新志》)城郭为躯干，头部乃是黄河西岸的高台寺，双足直抵贺兰山。更神奇的是西夏王陵也与方形的唐宋陵园不同，其园墙长与宽之比为1.6∶1，正好与兴庆城外郭的长与宽之比一样。这个比值，其意义是指成人躯干的长与宽之比。巧的是它正符合古希腊的毕达哥拉斯(前580—前500年)所提出的黄金比，即1.618∶1。这里的“形”之城，还有一层意思是，整座城市有明显的纵轴线和横轴线，城门、道路、河渠、宫殿、坊里及各类构筑均呈左右对称，前后有别、上下迥异的规则布局。兴庆府城池的内部结构就是如此布置的。“人形”城还有一层意义是城池本身与郊区具有不可分割的联系。

四

辽代上京的宫殿，据记载建于辽天显元年(公元926年)，城分南北二城，北城为皇城，城内正中偏北为宫殿之所在，今尚有约500 m见方的高地。宫殿的中部，东西横贯一条道路，通向皇城的东西门。道路以北的宫殿区，正中为一座前为矩形后为圆形的基址，是主要的殿宇之所在。这种形式显然有游牧民族建筑特征(有毡包之形)。

宫殿区的北端，可能是禁苑。宫殿区正面约200 m处，有矩形的基址，今尚存石狮两对，认定为当时的宫殿正门承天门所在。门之外是一条南北向的大道，将城分割成东西两部分。至于辽代宫殿的一些细节，由于建筑早已无存，记述较少，则知道得也就不多了。

金代上京是金代早期建都之地，城中宫殿部分在城中偏西南处，其规模约560 m见方。宫殿区正门向南开，与城的南门在同一条南北向的轴线上。门前左右有廊，两廊之间有基址三座，前基较小，中基狭长(长约150 m，宽约50 m)，后基与中基差不多，其后还有宽50 m的南北基址，与更后面的另一基址相连。北面基址呈“工”字形，位于整个宫殿区的中央，为最主要的宫殿部分。这种宫殿布局是受北宋东京(开封)宫殿型制的影响。“工”字形宫殿中部左右各有横墙基，与宫殿区的东西墙相接，并将整个宫殿区分为前后两部分，相当于“前朝后寝”之制。“工”字形基址之北还有三处基址，两侧也有廊址。总之，这种宫殿布局都与北宋都城东京的宫殿布局相似。

由于金代向南扩展，因此后来都城由上京移至中都，即今北京城之西南隅。中都宫城做得更考究。宫城正门在南，门内有龙津桥，其北即皇城正南门宣阳门，门内左右两侧有文武楼，千步廊，再北是宫城正南门的应天门。千步廊东西相对，各250余间，平面曲尺形。东廊外有太庙、球场；西廊外有六部、三省。

第二节 元代都城及宫殿

一

元代都城元大都，即明清北京的前身。元大都是 13、14 世纪世界上最宏伟壮丽、规划整齐的都城，在《马可·波罗纪行》中有如此记述："城是如此美丽，布置得如此巧妙，我们竟不能描写它了！"元代于至元八年（1271 年）定国号"元"，第二年初，国都从上都迁至大都，即北京。

元代为蒙古族，向南扩张后，努力汉化，因此元大都的规划思想，则努力仿《周礼·冬官考工记》，所谓"左祖右社，面朝后市"。图 1-5-1 是元大都的大体布局。城分三套：外城、皇城、宫城。外城东西宽 6 635 m，南北长 7 400 m，共设十一个城门。城内街道经纬分明，布局规整。这是学习汉地文明的做法；但蒙古人仍有自己的习俗和生活方式，反映在都城形态上，则毕竟与汉地有所不同。蒙古乃游牧民族，自幼培养骑射，无论民间、皇家，都是如此。所以在元大都的北部，还有一块地方，模仿北方草原，供皇家子弟练习骑射。

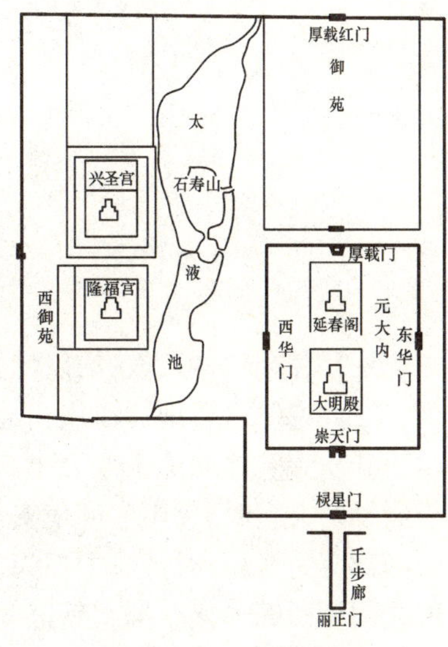

图 1-5-1 元大都

二

元代的宫殿建筑也十分宏伟壮丽。在元大都中，皇城在都城的中部偏南。它的东宫墙在今北京南北河沿的西侧，西墙在今北京西皇城根一线，北墙在今北京地安门南，南墙在今北京的东、西华门大街南。南墙的正中是灵星门，就在如今北京的午门附近。皇城之内，以万寿山、太液池为中心，大内、隆福宫和兴圣宫三组宫殿似三足鼎立合成一个整体。

宫城的正门是崇天门，十一开间，下开五个拱门，东西长 62 m，南北深 18 m。宫之门全用金铺首、朱户、丹楹、彩绘、彤壁，并以琉璃瓦饰屋面、檐脊。宫城四角均设角楼，用于守护，又添壮丽。崇天门外有三座玉石桥，三条路，中间为御道，刻有蟠龙。门内又是一门，叫大明门，内有大明殿，元朝皇帝就在这里登极，也是正旦寿庆会朝之所。大殿面阔也是十一间，东西长达 67 m。南北深 40 m，屋脊高 30 m。宫殿建筑华美，色彩绚烂。柱础青石刻花，玉石圆润。文石铺地，丹楹饰金，并刻有蟠龙，朱琐窗列于四面。内全绘藻井，中设七宝云龙御榻，并设后位。壁前设科学家郭守敬（1231—1316）所进七宝灯漏、贮水运转机械等，小偶人逢时刻会捧出牌来，十分奇妙。此殿之后，有柱廊七间，深 80 m，宽 15 m，高 17 m。柱廊后为寝室五间，东西夹六间，连香阁三间，东西 47 m，深 17 m，高 23 m。

大明寝殿东为文思殿，西为紫檀殿，以紫檀香木做成，镂花龙涎香，间白玉饰壁面。后面为宝云殿，此殿之左右又有文武二楼。宝云殿之后即延春阁。九开间，三重檐，相当毫奢。

延春阁东为慈福殿，又叫东暖殿，西为明仁殿，又叫西暖殿。此外还有至德殿、东香殿、西香殿、宸庆殿等。

隆福宫在大内的西端，其东为太液锄，西为西御苑，为皇太后等人居住。此宫后来为光天殿。左、右二殿为青阳楼、明晖楼。其后为东、西二暖阁，后面还有针线殿。兴圣宫在大内之西，东为万寿山，南为隆福宫，这里是皇太后及嫔妃们生活的地方。元武宗建兴圣宫以后，皇太后多住在这里。英宗朝贺皇太后阿纳失失里，宁宗朝贺皇太后卜答失里，都在兴圣宫。

第三节　寺庙建筑

一

辽代和金代的宗教，均以佛教为主，当时寺院塔幢建筑多得不计其数，留存至今的也不少。在此说一些典型的辽代和金代的寺院、塔幢。

独乐寺。此寺位于今天津蓟县，如今留存有山门和观音阁两座辽代原构。独乐寺始建于唐初。玄宗时，反唐节度使安禄山在此，故寺名叫“独乐”。寺由东、西、中三部分组成，东西两部分为僧房和行宫；中部为寺院殿宇。由山门、观音阁形成南北向轴线布置。山门和大殿之间用回廊连接。据文献记载，今存之山门、观音阁于辽代统和二年（公元 984 年），由辽秦王耶律奴瓜重建。

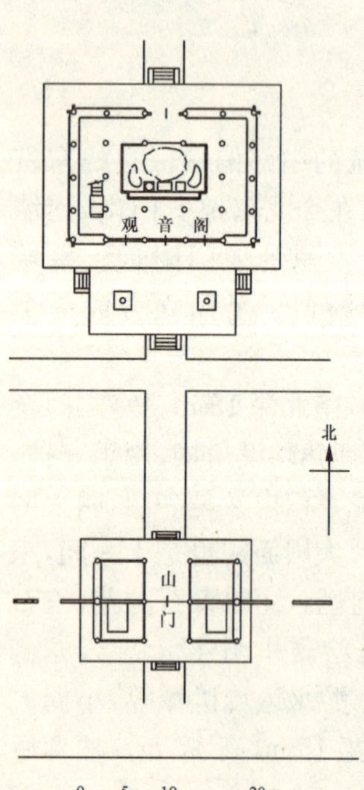

图 1-5-2　独乐寺山门、观音阁平面

独乐寺山门建在低矮的台阶上，坐北朝南，面阔三间，进深两间。图 1-5-2 为独乐寺山门、观音阁平面。中间是门道，两侧有两神像，泥塑，民间叫哼哈二将，其实应是金刚。柱身不高，侧角明显，斗拱硕大，布置疏朗，高度约为柱高之半，支撑着坡度平缓的单檐庑殿顶，屋檐伸出甚远，使建筑显得舒展而轻巧。

观音阁是独乐寺中的主体建筑，这是一座三层的楼阁式建筑，但外面看去只有两层，因为中间的一层是暗层、夹层。此建筑的屋顶是歇山顶，下设回廊、栏杆和腰檐，形式独特（图 1-5-3）。此建筑总高 23 m，阁的内部中间有须弥座，上设泥塑十一面观音（这是观音的一种形态，头上有 10 个观音头像），像通高 16 m，形象端庄而秀丽，姿态生动，为辽代塑像之上品。这座建筑的特点是中空，周围上部设两层回廊。这是一种巧妙的构思。因为佛像高大，见其伟大，但人在殿内，见不到神像的脸部，因此上设回廊，人们可以上去，作近距离面对面的礼拜、祈求。同时这些回廊对它的结构坚固性有利，如今它已逾千年，历史上经过无数次大小地震，但始终不倒。1976 年唐山大地震，附近的建筑几乎都震倒了，唯有这千年古阁却安然无恙。

山西大同华严寺。此寺分上下两寺。上华严寺位于大同市。华严寺始建于何时,说法不一。据《重修上华严禅寺感应碑记》(刻于明代)说是建于唐代,但《重修上华严禅寺碑记》(刻于清代)中说到创建于北魏。而据历史学家认为它始建于辽代清宁八年(1062 年),看来后者说法更为可靠。此寺规模较大,建筑雄伟,寺内有大雄宝殿及其他许多建筑。据史书记载,寺内有"南北阁,东西廊。北阁下铜、石像数尊"(《山西通志》),据说其中还有辽帝后像。辽为契丹,其信仰"好鬼拜日",向东而拜,所以房舍也有好多是朝东的。华严寺的布局也是坐西朝东。

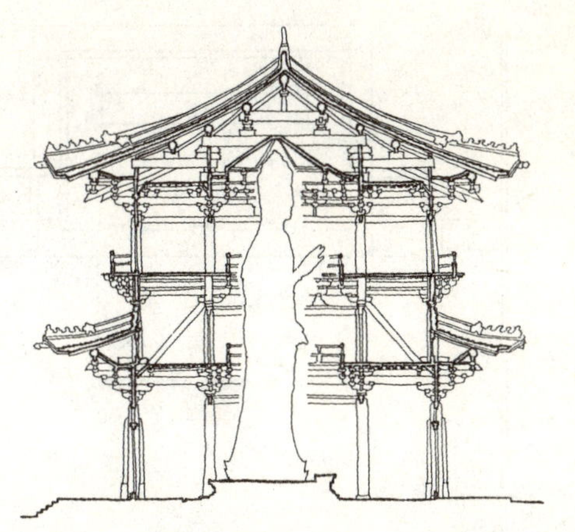

图 1-5-3 独乐寺观音阁(剖面)

由于战争,华严寺内大量的建筑被毁。金代熙宗天眷三年(1140 年)重建大殿、观音阁、山门、钟楼等。后来元、明、清历代均对此进行过重修,但寺一直保持至今。

上华严寺建筑以大雄宝殿为中心,另有山门、前殿及钟鼓楼、祖师堂、禅堂、云水堂及两厢廊庑等,布局严整,井然有序。主体建筑大雄宝殿为金代天眷三年所建之原物,故很有文物价值。此殿面阔九间,长达 54 m,进深五间,深达 29 m,为我国最大的佛殿之一。屋顶用单檐庑殿顶,为典型的辽金时期的建筑风格。殿内由于用"减柱法",因此空间宽大,对当时来说是一种比较先进的木结构做法(与五台山佛光寺文殊殿类似,见第三章第三节)。

下华严寺位于上寺的西南方,寺内有薄伽教藏殿、海会殿等。与上华严寺比较,下寺布局则显得更自由,建筑风格也更灵活。最著名的建筑薄伽教藏殿,这里是藏经之地。是辽代原物,建于重熙七年(1038 年),是我国仅存的辽代殿宇。殿内壁藏做得很考究,沿内墙排列藏经的壁橱,共 38 间,仿重楼形式,分上下两层,在后窗处中断而做成天宫楼,五间,飞越窗上,以圜桥与左右壁橱相连接,真实表现了辽代建筑风格。

二

山西大同善化寺。此寺又称开元寺、大普恩寺。此寺始建于唐开元年间,辽代毁于兵火,金天会六年(1128 年)重建。此寺是如今国内保存最完整的、规模最大的辽金寺院。

善化寺总体布局严谨,主次分明(图 1-5-4)。其中大雄宝殿建于辽代,普贤阁、三圣殿及山门是金代所建之原物。大雄宝殿面阔七间,长 40.7 m;进深五间,深 25.5 m,单檐庑殿顶,表现出典型的辽代木构特征。内外檐拱及殿内藻井也是典型的辽代型制。大殿正中佛坛上有塑像五尊,称五方佛,衣纹流畅,姿容端庄。东西两边有金塑护法二十四诸天,体态丰润,神情富有个性,堪称佳作。

普贤阁是寺内最秀丽的一座建筑,平面呈方形,两层。屋顶为歇山式,楼层有回廊、栏杆及腰檐(图 1-5-5)形成中国佛教世俗化的典型形态。

三圣殿位于大雄宝殿前,普贤阁之东北。此殿面阔五间,进深四间,单檐庑殿顶。殿内除中央佛坛上有"华严三圣"(中为释迦牟尼,东为文殊,西为普贤)外,还有石碑四块,其中有宋人朱弁撰文的《大金西京大普恩寺重修大殿记》,很有文物价值。

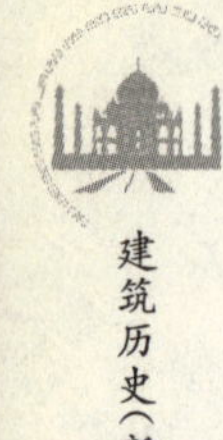

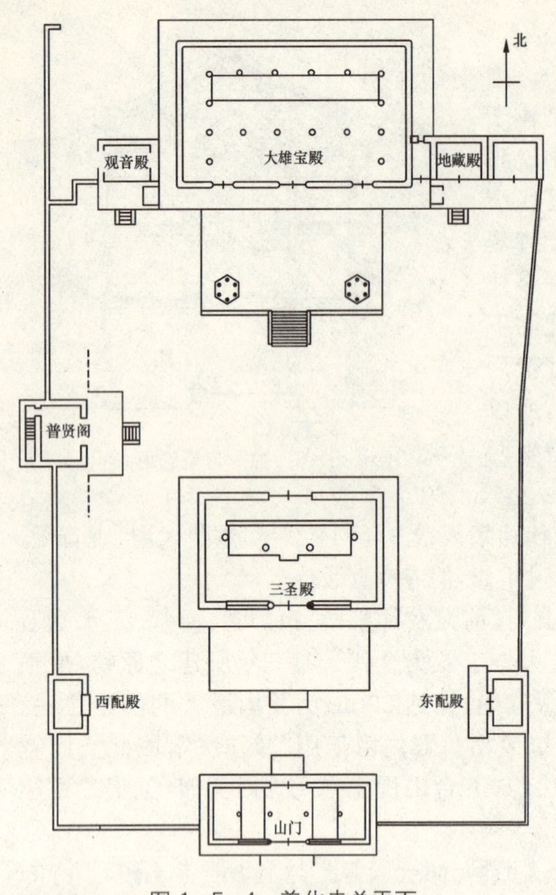

图 1-5-4 善化寺总平面

图 1-5-5 善化寺普贤阁

三

奉国寺,此寺坐落在辽宁省义县。原来此寺名咸熙寺,创建于辽开泰九年(1020 年),元大德七年(1303 年)《大元国大宁路义州重修奉国寺碑》中记载:“州之东北维寺曰咸熙,后改为奉国。盖其始也,开泰九年处士焦希斌创其基。”寺内大殿中有七尊大佛,故俗称七佛寺。现存的寺院呈前窄后宽状,中轴线布局。自山门起,依次为牌楼、无量殿和大雄宝殿。大雄宝殿建于辽代开泰九年(1020 年),建筑形式为面阔九间,进深五间,单檐庑殿顶,规模甚大,为辽代所建之原物。此殿建在一个较高的月台上,故更觉得雄伟。殿后本来还有一座建筑,即法堂,但后来被毁掉了,只是通向此殿的路尚在。

第四节 塔 幢

一

辽、金、西夏和元代的佛塔建造得也相当多。一般说,辽金时期的佛塔多密檐塔,元代的多为喇嘛塔。在此分析一些实例。

应县木塔(图 1-5-6)。此塔位于山西应县境内,其正式的名字叫佛宫寺释迦塔,始建于辽清宁二年(1056 年),是我国如今仅存的一座纯用木构建造的古塔,它不但高大,而且形态也十分优美,可谓稀世珍宝。

佛宫寺释迦塔平面八角,外形为五层六檐(底层为双檐),内部为九层,其中四层是暗层。塔高67.13 m,底层直径约 30 m。塔建在两层石砌台基上(合高4 m)。塔身内外双槽立柱,构成双层套筒式结构,柱头柱脚均由水平构件连接。暗层中又有斜撑,使它具有坚实的整体性,不致变形。历史上经过多次地震,均无恙。各层塔身每面三间四柱,东、西、南、北四个方向中间开门,可以外出至廊,有栏杆围护。由于这些构件,使这座佛塔具有较强的世俗情态性。

图 1-5-6　应县木塔

二

天宁寺塔。此塔坐落在北京市广安门外,寺始建于北魏孝文帝,初名光林寺,隋代改名为宏业寺,唐代又改名为天王寺。到了辽代才改名为天宁寺,并在寺后建造了佛塔,其形象很秀美,见图 1-5-7。今之塔为辽重熙年间(1032—1054 年)所建造之物。

图 1-5-7　天宁寺塔

天宁寺塔总高 57.8 m,密檐式实心砖塔,平面八角,十三层密檐。此塔建造在一个方形砖砌的大平台上,平台以上是两层八角形基座,下层基座各面以短柱隔成六个龛座,内有狮头,龛与龛之间有雕饰,转角处浮雕金刚力士;上层基座稍小,每面也以短柱隔为五座龛,龛内浮雕坐佛。各龛之间及转角处均刻金刚力士像。塔身平面八角,八面间隔着浮雕的拱门和直棂窗,门窗上部及两侧浮雕处刻有金刚力士、菩萨等像。塔身上有浮雕栏杆和普柏枋,折角处交叉出头做法平齐,为辽代木构建筑之特征。塔的每层檐下均是仿木构的砖斗拱。各层塔檐自下而上逐层递减,砖廊线丰满柔和,使得整座塔的造型显得格外雄伟壮观。塔顶用两层八角仰莲座,上乘宝珠作为塔刹。1976 年 7 月唐山大地震时塔刹被震落。

三

辽阳白塔。此塔位于今辽阳白塔公园内。此塔为八角十三层密檐砖塔,高达 71 m,下

设二层塔座。塔身八面均有佛龛,龛内坐佛,但这些佛像都是后来补塑的。龛楣上加一条水平壁带,增添形态的丰富性。第一檐之下有砖五铺作斗拱,承托檐部,朝南一面拱眼壁上嵌有后世所加“流”、“光”、“碧”、“汉”四个单字木匾。第二檐以上均叠涩出檐。塔顶原有砖砌受花、宝瓶和铜葫芦刹杆及铁链、铜宝瓶等,今已残损。

白塔建造年代无考,估计建于辽道宗时期。

四

齐云塔。此塔位于河南洛阳市东郊白马寺前,又名白马寺塔。塔始建于东汉,当时白马寺既建,便又在其寺前建塔。据《三宝记》中说,在白马寺东南,旧即有土阜隆起,夜放光芒,民间呼为圣冢。汉明帝刘庄诏问摄摩腾,答道:天竺国有阿育王,藏如来舍利于天下,凡八万四千所,中国境内有十九处,此其一也。汉明帝令建塔于此,塔九层,二百余尺。今之齐云塔旁有金代石碑一座,按所记,五代之后有庄武李王曾造九级木塔一座,高达五百余尺,名齐云塔。北宋末年,木塔焚毁。金大定十五年(1175 年)改建砖塔,即今之齐云塔。此塔平面方形,十三层,高 24 m,塔外为密檐式,内为楼阁式。每层南面开一拱门,可登临眺望。每层塔檐四角饰以铁马,塔顶上覆宝瓶式塔刹。此塔今保存基本完好。

五

妙应寺塔。此塔俗称大白塔,位于北京市阜城门妙应寺内。塔建于元代至元八年(1271 年),是元世祖忽必烈营建元大都时的一项重要工程。此塔请尼泊尔匠人阿尼哥设计并建造。

妙应寺塔高 50.9 m,下面为三层方形折角须弥座,上覆莲座和承托塔身的环带形金刚圈。华盖周围悬挂 36 个铜质透雕流苏和风铃,华盖上约有 5 m 高铜质塔形宝顶。此塔是喇嘛塔中最大的一座,也是我国现存最古的喇嘛塔(图 1-5-8),至元十六年(1279 年)在塔前建大圣寿万安寺。此寺由四个角亭、三世佛殿、天王殿、七佛宝殿组成。明代天顺元年(1457 年)改名为妙应寺。

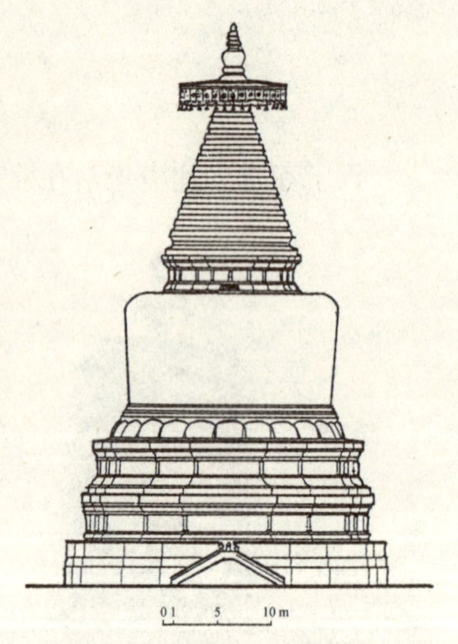

图 1-5-8 妙应寺塔

第五节 道 观

一

元代除了佛教外,道教也很发达。这里说两座代表性的道教建筑。

首先说苏州的玄妙观。此建筑坐落在苏州市中心,南临观前街。这座道观始建于西晋咸宁二年(公元 276 年),初名真庆道院,唐宋时期更名开元宫、天庆观。南宋时毁于兵火,后来重建。元代至元元年(1264 年)始名玄妙观。观内左有元坛、泰安神州、天医药王、真官、天后、文昌、元帝、火神、三茅、机房、关帝、东岳等殿;右有雷尊、观音、三官、八

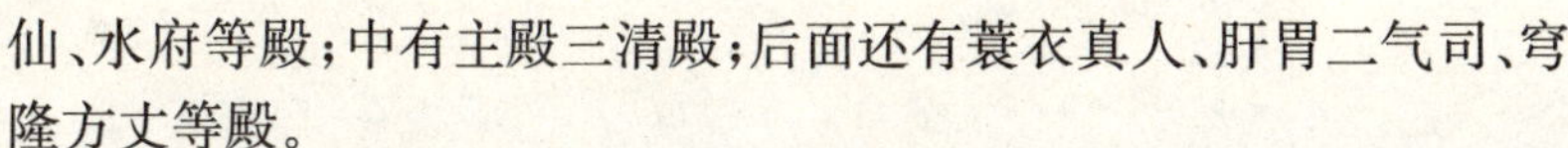

仙、水府等殿；中有主殿三清殿；后面还有蓑衣真人、肝胃二气司、穹隆方丈等殿。

此观内主体建筑为三清殿。此建筑屋顶重檐歇山式，面阔九间，长 45 m；进深六间，深 25 m 余。此殿结构部分为南宋淳熙六年(1179 年)重建时之原物。殿内砖须弥座制作精致，座上三尊塑像(即“三清”)：太上老君、元始天尊和通天教主，衣褶拳曲，神采奕奕，为我国古代雕塑佳作。殿前有石砌露台，围以栏杆。殿的基座南侧保留着南宋石雕栏，栏板上浮雕人物鸟兽，甚为精美，很有艺术价值。

二

其次是山西永济的永乐宫。此建筑由于要造三门峡水库，原址要淹入水下，故于 1959 年迁到山西芮城。永济是道教“仙人”吕洞宾的故乡，这里早年有吕公祠，金、元时扩大为观。

现存的永乐宫为一南北狭长地形，建筑以中轴线布局(图 1-5-9)，自南至北分别为山门、无极之门、三清殿、纯阳殿、重阳殿。永乐宫是现存保存最完好的元代道观，其中三清殿是永乐宫的主殿(图 1-5-10)，殿内四壁及神龛内满是壁画，绘于 13 世纪，线条流畅，构图饱满，描绘的是《诸元朝圣图》。图总长 90.68 m，高 4.26 m，以三清为中心，组成雷公、雨师、南斗、北斗、八卦、十二生肖、二十八星宿和三十二天帝君的群像。人物线条圆润，表情自若，色彩高雅，显示出元代画师的高水准。另外，纯阳殿、重阳殿、无极之门等建筑中也均有壁画，这许多壁画均是我国绘画史上的重要作品。

1959 年永乐宫搬迁时，这许多壁画(共 960 m^2)原作揭制、复位，这又是一个世界上之奇迹了。

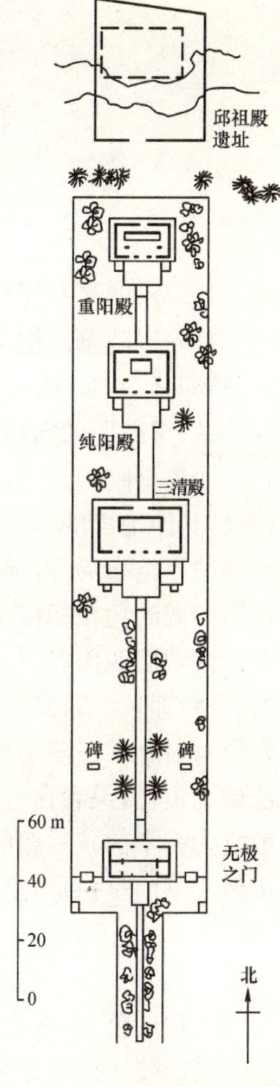

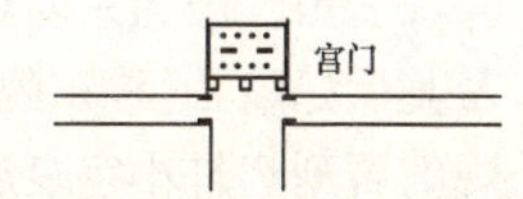

图 1-5-9　永乐宫三清殿平面图

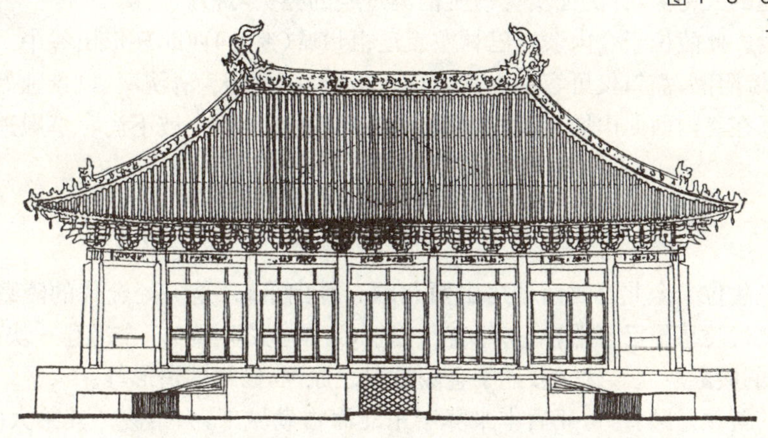

图 1-5-10　永乐宫三清殿

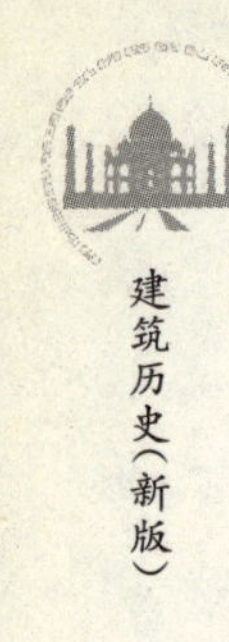

第六节 陵墓、园林及其他建筑

一

辽、金、西夏及元代,还须说有一些建筑(类型)。

首先说陵墓。据文献资料记载,西夏十二帝,在世达250余年,其皇陵在陵区内发现有8座,陪葬墓70余座。在贺兰山东麓,有两座规模较大的陵墓,据研究认为是西夏太祖李继迁、太宗李德明的嘉陵和裕陵。此二陵为整个陵区之首,其余之陵依次而建。

西夏皇陵与其他历代皇陵相似,分地上的陵和地下的宫殿两部分。所有的陵墓都坐北朝南,其他地面的布局形式仿唐宋之格局,但也有自己的特点。据实地分析,每座陵墓都是单独的完整布局,占地大约10万余 m^2,四周有陵墙,并分内外两重。四角建角楼,与北京故宫紫禁城的角楼相似。整个陵园布局,自南向北顺次为:阙门、碑亭、外城、内城、献殿及灵台。内城墙四面有门,献殿和灵台之间有土梁,长约50 m,为墓道封土之处。其北为陵之高处,灵台即坟。西夏帝陵建筑的特点,主要是在灵台。汉地王陵,多作成断头金字塔形状(棱台形);西夏的王陵则形如佛塔(有圆形和八角形两种),而且做出五层或七层挑檐,还有绿色琉璃瓦覆檐,灵台台身为暗红色,故墓色彩鲜艳华丽。王陵地宫前有一个长约50 m的墓道,地宫为一个前狭后阔的方形墓室,两侧各有耳室一个。墓室内土坯壁,前壁刷石灰,上绘武士像。墓门呈拱形,室内以方砖铺地。

二

辽代的陵墓,在史料上记载较少,在此说两座。

辽庆陵。此陵原名永庆陵,位于内蒙古巴林右旗辽庆州城(遗址)北的大兴安岭,辽代时叫庆云山。山为东西走向,山麓葬有辽圣宗耶律绪,兴宗耶律宗真、道宗耶律洪基三个皇帝及其后妃陵,通称东陵、中陵和西陵。这些陵在民国初年被盗,随葬文物多已散失。但从发现的石刻契丹小字哀册,首次知道了契丹文字的应用情况。墓内壁画内容丰富,从其中带有契丹小字榜题的人物像,首次证实史书所记契丹族的髡头习俗。

辽太祖陵。此陵位于今内蒙古巴林左旗辽祖州城(遗址)西北环形山谷中。谷口山峰陡立,并筑有土墙阻隔,豁口仅可容一小车通行。谷内古木参天,清洌洌,风景独好。辽太祖耶律阿保机陵墓在谷内西北山坡,石块垒起地宫墙身,遗迹已露。坡下尚存享殿遗址,翁仲、经幢等尚在。

三

金代的皇陵位于今北京西南的房山西北的云峰山下,乃是一处金代的陵墓群。金中都离此不远。金代陵墓早已衰败,清初年有所修复(清是金之后裔)。今尚存一块碑,为修缮金太祖、金世祖的陵殿所立。碑文叙述了金陵被毁之原因,修缮的情形等。

金最早的首领是阿骨打,死后本来葬于东北海古勒城郊,为泰陵。其弟太宗,死后陵在上京。后来此二陵皆迁至中都之郊。据《金史》记载:“贞元三年(1155年)三月乙卯,命以大

房山云峰寺为山陵,建行宫其麓。"同年五月,派人去上京搬迁太祖、太宗等棺椁。十月,行宫建成,十一月安葬。从此以后,金代各帝及后妃等也都相继葬于此。主要有:太祖睿陵、太宗恭陵、世祖兴陵、章宗道陵、熙宗思陵及从上京迁来的其他十帝之陵,还有许多后妃陵。由于金代帝王多内讧残杀,所以帝号时变,如海陵王刺杀熙宗,后来也被部将所杀,因此其陵墓就多次变更。这些陵墓留下来的遗物、遗迹已不多了。

四

元代的陵墓,这里只说成吉思汗。成吉思汗称为"一代天骄",是一位杰出的政治家和军事家,是他创建了元朝。1206 年被推为"大汗"。十三世纪初,占金中都灭金,后又西征,一直打到欧洲。在攻打西夏时,于 1227 年病死于今甘肃的清水。

成吉思汗陵坐落在内蒙古伊克昭盟的伊舍霍洛旗。这里是鄂尔多斯七旗会盟之地。每年都要在这里会盟。这种制度延续了 300 多年。成吉思汗陵墓建在这里的原因是,相传 1226 年他率兵攻打西夏时,路经蒙古西南高原时来到这里。此时正值春天,这里景色迷人,他被美景所陶醉,忽然想到自己的后事,认为他死后若葬于此是很理想的。次年病死,按照他的遗愿,将成吉思汗的遗体葬于此地。

今之成吉思汗陵是新中国成立后重建的。重建后的陵园,雄伟壮丽,其主体建筑由三座蒙古包式的建筑组成,相互有廊联系。陵园建筑分为正殿、寝宫、东西殿、东西廊,其下是一个高大的台基,四周有栏杆。三座大殿前有宽大的台阶。正殿平面八角形,重檐蒙古包式的穹庐顶,高达 20 余米。东西两殿不等边八角形平面,单檐蒙古包式的穹庐顶。檐部覆以蓝色琉璃瓦云纹。三殿檐部与白色墙面、红色门窗,相映成趣,显得十分和谐。

五

这一时期的园林,在此说两处。

首先是金中都的皇家园林。金中都城内园林甚多(好多是从辽代的南京留下来经改建而成的)。城内御苑见文献资料的有西苑、东苑、南苑、北苑、兴德宫等处,其中包括著名的"中都八苑",即芳园、南园、北园、熙春园、琼林苑、同乐园、广乐园、东园。在此只说西苑。

西苑位于皇城西部,利用辽代的南京子城西部的许多大小湖泊、岛屿建成,其中楼、台、殿、阁、池、岛俱全。湖泊面积很大,有瑶池、浮碧池、游龙池等。统称为太液池。池中有岛,如琼华岛、瀛屿等。西苑又名西园,包括皇城内的同乐园和宫城内的琼林苑两部分,其中有瑶光殿、鱼藻殿、临芳殿、瑶池殿、瑶光台、瑶光楼、琼华阁等殿宇,果园、竹林、杏林、柳庄等以植物成景的景区及豢养禽兽之鹿苑、鹅栅等。这是金代最主要的一座大内御苑。

其次说古莲花池。这座园林位于今河北保定市内。园始建于元太祖二十二年(1227 年)汝南王张柔镇保定建造此园,初名雪香园,但因园内荷花特盛,故又叫莲花池,以后一直叫此名。园内山石池水、林木亭榭、楼堂宅轩,都围绕荷花池(主体)而建。池分南北二塘,北大南小,北塘中间有桥堤分隔,堤上建水心亭,景观甚美。园中原来有许多建筑,如万卷楼、奎画楼、莲池书院、绛堂、含浪亭等,今皆无存。当时此园有"十二景"之说。今之水心亭初时叫临漪亭,1249 年园主人乔维忠自子乔德玉在此亭中举行宴会,并有郝经写下《临漪亭记略》一文。据文中所述,亭西南有宛虹桥,可达藻咏厅;西北有五孔桥,可通北岸之高芬轩、响芹榭;东有石阶可入湖中。

古莲花池在明清时作多次修建,后成皇帝的行宫。今改建为人民公园,但古风尚存。

六

元代还有一处建筑是北京西北郊的居庸关云台。居庸关建于秦代,北齐叫纳款关,唐代叫蓟门关,元代叫居庸关。云台是关城中心(图 1-5-11)建于元至正五年(1345 年),原来台上有三座喇嘛塔,后被毁,今又重修。

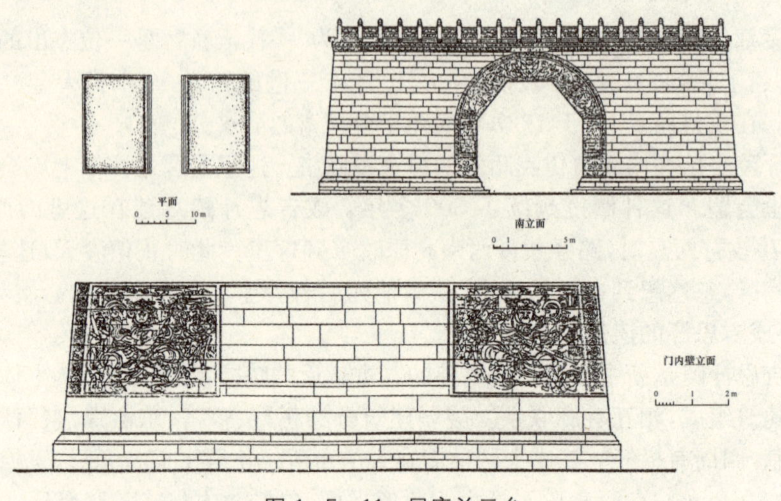

图 1-5-11 居庸关云台

云台全部用大理石砌成,平面为矩形,底部东西长 26.84 m,南北深 17.57 m。台身斜收,顶部东西出长 24.04 m,南北深 14.73 m。台中开一半八角形石券门,宽 6.32 m,高 7.27 m,券洞长同云台底部。门道可通车马。台顶有二层出挑石平盘,上刻云头,下刻兽面及垂珠。台顶四周石栏杆、望柱、栏板和外挑龙头,表现出元代风格。

券门和券洞上刻有珍贵的元代石刻。券门两旁有交叉金刚杵组成的图案,象、龙、卷叶花和大蟒神,正中刻金翅鸟王。券洞两壁四端刻四大天王,造型各异,神态如生。这种由石块拼接成的整幅浮雕,有很高的艺术价值。

第六章

明清时期的建筑(上)

第一节　城市和宫殿

一

我国古代社会到了明清时期,便进入了晚期,行将终结;但所谓"霜叶红于二月花",在这一时期,许多文化领域却都闪现出更为绚丽的光辉。从建筑来看,无论宫殿、民居、坛庙、寺院、道观、园林以及名胜建筑等,都显示出种类繁多、光彩夺目的特征。这就是所谓"夕阳无限好,只是近黄昏"的现象。虽然自北宋以来数百年,在建筑上没有什么大而新的创造和变革,但其琳琅满目、绚丽多姿,足以显示出建筑文化之美。这一现象也如同演戏,在结束演出时,最后有一轴"谢幕戏"。因此,明清建筑需用两章的篇幅来论述。

首先说城市。这一时期的城市,最典型的是北京这座城市。而且它至今仍基本上保持完好,更有实物可依。

明初朱元璋定都南京;后来到了建文帝朱允炆(朱元璋之孙),被其叔,燕王朱棣夺得政权,号成祖,并迁都北京,在元大都的基础上于永乐元年(1403年)正月定都北京。三年后(1406年),正式下诏,宣布营建北京。永乐十八年(1420年),都城建设基本完成。第二年,明成祖便在北京称帝。200余年后,清兵入关,明朝灭亡,清朝建都北京,基本上保持原来格局,直到宣统三年(1911年)十月,辛亥革命成功,清朝告亡。从元代开始至清代终结,北京一直为我国的都城,其建筑文化积淀着相当的厚度,值得重视。但其实,北京早在金代已建都,即金中都。图1-6-1就是北京自金中都元

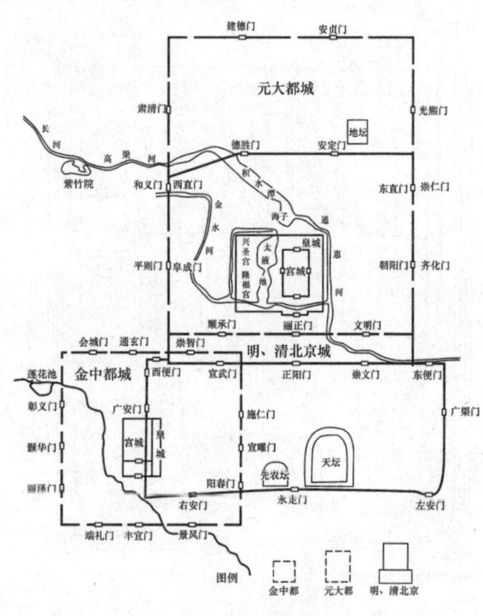

图1-6-1　北京变迁图

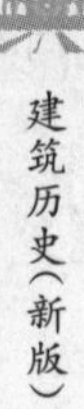

大都至明清北京的地图。

明清时期的北京，分外城、内城和皇城三重；皇城之内还有紫禁城。

明嘉靖二十九年(1550 年)，蒙古骑兵攻至北京城下，十分危急。因此，决定加强城防，提出“城必有郭，城以卫民”，于嘉靖三十二年(1553 年)增建外城。本想把内城四周围起来，但因财力不足，只修了内城以南的一部分。外城共七个城门：东便门、广渠门、左安门、永定门、右安门、广宁门(清代改为广安门)、西便门。外城工程于嘉靖四十三年(1564 年)完成，所以城市平面形状便成了个“凸”字形。北京的内城是元大都改建的。明时将它南移，当时城周长 46 里(1 里＝500 m)，城墙高 12 m，共设九门：东直门、朝阳门、崇文门、正阳门、宣武门、阜城门、西直门、德胜门、安定门。

皇城在内城的中间南侧，周长 18 里，南为大明门，其两角门为长安左门和长安右门，东为“丁”字形广场，其中设中央机关，如宗人府、吏部、户部、礼部、兵部、工部、鸿胪寺、钦天监等，西为五军都督府、太常寺、通政使司和锦衣司等，其北为皇城正门承天门。前设金水桥、华表和石狮等。华表柱身有云龙图案浮雕，柱上横置云板，再上面为圆形的承露盘，盘上是一石兽。华表下设方形围栏，均用汉白玉制成。承天门左为太庙，右为社稷坛，所谓“左祖右社”之制。如今太庙改为劳动人民文化宫，社稷坛改叫中山公园。承天门到了清代改名为天安门。

北京城内街衢几乎都是正南北、正东西向的，小的路叫胡同，据明末张自烈的《正字通》中说，“胡同”就是街道小巷之意。

明代北京皇宫，建筑严整雄伟，金碧辉煌，举世无双。皇城里面是紫禁城，此城周长六里，城高 10 m，里外砖砌，碧水环城，波光倒影，四隅建有高耸的角楼。宫城四面开门，南为午门，北为玄武门(清代改为神武门)，两侧为东华门和西华门。

二

北京故宫正门是午门，进门是“外朝”。明代时有皇极殿、中极殿、建极殿，谓三大殿，两边又有文华、武英二殿。三大殿初建时名为奉天殿、华盖殿、谨身殿，嘉靖四十一年(1562 年)重建后改名。到了清代，又将这三殿之名改为太和殿、中和殿、保和殿。

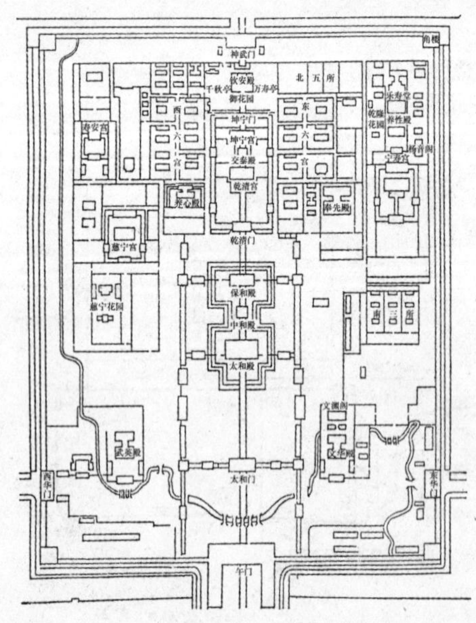

图 1-6-2　故宫平面图

建极殿(清代为保和殿)后有巨大的整块的云龙陛石，重达 200 余吨。殿后对面为乾清门，门内就是“后三殿”：乾清宫、交泰殿和坤宁宫。乾清宫是皇帝的寝宫，是皇帝、皇后生活居住的地方。坤宁宫是其寝宫，它与乾清宫之间有一座正方形平面的建筑，即交泰殿。后三殿两边为后宫，即东六宫和西六宫。图 1-6-2 是故宫的总平面图，图中所标均为清代之名。

故宫的主体建筑应当是太和殿，此殿在康熙年间曾两次重建，其建筑形制为最高等级的：重檐庑殿顶，上设黄色琉璃瓦，屋角走兽数为 10 只，是全国各建筑中最多的。建筑用 11 开间，间数也最多。

太和殿的立面如图 1－6－3 所示。在清代，这里是“大朝”之所，每年元旦、冬至、万寿三大节及庆典、朝会、宴飨、名将等礼都在这里举行。中和殿是纂修《玉蝶》（皇室谱系）举行告成仪式之处（每十年一次）。保和殿，清代时每年新春在此举行赐外藩蒙古王公等盛宴。

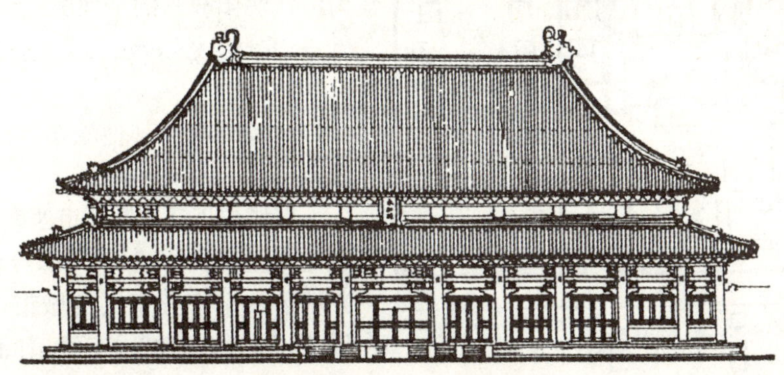

图 1－6－3 太和殿

三

养心殿在北京故宫中是一座最特殊的建筑，位于乾清门的西侧，是连接前三殿和后三殿的重要枢纽。这里本是皇帝修心养性之所，但到了清雍正时，皇帝便从后三殿移居于此，起居、政务都在此。养心殿是一组建筑群落，正门叫遵义门。养心殿东南隔一条长街，与乾清宫相接，北侧为西六宫，南东则是紧接乾清门广场的军机处。这组建筑有两个院落。遵义门内有琉璃影壁，后面就是外院，四周建值房，院被过养心门，里面是内院。院子的当中是一座大殿，金色琉璃瓦，高高的台基，殿前耸立六间抱厦，这就是养心殿。殿两侧有东、西配殿，它们屋宇相连，组成三合院。殿之后是寝宫，左右是体顺堂和燕禧堂。后面也是一个三合院，并把养心殿紧紧地包围在中间，好似两个三合院套在一起。养心殿前部三合院为皇帝政务用房。后寝宫及朵殿等为皇帝后妃生活起居用房。

养心殿东暖阁内，面西处设两个宝座，中间有一道黄纱帘，慈禧太后就在此垂帘听政。养心殿西暖阁分隔成几个小屋，其中较大的一间悬挂着雍正所写“勤政亲贤”匾，这是养心殿中最小的办公场所。皇帝召见军机大臣等重要官员商议绝密大事就在这里，为了遮挡视线，还在窗外的抱厦中置木屏壁。

四

满清入关前，建都于今之沈阳，当时称盛京。城内建有举世闻名的具有满族建筑特征的宫殿，即沈阳清故宫大体可分为三部分：东路、中路、西路，分别以三条中轴线布局。

东路以大政殿为主，两边分立十王亭，为努尔哈赤时期所建（17 世纪初）。大政殿建成于 1625 年，初名“笃恭殿”，康熙时改为大政殿。屋顶为重檐攒尖顶，须弥座台基，每边长 9 m，高 1.5 m，正南有御路。建筑周遍有廊。大政殿是努尔哈赤王朝举行大典的地方。十王亭除北端的两翼王亭外，其余八亭依八旗序列设置。每个建筑平面均为正方形，三面是墙，正面辟门。

沈阳故宫中路是主要建筑群。南面大清门为故宫正门，入大清门经御道直达崇政殿，这是宫的正殿。崇政殿为五间九檩，前后有廊，硬山式屋顶，上设黄色琉璃瓦。殿前设大月台。

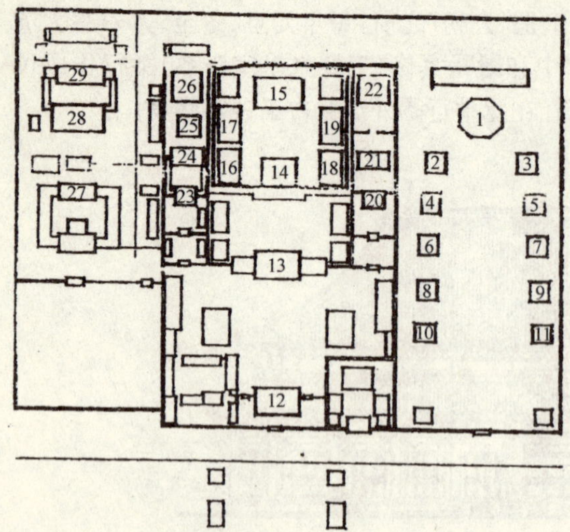

1—八角殿;2—左翼王亭;3—右翼王亭;4—镶黄旗亭;
5—正黄旗亭;6—正白旗亭;7—正红旗亭;8—镶白旗亭;
9—镶红旗亭;10—正蓝旗亭;11—镶蓝旗亭;12—大清门;
13—崇政殿;14—凤凰楼;15—清宁宫;16—永福宫;
17—麟趾宫;18—衍庆宫;19—关睢宫;20—飞龙图;
21—介趾宫;22—敬典阁;23—翔凤楼;24—转角楼;
25—保极宫;26—崇谟阁;27—嘉荫堂;28—文溯阁;
29—仰熙斋

图 1-6-4 沈阳故宫平面图

殿内“彻上明造”(无藻井),以增加室内空间的高度。殿两侧有左右翊门,各三间,也用硬山顶,上设黄色琉璃瓦。图 1-6-4 为清代沈阳故宫的平面图。

五

明清时期的其他城市,在此列举三个城市:兴城、西安和南通。

兴城位于辽宁锦西市西南约 20 km 处。这是一座明代所建的小城,今保存较完好。兴城是一座十分规则的城市,平面呈正方形,四面设城门,城内东西、南北两条大道对着城门,把城市划分成一个“田”字。在两条大道的十字交叉处有一座中心对称的鼓楼,楼下有十字穿心的砖券门洞。兴城建于明代宣德三年(1428 年),城墙用夯土筑,外包城砖,里面还镶有石块,比较坚固。当时建城是为了防御关外少数民族来犯,又称宁远卫城。此城正方形每边长约800 m。四个城门及城内文庙等今仍保存完好。

西安。秦咸阳、汉长安、唐长安,都不在同一处。唐末叛军首领朱温强迫朝廷迁都洛阳,将长安城中所有皇宫建筑全部毁掉,拆下来的木料投入渭河,顺河而下,送往洛阳建宫殿。后来驻守长安的节度使韩建废弃长安外郭,将皇城加以修葺,使长安成为一座小城。此城一直到明初,明洪武二年(1369 年)始改为西安府,从此西安就成了一座控制西北、西南的重要城市。

南通。此城市位于江苏长江北岸,虽说是一座沿海的商业性城市,但其城市形式却很规整。这也许有两个原因:一是它在历史上早已是一个州府,有一定的规模等级;二是它向城郊发展,既不破坏古代城池格局,又适合于后来的商业发展。南通城呈长方形,明代时筑砖砌城墙。城东、西、南各开一个门,东叫宁波门,西叫来恩门,南叫江山门。城四角均建角楼,还设十六处敌台。城外有护城河,最宽处达 200 m。城内道路也很规则,东、西、南三条大道,正中靠北为衙署。城东北有文庙、学宫和试院等。城北部多军事机关及仓库等。商业有一定的分区,如鱼市、米市、果市、菜市、木市、布市等等。

第二节 坛庙与陵墓

一

天坛位于北京外城永定门内东侧,是明清两代帝王祭天的地方。天坛的位置是效法汉代以来天子赴南郊祭天之礼。皇帝每年都要定期到天坛举行祭天祀谷之典礼。

天坛的总体布局按“天圆地方”进行布置。外周有两重墙垣围绕,北墙为圆弧形,南墙呈直角方形。正门设在西墙,在正门南侧有斋宫,是皇帝斋戒沐浴的场所。坛内主要建筑呈南北向纵轴线布局。轴线上主要建筑有圜丘和祈年殿,两者之间有“丹陛桥”,是一条宽 30 m,高 4 m,长 360 m 的大道。大道两边植松柏。在这两座主要建筑之间的中轴线上还有一座建筑,叫皇穹宇,这里是供奉“皇天上帝”的牌位的地方。

圜丘。此建筑始建于明代嘉靖九年(1530 年),清代乾隆十四年(1749 年)改建。这是一座高大的圆形石台,高三层,象征“天”。台由青石砌成,石头的数目以“九”为基数。长度也以“九”为计。石台上层坛面直径九丈,中层十五丈,下层二十一丈。坛面铺石,最中心是一块圆石,外铺九块扇形青石成环状,再外一圈为十八块,然后每扩一圈递增九块。中层与下层各砌九圈,三层共砌二十七圈,底层最外圈用石 243 块,总计用石 3 403 块。每层石台各设四门,门前各有台阶九级。

祈年殿位于丹陛桥北端。这是一组建筑,布局是院落式的,院子呈长方形,四周有围墙,东西有门,南侧为主门,即祈年门,北面设皇乾殿。祈年殿(图 1-6-5)建造在三层汉白玉台基上,每层石台栏杆分别刻有龙、凤、云等图案。石台中央即祈年殿,这是一座三重檐圆攒尖屋顶的建筑。平面直径 26 m,总高 38 m。三层圆顶用青色琉璃瓦铺面,象征天。大殿以十二根檐柱支托下层屋檐,表示十二个时辰;十二根外金柱支托中层圆顶表示十二个月;檐柱和外金柱共二十四根,表示二十四个节气;四根盘龙金柱支托上层圆顶表示一年四季。柱子层层向上,结构奇妙,额枋斗拱等部件均绘绚丽的彩画,富丽而又庄重。藻井正中呈一圆井,里面刻满龙凤图案。

图 1-6-5　天坛祈年殿

皇穹宇是供奉“皇天上帝”牌位的地方。祭天时,皇帝从里面请出天神牌位,到圜丘演礼。皇穹宇宫门为三拱并列,上殿脊式顶。四周围墙是圆形的,象征天。墙内有回音壁,若两人站在东西配殿后靠围墙处。虽并不能相互看见,但两人可以进行对话。这是由于声音在弧形墙面上多次反射“爬”到对方。

二

北京城的四周,建有四坛,南有天坛(如上面所说),北有地坛,东为日坛,西为月坛。地坛位于北京城北安定门外,是明、清两代皇帝祭祀地神的地方。明代前期皇帝祭地与祭天均在天坛。从明嘉靖九年(1530)定立四郊分祀的制度以后,才另建坛祭地,当时称“方泽坛”,至嘉靖十三年(1534)改叫地坛。清代沿用明代的地坛,雍正、乾隆时进行了大规模修建。地坛分内坛和外坛,以祭坛为中心,周围建有皇祇室、斋宫、神库、神厨、宰牲亭、钟楼等。皇祈室在南门外,坐南朝北,是平时供奉祇神版的地方;斋宫是皇帝祭祀前斋戒、沐浴的地方;神库内存放祭祀器具;神厨制备祭品;宰牲亭用来宰杀牺牲,供奉神灵。

我国古代有“天圆地方”之说,所以地坛的形状均为正方形,从地坛外围墙,拜台等,均为

正方形,这与天坛正好形成对比,天坛的建筑几乎都是圆形的。按照我国古代“天阳地阴”之说,地坛中的方泽坛坛面的石块均为阴数,即双数:中心是36块大方石,纵横各六块;围绕着中心点,上台砌有8圈石块,最内36块,最外92块,每圈递增8块;下台同样砌有8圈石块,最内100块,最外156块,也是每圈递增8块。上层石块共548块,下层共1 024块。两层平台用8级台阶相连。这许多做法,都是按照“方”的概念,意象出“地”的意思。

三

社稷坛位于今北京中山公园处。社稷在我国古代是重要的神祇。《白虎通义》中说:“人非土不立,非谷不食。土地广博不可遍地敬也;五谷众多,不可一一祭也。故封土立社,示有上尊。稷,五谷之长,故封社稷而祭之也。”社稷是两个神:土地和庄稼,以埋在社稷坛中央的一块长石和一根长木为象征。

“左祖右社”的“祖”就是太庙,现在这里是北京劳动人民文化宫。太庙是古代帝王供祀前皇帝(祖宗)的祭祀性建筑。照古代传统礼制,太庙位于皇宫的东南侧。北京明清的太庙是由前、中、后殿和廊庑等建筑组成:正南为前门,外周设围墙,入内三条道,有御河。中门设三桥,另外东西两边有两桥,故御河上共有七座桥。然后是一门,戟门,门内一个院子,左右为廊庑配殿,院北正中是主体建筑太庙前殿。庙后还有中殿、后殿,最北有后门。

太庙前殿面阔十一间,进深四间,屋顶为庑殿二重檐,上铺黄色琉璃瓦,下设三层白石台基。太庙始建于明永乐十八年(1420年),嘉靖万历及清顺治年间曾多次重修,乾隆元年(1736年)大修历时达4年多。太庙虽经清代重修,但其规制和木石部分大体还保持原物。

四

孔庙在我国是相当普遍的,可以说凡是县以上的城市都设有孔庙(有的叫文庙或夫子庙)。全国规模最大的孔庙是曲阜孔庙。

山东曲阜是孔子(前551—前479)的故里。孔子是春秋时代的思想家、教育家、儒家学派的创始人,他在鲁国除了兴学、培养弟子,还著书立说,著《春秋》,整理《诗经》、《尚书》等。

曲阜孔庙始建于孔子去世后第二年(前478)。当时鲁国哀公把孔子生前所居之地立为庙,但那时仅“庙屋三间”。西汉高祖十二年(前195),刘邦至鲁,第一次用祭天的仪式祭孔。后来汉武帝纳董仲舒之策,“罢黜百家,独尊儒术”,对孔子更尊崇。孔庙的规模后来越来越大,如今孔庙已是一个巨大的建筑群,其中包括三殿一阁、三祠一坛、两庑两堂两斋、十七亭、五十四门等。孔庙四周筑红墙,占地达327亩(1亩$=666.\dot{6}\ m^2$)。庙内共有九进,贯穿在长达1 km的中轴线上,前三进院落为整个庙宇的“引导”,从第四进起进入主要建筑区域,有同文门至后寝宫的五进院落,分左、中、右三路,中轴线上有奎文阁、大成殿等高大建筑。

孔庙大门,两边红墙,上盖黄瓦,门上书“棂星门”三字。第二进门圣时门,里面是玉带河,上设三桥。然后过弘道门、大中门、同文门,便到奎文阁。八宿之一的奎星主文章,故名奎文阁。此阁建于北宋天禧七年(1018年),金章宗明昌二年(1191年)重修。阁高23.35 m,面阔七间,进深也七间,屋顶三重檐。

奎文阁后是十三御碑亭,然后是大成门,门内有广场,中有杏坛,为纪念孔子讲学而设。明代隆庆三年(1569 年)在此建亭。亭方,十字屋脊,上盖黄瓦。

杏坛之北是大成殿,是孔庙的主体建筑。这座建筑仿明代型制,面阔九间,进深五间,高 32 m,东西长 54 m,南北深 34 m,屋顶重檐歇山,上盖黄色琉璃瓦。殿四周 28 根石柱,前面的 10 根雕有透空蟠龙,精美无比。

五

台湾的台南孔庙也很著名。台南孔庙位于台南市南门路,是在郑成功的儿子郑经和部将陈永华的倡议下,于南明永历十九年(1665 年)即清康熙四年创建的,全部工程在第二年完成,当时叫做"文庙明伦堂"。郑氏为教化台湾民众,将国子监也设在孔庙之内,这是台湾的第一座高等学府,至今还悬挂于孔庙正门上的"全台首学"金字大匾就是这一段历史的见证。

清康熙之后 200 余年,台南孔庙不断增建、修缮,前后达 12 次,使整个庙宇建筑规模宏大,规划完备,成为台湾一处著名的古建筑群。台南孔庙殿堂恢宏,布局严谨,结构精巧,风格典雅,建筑齐整,环境清幽,是台湾孔庙之宗,全台古建筑的典型代表。沿中轴线排列有大成坊、正门、礼门、大成殿和崇圣祠。东路是名宦祠、乡贤祠、礼器库、明伦堂、文昌阁和朱子祠。西路是孝子祠、节孝祠和乐器库。大成殿是全庙的中心所在,建在高台之上,周围护以石栏,栏板望柱精雕细刻,生动逼真。大殿的建筑具有南方风格,特别是屋顶脊饰颇为别致。大殿屋顶为重檐歇山式,屋脊正中建有一座小塔,两条蛟龙守护在旁,这种装饰称为"珠宫",据说它可以镇邪避灾,在南方的建筑装饰上比较多见。大成殿内的陈设布置与其他孔庙大同小异,中间为孔子神位,左右陪祀四配和十二哲牌位,殿内悬有清朝列代皇帝所赐的匾额。这里如今仍是人们祭孔之所在。

六

明孝陵坐落在南京紫金山南麓独龙阜玩珠峰下,是明代开国皇帝朱元璋及马皇后的陵墓。此陵规模甚大,建造时间达 25 年。动用 10 万军工,破费甚巨。陵墓及其附属工程范围达 45 里,有下马坊、大金门、神碑、道亭、棂星门、御河桥、孝陵门、具服殿、明楼等。地面木结构建筑已毁,现存遗址主要有神道、陵园、地宫三部分。

神道即现在的石象路。自东向西,路两边依次排列着狮子、獬豸、骆驼、象、麒麟等石兽,都是两立两蹲,共 24 座。石兽尽端,转向自南向北为另一组:第一对是华表,上刻云龙浮雕,然后为四对石人:两对武将,两对文臣。神道近处是棂星门,现存石雕柱础 6 个。穿过棂星门为御河,上设三座石桥。御河北是长达 200 m 的坡形甬道,红墙黄瓦的孝陵门即在此。入孝陵门是一座御碑亭,亭后为孝陵殿,即享殿。原大殿已毁,今之殿仅三开间小殿,光绪二十八年(1902 年)所建。享殿后为宝城,中间是隧道,从隧道拾级而上就是明楼,今仅存墙壁。明楼北就是独龙阜玩珠峰,即明太祖朱元璋和马皇后合葬之墓。永乐三年(1405 年)明成祖朱棣为先皇歌功颂德,立"神功圣德碑",现称"四方城"。

北京的明十三陵位于北郊昌平,是明代十三个皇帝的陵墓。这个陵墓群自 1409 年建造,至 1644 年明亡,历经 200 余年。陵区面积达 40 余平方公里。这十三个明代皇帝陵即明成祖朱棣的长陵、仁宗朱高炽的献陵、宣宗朱瞻基的景陵、英宗朱祁镇的裕陵、宪宗朱见深的

茂陵、孝宗朱祐堂的泰陵、武宗朱厚照的康陵、世宗朱厚熜的永陵、穆宗朱载垕的昭陵、神宗朱翊钧的定陵，光宗朱常洛的庆陵、熹宗朱由校的德陵和思宗朱由检的思陵。图 1-6-6 为十三陵总平面图。

图 1-6-6　十三陵总平面

明代开国皇帝的陵墓明孝陵在南京，原第二代皇帝建文帝朱允炆由于政变而下落不明，所以没有陵墓。

十三陵的型制与明孝陵相似，在陵区有一条不太直的中轴线，即神道。正门前有一石坊，其形制为五间六柱十一脊，宽 29 m，高 15 m，柱上刻有云龙浮雕，上部加饰卧兽雕刻。进入牌坊约 1 km 为陵园大门，即大宫门，红墙黄瓦，中设三个门洞，两侧各有下马碑。大宫门内顺山势而轴线弯曲。内有碑亭，亭内石碑高三丈余，上书“大明长陵神功圣德碑”。再往

前，在神道约 800 m 处置有石象生(石狮、石象、石马及武臣、勋臣等)，再望前是棂星门，分三道。再向北有七孔桥，便到长陵。现尚存棱恩殿，后面是宝城，即真正的坟墓所在地。宝城前有明楼，上有石碑。陵宫内原来还有祠祭署、宰牲亭等，现已毁。

1956 年 5 月，我国考古工作者开始对定陵进行发掘。起先，发现宝城东南侧外墙有几层塌陷，露出里面的砖券门。后来又在宝城内侧发现了“隧道门”、“右道”、“宝城中”、“左道”等字迹。大约发掘了两个月，发现一条隧道通向明楼后方，于是又在明楼后面挖沟，后发现一块石碑，上刻“此石至金刚墙前皮十六丈深三丈五尺”之字。这可谓“钥匙”了。于是再挖，从而发现了一条由东向西斜坡往下的隧道。隧道尽头有一大墙，即金刚墙。此墙高 8.8 m，顶部有黄色琉璃瓦檐，瓦檐下发现门的痕迹，这就是用 23 层砖砌的封门砖。去掉砖，里面是一个长方形的券室。它东连隧道，四壁砌条石。西墙中央有一座门，此门无法推开，原来这里有一根条石顶着门，即顶门石。为了不损坏顶门石，考古人员先用铅丝顺着门缝套住此石，然后将木板深进门缝，将它顶开。开门后，发现此石上写着“玄宫七座门自来石俱未验”。

地下宫殿离地面深 27 m，总面积 1 195 m^2，它是由五个高大宽敞的殿堂组成。前殿和中殿连接成一个长方形空间。后殿则横置于顶端。三殿之间各有石门一道。中殿放置三个汉白玉宝座，中间为明万历皇帝的宝座，两边为两皇后的。宝座前有三个“长明灯”大龙缸，还有香炉、花瓶、烛台等。

中殿左右两侧有甬道通向左右配殿，高 7.1 m，宽 6 m。长 26 m。后殿是主殿，高 9.5 m，长 30.1 m，宽 9.1 m。中间是棺床，上置皇帝朱翊钧和两皇后的棺椁，还有 26 只装满许多精美殉葬品的红漆箱。

第三节 宗教建筑

一

明清时期的佛教，可以分为清教和黄教两大类。清教即汉地佛教，黄教为藏传佛教，又称喇嘛教。这两类佛教其建筑也不相同。

汉地佛教寺院，首先说“四大佛教名山”，即五台山、普陀山、峨眉山和九华山。

五台山位于山西，为佛教文殊菩萨的道场，其寺院最盛时达 360 余座。其中最负盛名的是“五大禅处”，即显通寺、塔院寺、殊像寺、罗睺寺及菩萨顶。其中罗睺寺及菩萨顶为黄教寺院。在此只说罗睺寺。

罗睺寺占地 15 000 余 m^2，有殿堂楼房百余间。寺院布局纵向有层层深入之感。从木牌楼到寺山门，其间有一条宽约 2 m，长达 100 m 的弯形缓坡通道，道的两边有红土围墙。道尽端有一古松，山门两边有一对石狮，属唐代风格。山门之左建有一座高达丈余的喇嘛塔，塔上有文殊像。

普陀山是观音菩萨的道场，这是个小岛，位于浙江舟山群岛。岛上寺院、庵堂上百座，其中最著名的是“三大寺”，即普济寺、法雨寺和慧济寺。在此说法雨寺。

法雨寺坐落在普陀山白华顶左，锦屏峰下。明万历八年(1580 年)，麻城僧大师从西蜀

来此礼佛，在此结茅为庵，题名“海潮庵”。康熙年间，赐名“法雨禅寺”，始为今名。此寺占地五十余亩，殿宇 294 间。在建筑群的布局上，采用依山递升方式。从天王殿、玉佛殿、九龙观音殿、御碑殿、大雄宝殿，直到方丈殿，殿殿升高，显得宏大高远。寺内建筑以九龙殿为最辉煌。这是康熙三十八年(1699 年)四月，朝廷把金陵城内明故宫中的九龙殿拆运到此盖成的。殿面阔七间，重檐歇山顶，上铺琉璃瓦。上檐斗拱九铺作，下檐斗拱五铺作。内槽九龙藻井。一龙盘顶，八龙环列八根重柱，昂首舞爪，形态古朴典雅。

峨眉山位于四川峨眉市西南，是普贤菩萨的道场。素有“天下峨眉秀”之称。佛教称之为光明山。山上寺院众多，著名的寺院有万年寺、报国寺等。

万年寺始建于东晋，当时称普贤寺，唐代僧人慧同重建改名为白水寺，宋代又改为白水普贤寺。明神宗赐名“圣寿万年寺”。如今寺内有山门、钟鼓楼、弥勒殿、般若堂、毗卢殿、无梁砖殿、巍峨宝殿、行愿楼、斋堂等，规模甚大。其中无梁砖殿除大门以外，并无梁、柱、枋、檩。殿外墙上饰以斗拱、垂柱、横眉、窗棂等，殿顶是五座白塔，四只吉祥兽，大门上有“圣奉万年寺”五个大字。

九华山位于安徽青阳西南，是地藏菩萨的道场。九华山上有数十座寺院，比较有代表性的有化城寺、百岁宫、祇园寺等。

化城寺位于九华山上九华街，此寺始建于唐代，后来屡有圮建，现存之建筑多为清末之物，只有藏经楼为明代万历年间所建之物。现存寺院有四进，依山就势，布局自然。寺院平面采用重叠式四合院，每进平面随地势逐级升高。寺前有半月形偃月池，即放生池，相传是地藏居住在这里时所凿。寺内第三进殿宇天花藻井有九龙盘珠，为雕刻艺术之上品。

百岁宫是一座民居式的建筑，高五层，下为山门，玉身殿、库院、斋堂、僧舍、客房、东司(厕所)，统一为一个整体，如一座城堡。这座寺院建筑依山而建，其形式富有个性，正面仅一层，背面为五层，总高 55 m。

祇园寺坐落在九华山东崖。此寺始建于明代，原称祇树庵，清代嘉庆年间，始改祇园寺。寺由山门、弥勒殿、大雄宝殿、客堂、斋殿、库院、退居寮、方丈寮和光明讲堂九座建筑组成。除弥勒殿和大雄宝殿属宫殿式外，其余建筑形式悉如当时民居。寺前有浮雕莲花通道，由百余块长方形条石铺成。条石上刻有金钱、莲花、蜻蜓、青蛙、伏莲等图案。祇园寺山门面阔五间，三层重檐，上铺黄色琉璃瓦。门额镶嵌着“祇园禅寺”瓷匾。全寺建筑分布在四层台基上，见图 1－6－7。第一层台基高 5 m，为山门、弥勒殿、客堂、斋堂和退居寮。第二层台基高 2 m，为大雄宝殿。第三层台基高 6 m，有方丈寮和库院。第四层台基高 3 m，上面是敞开二层的光明讲堂。

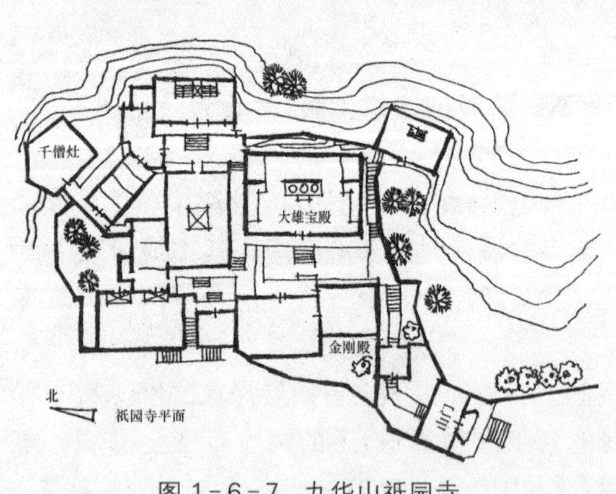

图 1－6－7　九华山祇园寺

二

寒山寺在苏州阊门外的枫桥畔。此寺始建于梁代，原名妙利普明塔院。相传唐代贞观年间，由寒山、拾得二僧从天台山来此主持，故改名寒山寺。此寺历史上屡有圮建，最后到清

咸丰十年(1860 年)毁于战火,直至光绪年间重建。

寒山寺现存主要建筑有山门、大雄宝殿、藏经楼、罗汉堂、碑廊、钟楼、枫江楼等,近年又修复了佛塔。图 1-6-8 是寒山寺的平面图。

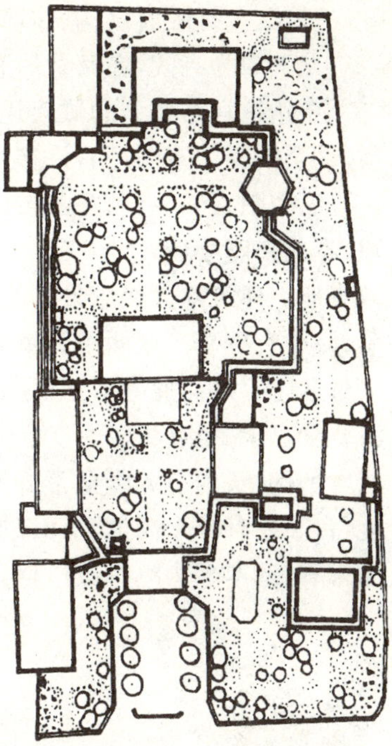

图 1-6-8　寒山寺平面图

大明寺坐落在江苏扬州的蜀岗。此寺创建于南朝宋大明年间(公元 457—464 年)故称大明寺。后来隋文帝杨坚六十大寿,令全国三十个州内立三十座塔,以供舍利。大明寺内所立塔叫栖灵塔,寺应塔名,故又名“栖灵寺”。大明寺在唐“会昌法难”时被毁,唐末起,又渐渐恢复,易名“普惠寺”,元初又复叫大明寺。以后屡有圮建,但名字未改。直到康乾时期,又改名“栖灵寺”,后来又改名“法净寺”,清末复名大名寺。寺内设有鉴真纪念堂。

国清寺坐落在浙江天台山,创建于隋文帝开皇十八年(公元 598 年),今之建筑多为清雍正年间所建。寺的总体布局,分四条南北向中轴线。山门内有弥勒殿、雨花殿、大雄宝殿。大雄宝殿面阔七间,进深五间,重檐歇山顶。寺内西南有花园,园内有放生池,池边有清心亭。

四川成都文殊院,为明清时期的一座著名寺院,位于成都市区。文殊院原称信相寺,为隋文帝之子蜀王杨秀的宠妃信相所建。文殊院建筑古朴宏敞,飞檐翘角,是典型的清式建筑。主要的殿宇有天王殿(又称弥勒殿)、三大士殿、大雄宝殿、说法堂、藏经楼等五重殿宇。两庑配以禅、观、客、斋、祖及念佛堂等,还有各职事寮房,形成闭锁式的四合院结构。五重大殿,连同前后照壁,又置在一条长达 200 m 的中轴线上。各殿堂主、次分明,疏密得体。今仍有房 200 余间,总建筑面积达 11 000 余平方米,占地约 82 亩。

三

明清时期还有许多藏传佛教(喇嘛教)寺院,在此说几座。

图 1-6-9　布达拉宫

布达拉宫。此寺位于西藏拉萨市红山上(图 1-6-9)。布达拉意即普陀洛迦。此寺始建于公元 7 世纪。布达拉宫由四部分组成:山上的白宫、红宫,山下的“雪”(藏语意为“下面”)以及龙王潭。

白宫建筑有:达赖的宫殿、喇嘛诵经殿和噶厦政府的部分机构及僧官学校。达赖的寝宫在白宫最高处的日光殿,殿内又分为经堂、客厅、习经室、卧室等。

红宫建筑有:历世达赖的灵塔殿和各类佛堂。达赖的灵塔分塔座、塔瓶、塔顶三部分。

"雪",包括政府机构、作坊、马厩及碉堡等。

龙王潭为寺院,在其背后有龙王宫等建筑。

布达拉宫是典型的藏族建筑,平顶,窗子上实下虚。红宫灵塔殿用汉地传统的歇山式屋顶,镏金铜瓦。宫内还有许多细腻、精美的壁画,很有宗教和文物价值。

席力图召。"召",在蒙古语中就是寺的意思。席力图召位于呼和浩特旧城内。明代始建,本是一座小庙,康熙二十七年(1688 年)扩建成了一座大寺。此召的平面布局如汉地佛教寺庙。建筑除大经堂外。均为汉式。召门前有牌楼。寺中主要建筑经堂位于第二进院落,院中有碑亭。东西院为喇嘛居室和佛殿。

普陀宗乘。此寺形似西藏拉萨的布达拉宫,故人们称它为"小布达拉宫"(图 1-6-10)。清乾隆三十二年(1767 年)始建。此寺坐落在河北省承德市。山门前有五孔桥,山门内建有巨大的碑亭,内有乾隆皇帝御笔石碑三通。亭北是五塔门。寺建于一个高达 25 m 的大红台上,台下还有一个高达 17 m 的白台。故气势十分宏伟。红台中央有万法归一殿。从整座寺庙来看,基本上为喇嘛教风格,但又不失汉地佛教形态(如轴线处理、屋顶形式等)。

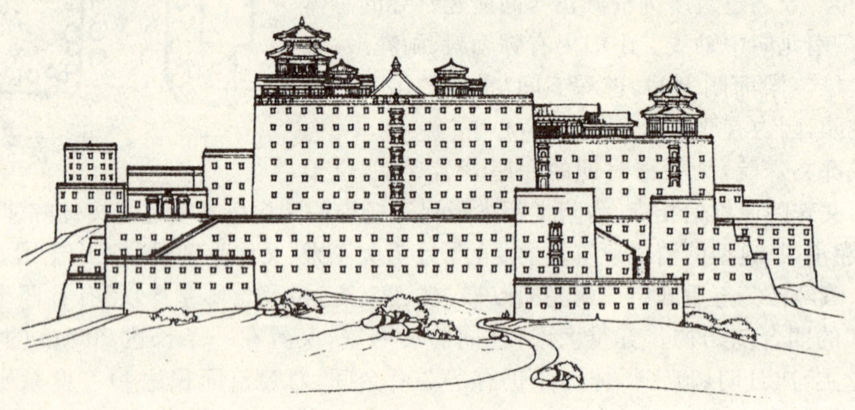

图 1-6-10　普陀宗乘

普宁寺。此寺也在河北承德。寺建于清乾隆二十年(1755 年)。此寺形式是综合汉藏寺庙形式而建。寺的中轴线上有门、殿、钟鼓楼、碑亭、天王殿、大雄宝殿,此后便为藏式建筑,仿西藏桑耶寺。寺中最主要的建筑是大乘阁。此建筑高达 36 m 余,外观正面六层垂檐。阁内置千手千眼观音菩萨木雕贴金立像。图 1-6-11 为大乘阁的正立面形象。

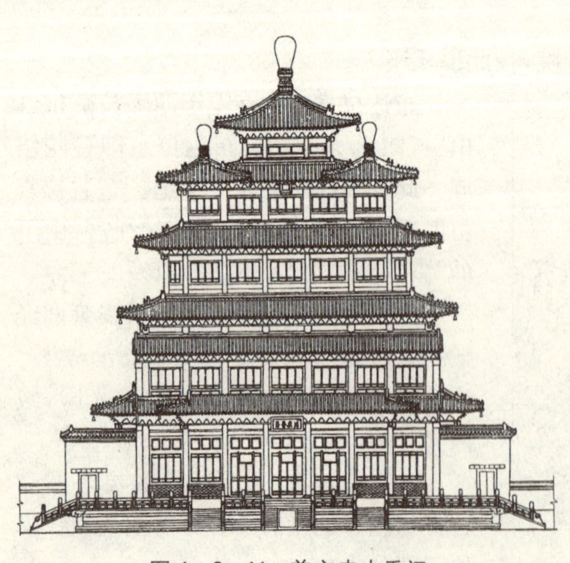

图 1-6-11　普宁寺大乘阁

四

佛塔到了明清时代,形式已完备,而且现存的佛塔很多是明清时修建的,因此也就可以归纳中国古代佛塔之类型如下。

单层塔:这种塔多为墓塔,有砖、石两种。密檐塔:有空心、实心两种,也有砖石之别。楼阁式塔:有木、砖、砖木、石、琉璃等数种。金属塔:用铜、铁等铸造而成。喇嘛塔:又称瓶塔。金刚宝座塔:仿印度菩提迦耶佛祖塔形式。小乘佛塔:形如东南亚诸地佛塔。塔林:数十上百座塔建在一起,多为墓塔。

除佛塔外,还有经幢,这是一种刻有佛经佛号的石柱状的实心塔式建筑,比较有代表性的如河北赵县的陀罗尼经幢,上海松江的陀罗尼经幢及湖南承德的铁经幢等。

北京大正觉寺金刚座宝塔,建于明化成九年(1473 年),是仿古印度菩提耶佛祖塔形式。塔下为金刚宝座(方台),共五层,表面全是佛像雕刻,台上立五座小塔。塔内砖砌,外包石。中间主塔十三层檐,高 8 m;四角四座十一层檐塔,高均为 7 m。宝座南北有券门,内有台级可登顶。顶上出口处有一圆顶小亭。宝座上中间的塔还刻有佛足,表示佛迹遍天下。

北京西黄寺清净化成塔,建于清乾隆年间。塔下有台,台南北两面各有汉白玉牌坊一座。南面还有一对石雕辟邪。台四角各有塔式经幢,台中间为主塔。主塔由顶部塔身及塔基组合而成。塔为八边形,须弥座八面各有雕刻。须弥座上有“亚”字形塔座,上为覆钵式塔身。塔身正面有佛龛。塔身上面为折角小座承托莲座、相轮、宝瓶。

海宝塔,此塔又名赫宝塔、北塔、黑宝塔,位于宁夏回族自治区银川市。此塔最早建于何时已难以查考,估计为 5 世纪。据地方志,为“汉、晋间物”,十六国之“赫连勃重修”(属夏国)今之塔为清代乾隆三十四年(1778 年)所修。塔为砖构,平面十字折角形,楼阁式,共十一层,高 53.9 m。此塔形式独特,造型秀美,简洁明快。

五

道教建筑在明清也较有特点,在此说二处建筑。

先说湖北武当山,此山为我国道教名山,在明清时期较盛。在此说明其中的三处建筑。

玉虚宫,位于武当山北麓。道教中认为,玉皇大帝封真武为“玉虚师相”,故名“玉虚”。此宫由“三城”组成,殿宇多达 2 200 余间,在武当山诸道教建筑中规模最大,后来屡有圮建。玉虚宫“三城”中轴线布局,气势非凡。外乐城居于外,有城门三道,前有拱形宫桥。紫金城有六道门,宫门八字形墙,琉璃装饰。门前有碑亭两座,内立鳌碑。宫内果园,原是当年 500 武当道兵校场。再往内是里乐城,城内屋宇众多。中轴线上有前殿、正殿及父母殿,两边配殿,中间形成庭院。前殿面阔五间,进深三间,正殿立于高台上,也是两边配殿,中间庭院。院中有花坛鱼池,甚有情趣。最后为父母殿,内供真武之父母神像,中轴线旁还有元君殿、小观殿、道院等。

紫霄宫,建于明永乐十一年(1413 年),为武当山八大宫馆之首。建筑布局严谨,主体建筑紫霄宫,内供真武大帝像。殿宇建在三层台基之上,十分宏伟。此建筑为重檐歇山顶,面阔五间。殿内斗拱藻井,做出大小层次,甚为考究。紫霄宫最后是供奉真武大帝父母之父母殿。殿宇在清山碧峦环抱中,景观秀美。

其次说成都青羊宫。青羊宫位于成都市西南郊,是一座大型而古老的道观。此宫创建于唐代,后来多有圮建,但其名一直叫清羊宫。今之建筑多为清代重建。青羊宫内建筑中轴线对称布局。自宫门入,里面有玉皇殿、混元殿、八卦殿、三清殿、斗姆殿、唐王殿等。这里的建筑虽然对称布局,甚为庄重,但建筑环境充满生机,有许多名贵树木,如同花园一般,以此来寄托道教对人与自然、建筑与自然的有机结合的理念。

除此之外,我们还要说一处本来不是道教建筑但后来与道教有关的神庙,即台湾台南市的赤坎楼。这里原来是17世纪荷兰人入侵台湾时所建的普罗文萨堡,1652年郭怀一领导的反荷起义失败后,荷兰人为加强对台湾的控制,在第二年便增建此堡。旧志称“赤坎楼”,又名“红毛楼”。郑成功经营台湾时,曾以此为承天府。原建筑已于同治元年(1862年)被地震所毁;光绪五年(1879年)在遗址上分别建起文昌阁和海神庙(属道教神祇)。但到了1921年,将其改成历史陈列馆。1945年台湾光复后,仍合称赤坎楼。这是一处具有我国典型民族风格的楼宇建筑,造型瑰丽,也很有大气,为台南市的著名建筑。

六

伊斯兰教是世界三大宗教之一,我国旧称回教、清真教。这种宗教是7世纪初由阿拉伯人穆罕默德所创立,多分布在西亚、北非及东南亚一带,唐代传入我国,主要在西北一带。明清时期的伊斯兰教建筑形式可分两大系统:一是在今新疆维吾尔自治区的,主要是礼拜寺和陵墓,二是其他各地的伊斯兰教建筑,主要是回族的礼拜寺和拱北(即陵墓),但基本上是汉地的一般建筑形式。下面举一些建筑实例。

一是新疆喀什市的玉索甫·哈吉姆玛扎(陵墓),位于今喀什市第十二小学校园内。这是一位著名的维吾尔族的诗人和学者,死后葬于喀什。此建筑全部用有花纹的各式琉璃包砌。

二是新疆喀什市的阿巴伙加玛扎(即香妃墓),建于18世纪,包括主墓、太礼拜寺、教经堂、高寺、低寺等,组成一个和谐的建筑群。主体建筑是主墓,其结构是在内部用四个大拱支持的一个穹隆顶,大拱周围用厚墙支承,四角有塔楼,与中间的穹隆顶相互呼应,构图完美,是我国伊斯兰教建筑之上品。

三是西安华觉巷清真寺,此寺建于明初(约14世纪末)。后屡有圮建,主要建筑仍为明初原物。寺的总平面较狭长,东西向中轴线布局,共有四进院落,第一、二进是封闭的院落,有大门、牌坊及其他附属建筑。第三进主体建筑“省心楼”,平面八角,高三层(伊斯兰教称“密那楼”),此楼西侧有厢房,是教徒做礼拜前洗浴的浴室、会客室、经教徒的教室和教员的居室等。最后一进院落是做主要的建筑礼拜殿。此建筑七开间,前有大月台,十分气派,殿内装饰细腻,色彩华美,其风格为中国古建筑与伊斯兰教建筑的结合。

最后说位于杭州市内中山中路洋坝头的凤凰寺,原名真教寺,俗称礼拜寺、回回堂。因寺院建筑形似展翅而飞的凤凰,于清道光十八年(1838年)改称凤凰寺。它与泉州的清净寺和广州的怀圣寺合称我国沿海伊斯兰教三大寺。

此寺坐西朝东,大门面临中山中路,门楣上有“凤凰寺”贴金寺额。入门过门楼有庭院,院北侧有碑廊。过庭院即寺院的重要建筑——前殿和后殿(大殿)。前殿解放后新建,大殿为元至正元年(1341年)之遗物。凤凰寺为糅合阿拉伯与中国传统建筑形式而成的建筑物,独具一格。大殿面阔三间,全用砖砌,四壁上端转角处,砌菱角牙子叠涩,顶部成穹窿形。不用木梁,所以称为无梁殿。屋顶外观为三座翘角飞檐之攒尖顶,美丽壮观。

殿内正向墙面砌有凹壁,壁面有木制壁龛,阿拉伯语称为“米哈拉布”,指示行礼的方向。礼拜的主持人指导教徒行礼。米哈拉布坐西朝东,面部的木雕系阿拉伯文的《古兰经》经文与海石榴花构成的图案,为明代遗物,朱漆贴金,富丽堂皇。

米哈拉布下面的石制须弥座,与大殿南北次间墙下之石制须弥座,为宋代遗物。这三个须弥座形制相仿,均束腰,两侧刻竹节望柱,通体雕花草图案,这些图案刀法纯熟遒劲,构图洗练。

第七章

明清时期的建筑(下)

第一节　民　　居

一

中国古代的民居,不但数量多、质量高,而且种类也多。特别是作为建筑的一种类型,在世界古代建筑中最受关注。在欧洲古代建筑中,固然意大利文艺复兴时期的府邸及后来法国等地的大型庄园、别墅很有名,但其他时期的居住建筑,在建筑历史上就不甚有地位了。中国古代住宅,特别是到了明清时期,真可谓“霜叶红于两月花”,丰富多彩。北京四合院、江南水乡民居、东北大院、皖南民居、福建土楼、黄河中下游窑洞、傣族竹楼、新疆维吾尔族民居、藏族碉楼以及蒙古包等等,各有各的特点。

在这许多古代民居中,要算北京四合院最典型,最符合古代的社会、家族制度,不但符合当时的物质生活需求、习俗需求,更符合人和家庭的社会地位。我国古代居住上的伦理等级十分讲究。据《明史·舆服制》记载,住宅的形式有严格的等级标准:“百官第宅,明初禁官民房屋,不许雕刻古帝后圣贤人物,及日月龙凤狻猊麒麟犀象之形。凡官员任满致仕,与见任同。其父祖有官身殁,子孙许居父祖房屋。洪武二十六年定制,官员营造房屋,不许歇山顶转角,重檐重拱,及绘藻井,惟楼居重檐不禁。公侯前庭七间两厦九架,中堂七间九架,后堂七间七架,门三间五架,用金漆及兽面锡环,家庙三间三架,覆以黑板瓦,脊用花样瓦兽,梁栋斗拱檐桷彩绘饰,门窗枋柱金饰,廊庑庖库从屋不得过五间七架。一品二品厅堂五间九架,屋脊用瓦兽,梁栋斗拱檐桷青碧绘饰,门三间五架,绿油兽面锡环。三品至五品厅堂五间七架,屋脊用瓦兽,梁栋檐桷青碧绘饰,门三间三架,黑油锡环。六品至九品厅堂三间七架,梁栋饰以土黄,门一间三架,黑门铁环。”全国诸多地方,住宅建筑形式都遵循这个制度。

中国古代民居,四合院形式最为完美,它符合封建社会人的生活活动和当地的自然环境,符合当时的物质生活和物质技术水平与条件。

二

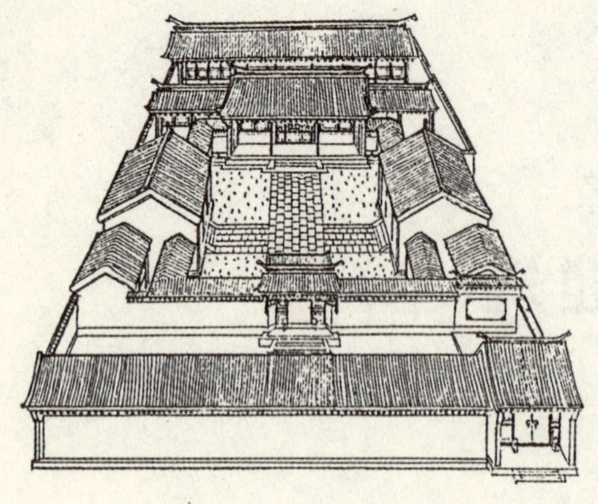

图 1－7－1　北京四合院

北京四合院是我国晚期最典型的住宅形式，可以说，其他好多地方的民居形态都与北京四合院有联系，这也说明中国文化的统一性和丰富性。图 1－7－1 是一个最典型的北京四合院。建筑以中轴线多进布局。宅的入口一般实在东南角上，进门之后，迎面是一块照壁，壁上往往饰有精致的砖雕图案。进入宅内，是一个小而扁的院子。南侧有一排朝北的房子，叫“倒座”，是仆人住的房间，也可以供来客过夜，也堆放杂物。小院之北墙正中有一门，叫“垂花门”，门内有一个大院，院北是厅堂，两边是厢房。厅后又是院子，院北是正房，两边又是厢房。整座宅子外围一般不开窗，宅内封闭，也比较幽静。

北京四合院很重视艺术装饰。宅内的门窗、梁枋、檐柱等都有雕刻等装饰。其他如隔扇、博古架、挂落、圆光罩等，不但是一件件的装饰品，而且使空间更有艺术情趣。

三

江南水乡民居，指长江三角洲一带，今江浙沪地区。这里在古代晚期可谓物产丰富，经济、文化发达，因此这里的住宅也很具有特色。下面分析几例。

苏州东北街旧陈宅（图 1－7－2）。这座建筑在当时苏州算中等大小的住宅，其总体位置较理想：南为大路，西有河道，东为邻舍，北有小路。这座住宅的基本形态其实与北京四合院相仿，中轴线布局，分进设置，这个住宅有两条中轴线，西轴为正轴，大门进去，一个院子，正对面是轿厅，转弯入内院为第二进，又是一个大厅，然后第三进，有东西披屋和小院，后面是最后一进，东边有避弄，每进均有门可出入此弄。

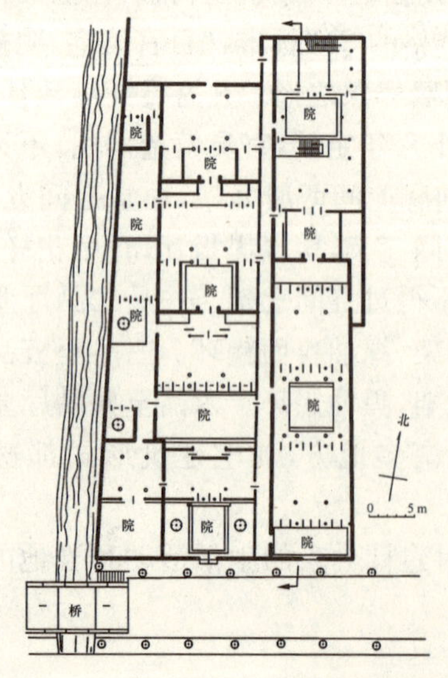

图 1－7－2　苏州东北街旧陈宅平面

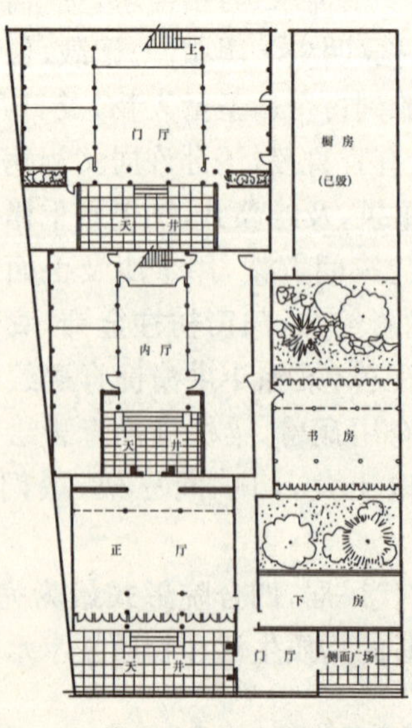

图-7-3　苏州吴县西山东蔡镇蔡宅平面

图 1－7－3 是苏州吴县西山东蔡镇蔡宅。这座建筑虽处于村镇地区，但由于屋主人具有一定的社会地位和文化素质，因此其布局仍是比较规整的，中轴线布局，西侧三进，东侧仅一进，自南到北为下房、书房（花厅）和厨房。中间两个院子，皆有种植。东西两路之间也有避弄。西路后面两进设楼房。

图 1－7－4 是浙江绍兴市内仓桥附近的一座住宅。这是一座典型的江南临河民居。主楼二层三间，前有院子，后为"水后门"，有一个似廊的空间，柱间设坐凳栏杆，在此可以就坐。有踏级可至河边淘米洗菜、洗衣等。

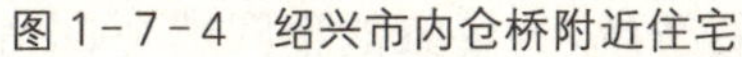

图 1-7-4　绍兴市内仓桥附近住宅

图 1-7-5　杭州下天竺黄泥岭某宅

江浙一带，有山有水，故除了临水民房外，还有山村民居。山村民居有二个特点，一是由于地形高低变化，因此建筑物也往往高低错落。二是宅舍周围环境，背山面阳，小路弯弯，环境宜人。图 1－7－5 是山村民居实例，杭州郊区下天竺黄泥岭某宅，这是一个比较典型的浙江山村民居。环境宜人，造型自然。

四

皖南民居也很有特色。这里是丘陵地带，其自然特点是山川秀丽，风光旖旎。这里还有两大人文特点：一是多官僚，封建礼教比较重。二是多商贾，素有"徽商"之称。这里的村落布局依山傍水，环境宜人。这里的民居多为粉墙黛瓦，素朴秀雅。

皖南民居的平面布局，一般是大门内一个天井，然后是半开敞的堂屋，左右有厢房，堂屋后是楼梯、厨房等，也有的宅舍楼梯设在厢房与正屋之间的空间。上楼有围廊，楼上与楼下布局基本相同。

这种住宅，天井小而高。但多数人家的天井布置得都很雅致，如图 1－7－6 所示，这是皖南黟县西递的胡宅中的天井布置。皖南民居比较封闭，但形态文雅秀美，粉墙黛瓦，高低错落，自成一格。建筑装饰往往集中在大门、厅堂等处。

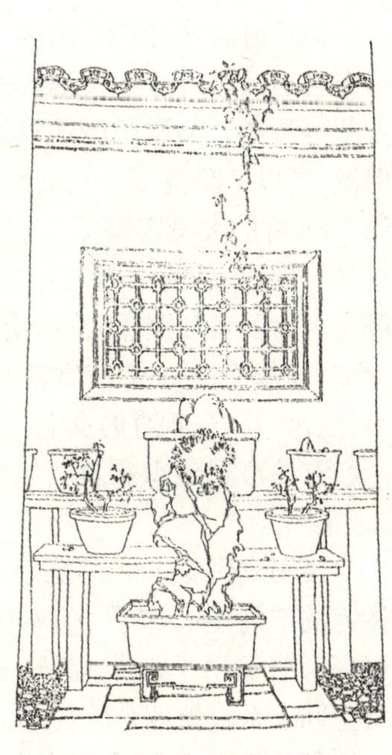

图 1-7-6　皖南黟县西递的胡宅中的天井布置

五

福建、江西、广东一带,有一种形式十分独特的民居,人称“土楼”。这种建筑多为圆环形的(也有方的)。一圈房屋高的有4层,内有环形走廊,每家占一个或几个开间。中间有祖堂,聚族而居。居住者称“客家人”。

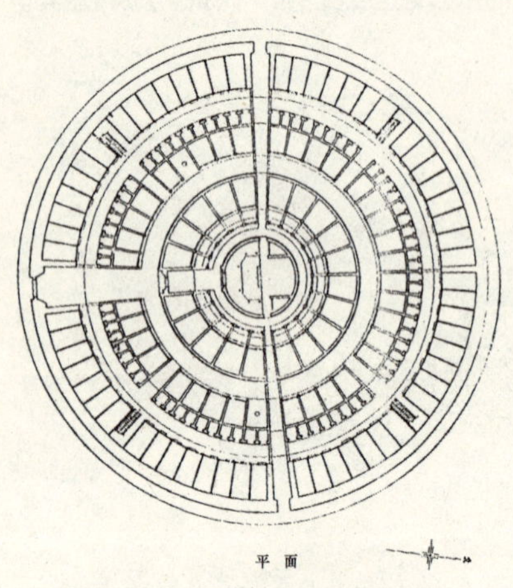

图1-7-7　闽西南靖县坎下的怀远楼平面

闽西南靖县坎下的怀远楼(图1-7-7)是一座中型土楼。这座建筑直径近40 m,共4层,左图是底层平面,右图是二层平面。楼的外环为穿斗式木结构,外围用夯土墙,上薄下厚,底层墙厚达1.3 m。四层的用途是:底层为厨房、杂屋,二层为粮仓,三、四层是起居及卧室。环的内侧有廊环通,设有四座楼梯(公用)。环内中心的祖堂内有一半圆形的小天井。全楼仅有一个大门,位于宅南。底层不对外开窗,二层只开小小的窗洞。顶层在楼梯间位置伸出了望台,作为防卫之用。

福建永定的聚奎楼是一座方形的土楼,这座建筑的平面布局,外围也是一圈住房,内环一圈走廊,四角均设楼梯。中间是一圈杂屋,为各家的猪圈鸡舍,中心是天井。祖堂位于外环北侧,呈坐北朝南之势。建筑的屋顶高低错落,正面以木板壁(上部)与土墙(下部)结合,造型上很有特色。

六

沿黄河流域,河南、山西、陕西、甘肃一带,遍布窑洞民居。这种民居具有构造简单、施工方便等特点。窑洞周围的厚厚的黄土能隔热、保温,所以冬暖夏凉。一般的窑洞宽约3 m,深约5 m,有的大型窑洞深达20余米。这种窑洞往往分前后室,前室用来作堂屋、厨房,后室为卧室。为了增加使用空间,有的窑洞在壁上再挖龛,设炕床。如果土质较好,还可以把洞扩大,挖出与窑身垂直的支洞。

有的窑洞土壁很高,为二层楼的窑洞,称“天窑”。

窑洞式民居虽然建筑形式比较特别,但从住宅的空间组合来看,仍不失传统民居格局。好多窑洞都用下沉式院子,三面或四面挖洞,其空间关系很像四合院住宅。

有些地方窑洞式住宅和房屋式住宅混合形成一个大院,如图1-7-8所示,图中左边为

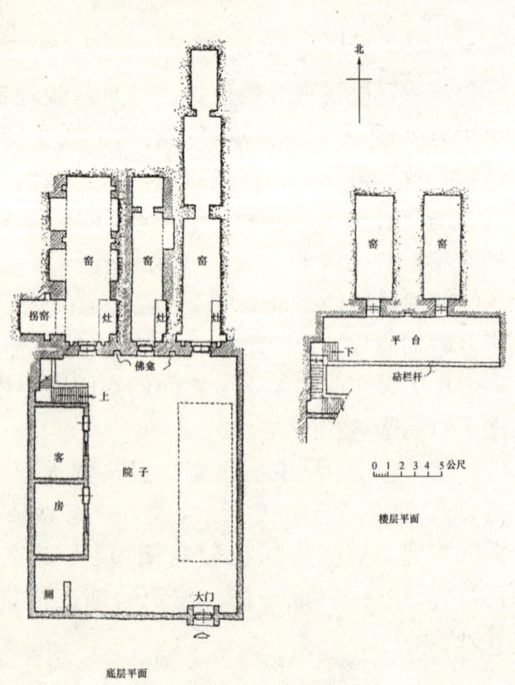

图1-7-8　窑洞平面

一层平面，右边为二层平面。楼梯布置在院子的西北角。从院子可以看出，仍保持传统的四合院(应是三合院，其中东侧的房子已没有了)形式。宅的大门仍置于院子的东南角。

七

四川蜀地是盆地，地势较平坦，民居形式也与长江中下游一带的相近；但四川人的住宅，往往是以天井的数量来计算宅的规模。某家有几个天井，就可知道他家的大小。四川民居因地势的原因有以下几种做法。

一是台，因地形坡度较陡，所以须如开凿梯田那样，把地形的坡面作台阶状一层层削平，房屋就建在这些平台上。有的家宅规模较大，分好几进，则每进房屋自成一台，几进房屋就是几层台。这样做可以少开土石方。房屋大体按平行等高线的方向排列。这种房舍外观亦主次分明，居高临下，甚有气势。屋边上就建造台阶，供人们上下。

二是挑，是在地形偏窄的地方，在楼上做挑楼或挑廊，以增加居住空间。一般说市镇的民居用挑的做法比较多，沿街民居，往往是楼上向街挑出，利用人行道上部的空间增加居住面积；江河边上的民居则多挑出后楼，以便家务生活，也增加空间。重庆沿长江一带。这种建筑比较多，也自成一种地方风格(过去重庆也属四川)。

三是吊，是在住宅前面或后面用木柱作撑柱，筑成楼房，俗称“吊脚楼”。这些房屋多建于陡坡峭壁和低洼潮湿之地，重庆沿江两岸甚多。它简化了“台”的做法，而效果相同。在农村中，还将吊脚楼下的空间作猪牛圈或堆放杂物，可谓一举多得。

四是拖，是在坡势不陡的地形上，将房屋按垂直于等高线的方向顺坡分几级建造房屋，通常是在房屋两边的厢房处建造这种分级式的房屋，正屋仍是平的。

五是坡，其实与拖差不多，房屋也按垂直于等高线的方向顺坡而筑，地形坡势比“拖”更小，仅将室内地坪分成若干不同的高度，屋面保持连续的整体。这种方法比较经济，农村住宅常常采用。

六是梭，是将房屋的屋面向后部拖长，形成前高后低的坡屋形式。这种做法多用于厢房处，可以一间梭下，也可以全部梭下。当厢房平行于等高线时，梭厢地坪低于厢房地坪，可以“梭”得很远。农村中使用最多，常用于牲畜圈或贮藏。

八

东北地区，除了汉族以外，还有满族、蒙族、朝鲜族等，但从民居来看，其形式仍以汉族民居为主，其基本形态仍是从北京四合院中变化过来的。

东北一般城市民居，也多是内向四合院分进布局形式，但它的外层多筑一圈围墙，称“火墙”，这是为了防火、防盗、防风雪，它的外层就称“外院”，我们称这种住宅为大院。

图1－7－9是乡村民居形式，这是吉林扶余县八家张宅(平面)。它的内院布局与城市的住宅形式差不多，但是它的外周做法不一样。从总平面布局来看，南北向较长，东西向较短。内院其实是个三合院，外院仅东西厢房。在内院北面还有后院。正屋和后院正房都是七间。宅的最后设有粮囤，这是乡村民居的特点。院内还可停放牲口、车辆等。这座住宅最大特点是外围墙四角建有炮台，似是个“土围子”。

朝鲜族较多地受到汉族的影响，因此其民居的总格局也与汉族民居相仿。其平面布局有对称和不对称两种。由于冬天寒冷，因此宅内多用炕来取暖。多数住宅仅为长方形的一

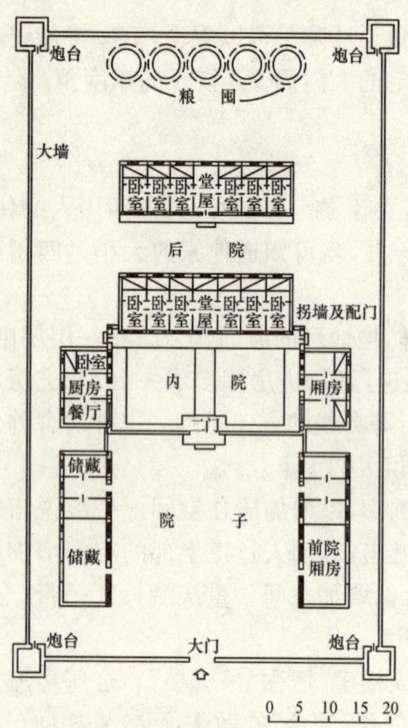

图 1-7-9 吉林扶余县八家张宅

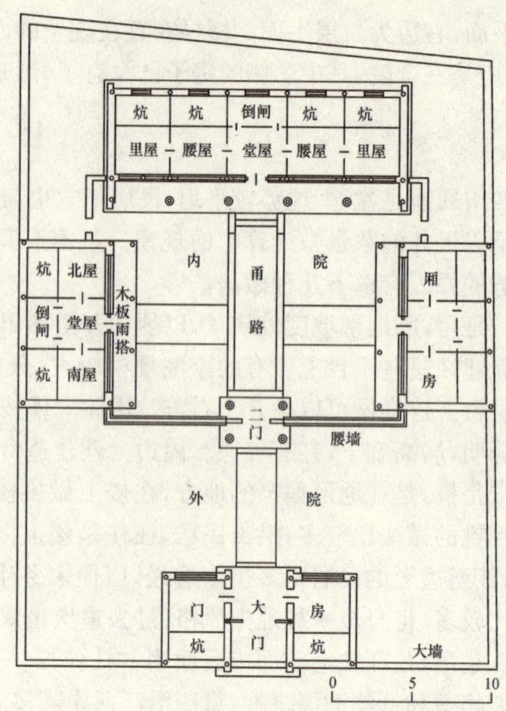

图 1-7-10 吉林市诚勇胡同 8 号王宅

条屋,四间或五间,有的带有廊子。屋顶有草顶和瓦顶两种,瓦顶比较考究,多为歇山式。

满族在清代甚盛,但也多被汉化。满族人的住宅,也就与汉人的差不多了。图 1-7-10 是吉林市诚勇胡同 8 号王宅,这种形式与汉族的东北民居基本上已没有多大区别,只是在某些细部、装饰上表现出特别之处。这个住宅有屋宇式大门三间,其正房五间,厢房东西各三间。

九

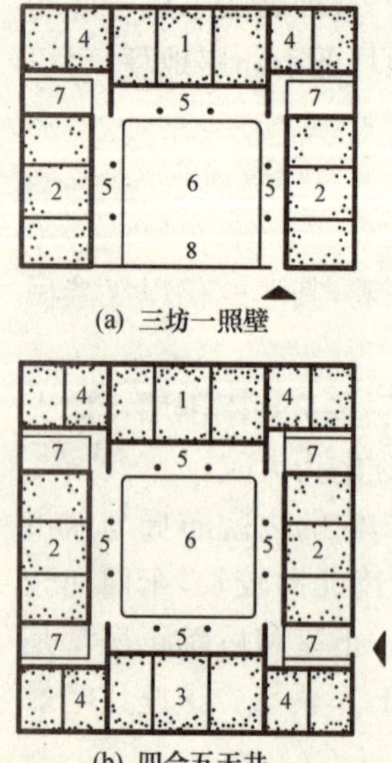

图 1-7-11 白族民居平面布局

云南是个多民族的地方,少数民族众多,有白族、彝族、哈尼族、壮族、傣族、苗族、傈僳族、拉祜族、景颇族、德昂族、佤族等,称得上是民族大家庭了。在此选择一些具有代表性的民居来分析。

白族民居的形式可以归纳为两句话:“三坊一照壁,四合五天井”。前句说的是三合院加一块照壁,组成一个完整的宅舍,如图 1-7-11(a)所示;后句说的四合院式的建筑,共有大小五个天井,如图 1-7-11(b)所示,这两种类型的民居,其大门基本上都设在宅的右下角,似模仿北京四合院的做法。

白族人很讲究色彩,他们的服饰总是色彩鲜艳而和谐,常用蓝、白、红、黑等色,组合得很协调。这种色组在建筑上也表现出来,白墙、黑瓦、红柱、蓝边,构成鲜艳而又和谐的建筑色调。白族民居中的照壁很有特色,他们多是在正房的对面设一围墙,做成照壁形式。照壁分独脚照壁和三叠水照壁两种。独脚照壁又称一字平照壁,不分段,其顶做成庑殿式。这种照壁须有一定官品的人家才能用。三叠水照壁分三段,中间较高,两边较低矮,对称式。

彝族的住宅形式称“土掌房”。屋顶用木楞(放得较密),上铺柴草,再在上面抹泥巴。屋顶近乎平顶。下部的墙壁用木构,其外再用砖,泥灰粉刷。内部空间分前后两部分,前部大门进去,两侧有厢房。一般东为厨房,西为杂屋,中间是过厅,其上有采光口。后部为正屋,多为三开间,中间是堂屋,两边卧房。还有楼层,多为放粮食和其他宜干燥之物。在楼上可以外出至前部一层楼的屋顶,屋顶上可以晒物。

傣族位于云南西双版纳一带,这里气候炎热而潮湿。傣族民居由于其自然条件,所以一般都做成尖尖的屋顶(利于排水),又把房子架高(防潮),如图 1-7-12 所示。多数的傣族民居在楼上多做有外廊或平台。这种建筑一般是用竹子做的,所以就称傣族竹楼。

图 1-7-12　傣族民居

景颇族在云南西部瑞丽一带,他们的民居也用高架形式,但屋顶与傣族竹楼不同,他们多用草顶。由于他们地处高原,冬季较寒冷,草顶可以保温。但由于生产力和经济条件,所以建筑形式较为简陋。

佤族分布在云南西南的怒江、澜沧江一带,这里属横断山脉,交通不便,高山密林,与外界联系甚少,仍过着靠山吃山的原始农业型的社会生活。这里的住宅。其形式与竹楼差不多,但材料更原始。室内一般只是一个大空间,称“大房子”。

十

藏族分布在西藏及青海、甘肃一带,他们的住宅别具一格,大多数的藏族民居,其形式有点像碉堡,故称为“碉房”。

藏族民居一般有三到四层,主要房间朝南或朝东南,平面近乎正方形,外墙很厚。这里的雨水甚少,故屋顶多为平顶。住宅内的房间用途,以四层楼的住宅为例,其底层养牲口和堆放饲料、杂物,二层为厨房、储藏室,三层为卧室,四层设经堂。屋内有小天井贯通楼层,用来采光、通风。底层一般不设窗子,只开一些通气孔,二层的窗一般也比较小,三层以上的窗子略大。这种做法有点像拉萨的布达拉宫。

图 1-7-13　藏民厕所(旱厕)

藏民家中的厕所多是“旱厕”,一般集中布置在院落一角,朝向最差处。也有的另做一个小建筑,用天桥与住房相连,如图 1-7-13 所示。这种厕所平时不必用水,大小便直通下面,粪便加起来作为肥料,臭气也熏不到宅中。这是与当地自然条件、生产条件相符合的做法。

十一

新疆维吾尔族民居的特色来自当地的自然条件和人文条件。这里的民居有几个特点：一是土墙很厚，砖或土拱顶，墙上的门窗用细密的花格子装饰。二是室内一般用地炕、灶台，土墙上设有拱形的壁龛，用壁毯、地毯作室内装饰。三是宅旁多设晾葡萄干的凉棚，用砖砌出漏空花纹，以供晾葡萄干通风。四是由于这里的温差大，阳光下很炎热，因此多在院子里种树遮荫。这里基本上都信伊斯兰教，所以他们的文化也属伊斯兰文化，建筑上也多有反映，如屋顶用拱顶，墙上有拱形门窗，窗格和廊子等处用细密图案装饰。

十二

内蒙古一带的许多牧民，因为放牧的关系，经常要搬迁，什么地方草多，有水源，就搬到什么地方去居住、放牧。有的整村、整乡地迁徙，所以连学校也时迁时搬。

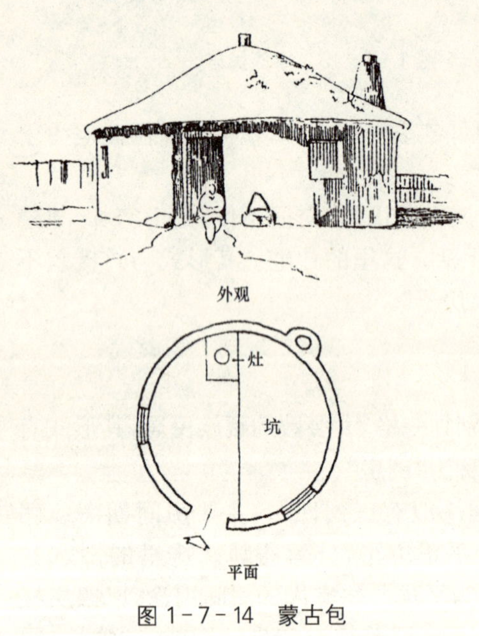

图 1-7-14　蒙古包

毡包房也称蒙古包，古时候称“穹庐”，是一种圆形的房屋。这种建筑形式由来已久，《汉书》中说：“匈奴父子同穹庐卧。”《后汉书》中也说：“随水草放牧，居住无常，以穹庐为舍，东开向日。”毡包的形状，好似想像中的天穹宇宙，平面、屋顶都为圆形。具体的做法是先在地面上划一个直径约 5 m的圈，然后在圆周上立 4 尺(1 尺 $=0.\dot{3}$ m)左右高的柱子，使之纵横相连，变成一个网状的围护体骨架，并且可以收拢，拆装方便。骨架的外面则包羊毛毡，再用骆驼皮条系住，以抗风寒。上面覆盖一个扇形的屋顶，也是装配式的，可以收起来。在包的顶端有正圆形的孔，能采光，也可作换气排烟，可以开闭。图 1-7-14 是蒙古包的典型形式，左图是毡包，右图是用砖砌成的建筑，虽然是固定了，但其形式仍是仿毡包的。这里的气候比较寒冷，所以一般都设暖炕，边上有炉灶、烟囱。

第二节　园　　林

一

我国古代园林产生甚早，在西周时期就已出现，后来历代变迁也较多。从整体古代来说，大致可分为如下几个阶段：

第一个时期是“物之汇聚”的阶段。早在距今 3 000 多年的西周初期就有造园的记述了。这个时期始于西周，止于东汉末年，大约是公元前 11 世纪至公元 3 世纪。最早的园林，就是史书记载的“灵台”，即帝王游玩的场所，其形式是置一处地方，将四面围起来，里面有自然的

山水林木，还有动物，供帝王狩猎游乐。到了秦汉时期，园林有所发展，最有代表性的是皇家宫苑，如上林苑、建章宫等，不但规模大，而且其中景物无奇不有。

第二个时期从三国到南朝的齐梁(约公元 200—479 年)。这一时期的园林着重在池山形态的表述。西晋亡后，在江南建立东晋，当时文人士大夫和皇室到了江南发现这里的自然山水美不胜收，于是就以人工加设，表现自然，形成了以山水为主的园林形态。后来，文人士大夫所造的山庄、别业，均效此法。

第三个时期是从齐梁到晚唐(约公元 479—836 年)。这一时期的园林，已不是纯粹模仿自然，而且开始讲究园林本身的形式了。又由于当时的山水、田园文学及绘画的发展，园林也渐渐注重诗情画意。

第四个时期是晚唐至北宋(约公元 836—1127 年)。这时人们不但造园，而且有人专门研究园林，如李格非所写的《洛阳名园记》就是其中一例。

第五个时期是南宋至元代(约 1127—1368 年)。这时的园林，可谓“神理兼备”。园林之“神”，可与绘画相比。南宋之画虽无大型制作，但意境甚高。到了元代，更追求“神韵”。

最后一个时期即明清(约 1368—1911 年)。这时的中国园林，达到了炉火纯青的境地。明清园林重在求“意”，“意”比“神”有更高的境界。园林之“意”表达的是人与园或人与自然的内在关系。这时的园林形态，可以看作为人的自我价值的演绎。明清园林最具有代表性的是江南私家园林，但皇家园林也很辉煌。

中国古代园林大体可分三种类型，即皇家园林、私家园林和寺庙园林。也有人把自然风景也列入其中，则成了四种。

二

先说皇家园林。从现存的皇家园林来看，要算北京颐和园最为典型了，而且保存完整。

颐和园位于北京西北郊，这里在历史上早已是个名胜之地。金代时为皇帝行宫，明代建有皇家园林“好山园”，其中山叫瓮山，湖叫西湖。乾隆年间，皇帝要为他母亲做六十大寿，于是便在此大兴土木，在瓮山上建高达九层的大报恩延寿寺，并将瓮山改名为万寿山，又整治并扩大西湖，同时改名为昆明湖。整座园林之名，则改为清漪园。1860 年，园被英法联军所毁，光绪十四年(1888 年)，慈禧太后挪用海军经费修建此园，并改名为颐和园。此园规模甚大，面积达 290 hm^2，其中四分之一是水面，陆地中包括平地和山峦。主峰万寿山高 60 余 m。整个园可分为四个景区。朝廷宫室，包括东宫门、仁寿殿和一些居住、供应建筑等等；万寿山前山；湖区；万寿山后山和后湖。朝廷宫室是在园的东部，以建筑物为主。主要建筑为仁寿殿，是皇帝处理政事、召见群臣之处。还有乐寿堂是皇帝居住地，德和楼是大戏台。另外还有许多建筑，各自成院落。

第二个景区是万寿山前山，以万寿山上的最高建筑佛香阁为主，也是全园的主景。以这个建筑为中心，有一条南北向的中轴线，南起湖边的“云辉玉宇”牌楼，向北是排云殿，后面是高台，台上即佛香阁，此阁平面八边形，共四层，顶为尖攒顶。在佛香阁之北，是一个藏式寺院“智慧海”，然后便属后山景区了。万寿山前山，还有一些重要的建筑：一是长廊，廊枋檐柱全是彩画，全长达 728 m，堪称世界第一。其次是“画中游”，位于排云殿西之半山腰，在此观景，宛若置身画中。石舫，即请宴舫，中西结合的形式，但有人认为这个建筑有些不伦不类，是一败笔。

第三个景区是后山、后湖，包括苏州街、谐趣园等。在万寿山后湖对面是苏州街，这里有

许多店铺，如茶楼、酒肆、古玩店及书斋等，仿苏州特色。乾隆皇帝对江南文化情有独钟。

谐趣园是个小园，却也是乾隆皇帝酷爱江南园林之作。这里是皇帝和大臣们的“游乐场”。园仿无锡寄畅园，内有荷池、知春亭、知鱼桥、知春堂、兰亭、涵远堂、澄爽斋等。

最后景区为湖区。这里有昆明湖、南湖、西湖，还有西堤六桥、十七孔桥、八角亭、龙王庙等。总的说，湖区景疏朗，故全园之景有疏有密，合乎造园手法。图 1-7-15 是颐和园万寿山上鸟瞰的形象，有“心旷神怡”之感。

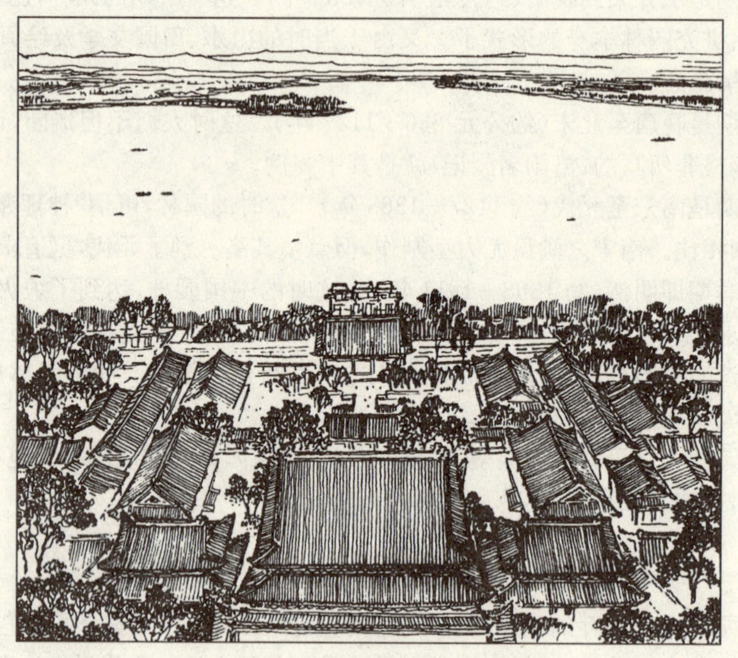

图 1-7-15　万寿山上鸟瞰颐和园

承德避暑山庄乃是清代帝王的行宫，称“热河行宫”，位于承德市北。18 世纪初，康熙皇帝亲自来此定点规划，于康熙四十二年(1703)始建，四十七年(1708)初具规模，后来乾隆时代加建，直到乾隆五十五年(1790 年)才全部完成。避暑山庄占地 564 hm^2(比颐和园大近一倍)。整座园分宫殿区、湖区、平原区和山区。

宫殿区是皇帝居住和处理政务的地方。殿宇廊轩，富丽壮观。山庄周围筑有雉堞宫围墙，总长 10 km。山庄正门叫丽正门，门内一组宫殿，殿前还有宫门，上书“避暑山庄”四字。里面是山庄正殿“澹泊敬诚殿”。殿后是“四知书屋”，再往后经王室宗庙“昭房”，便到“烟波致赏殿”，是皇帝的寝宫。

避暑山庄最美的是湖区。此区先是“万壑松风殿”。康熙皇帝就在此批阅奏章。再往前为“芝径云堤”一景，仿杭州西湖苏堤风格。湖区的水心榭为湖上架桥，桥上建三亭。湖区还有烟雨楼，为仿浙江嘉兴南湖烟雨楼而建。楼的东边有岛，岛上有如塔似阁的三层建筑，名叫“金山亭”，是仿江苏镇江的金山寺塔。避暑山庄康熙皇帝题名共三十六景，后来乾隆皇帝又续题名三十六景。如今避暑山庄还保持原来形态。

皇家园林也有小型的，如北京故宫中的乾隆花园，就是一个袖珍花园。此园位于故宫东北宁寿宫附近，它的正式名叫“宁寿宫西路花园”，建成于乾隆四十一年(1796 年)。

三

私家园林也称宅园，这种园林以江南园林最有名，多数为“文人园”。这种园林的布局及构园原则有四：一是“小中见大”，划分景区，每区皆构图完整，各有特点。如上海豫园，五个景区，都做到主次分明，虚实得体。二是叠山理水，都有章法，其原则是“虽有人作，宛自天开”。三是林木，原则是“取其自然，顺其自然”，不娇揉造作。四是建筑物，原则是与山水林木有机结合，变化而又和谐。

拙政园，位于苏州市内，建于明正德年间(1506—1521 年)，是御史王献臣的私家花园。园占地 60 余亩，算是大的了。此园以水为主，楼台亭榭临水而建，整个庭园如同浮于水上，有明净、幽逸之感。

拙政园分东、中、西三部分。从如今之园门入，先是东园，然后往西，进入中部，这里是园的主体部分，其中水面占去三分之一，建筑多集中在园的南侧，见图 1－7－16。中部的香洲是一旱船，造型极佳。园中部之西有廊，廊中部有一月洞门，“别有洞天”，进门便为西部，这里有一条长长的“水廊”(池水伸入廊下)，曲曲折折，架于水上。西部景区主要建筑有十八曼佗罗花馆和三十六鸳鸯馆，两馆一前一后合在一起。另外还有留听阁，此名是取意于唐李商隐诗句“留得残荷听雨声”，池上有荷意境非凡。还有倒影楼，此楼下面又叫拜文揖沈之斋，是纪念明代画家文征明、沈周之意。

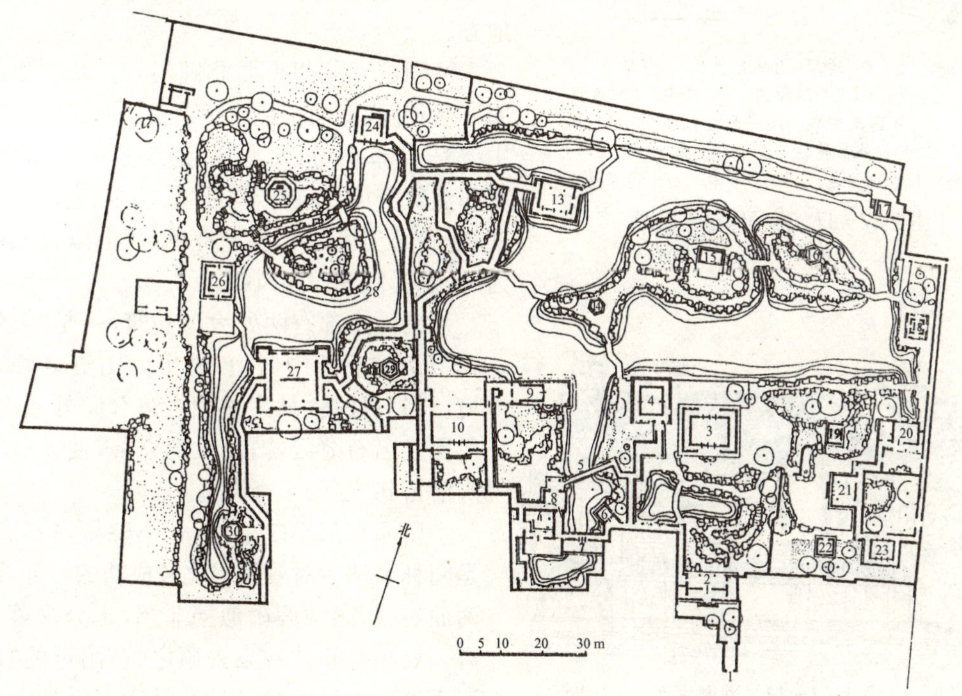

1—园门　2—腰门　3—远香堂　4—倚玉轩　5—小飞虹　6—松风亭　7—小沧浪　8—得真亭　9　香洲
10—玉兰堂　11—别有洞天　12—柳荫路曲　13—见山楼　14　荷风四面亭　15—雪香云蔚亭　16—北山亭
17—绿漪亭　18—梧竹幽居　19—绣绮亭　20—海棠春坞　21—玲珑馆　22—嘉宝亭　23—听雨轩　24—倒影楼
25—浮翠阁　26—留听阁　27—三十六鸳鸯馆　28—与谁同坐轩　29—宜两亭　30—塔影亭

图 1－7－16　拙政园平面图

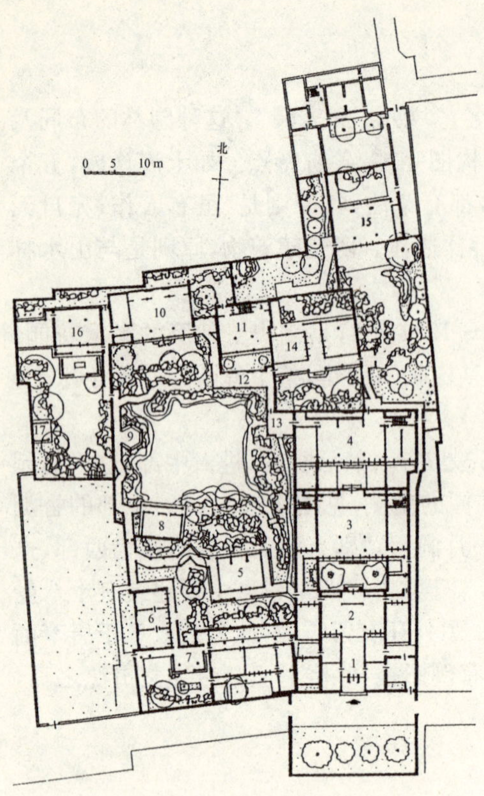

1—宅门　2—轿厅　3—大厅　4—撷秀楼　5—小山丛桂轩　6—蹈和馆　7—琴室　8—濯缨水阁　9—月到风来亭　10—看松读画轩　11—集虚斋　12—竹外一枝轩　13—射鸭廊　14—五峰书屋　15—梯云室　16—殿春簃　17—冷泉亭

图 1-7-17　网师园总平面图

图 1-7-18　濯缨水阁

狮子林也是重要的私家园林，位于苏州市东北，离拙政园不远。此园的最大特点是园中大假山，但褒贬不一，有的说好玩，有的说它没有艺术性。如清代文人沈复在《浮生六记》中说，“以大势观之，竟同乱堆煤渣，积以苔鲜，穿以蚁穴，全无山林气势。”但也有说它好的，如乾隆皇帝就十分喜欢。

网师园位于苏州市内东南隅。此园不大，但品位甚高。总平面如图 1-7-17 所示。从图中可知，园与宅形成一体，东宅西园。宅的部分中轴线对称布局；园的部分自由布局。此园占地九亩，分三大部分：东为住宅，中部为园，西部为内园。中部以大水池为中心，建筑散置于四周，自然得体。大水池之西为“月到风来亭”，在亭的东南有一临水而建的水榭“濯缨水阁”。图1-7-18就是其形象。网师园的内园是一个独立而封闭的小园。此园主体建筑“殿春簃”，是个书斋。院内布置清秀文雅，朴实无华，是读书做文章的好地方。

留园位于苏州市西北阊门外。此园始建于明嘉靖年间，总面积达三十余亩，内分四个景区，主体是中部，中间大水池，建筑集中在东南侧。东部建筑密集，以院子与厅堂、楼馆、宅轩组合起来，空间处理得很有艺术特色，西部以自然山林为主，北部做成田园风味。

留园东部有两处大型建筑，一是“五峰仙馆”，馆前院子中假山，做出庐山五老峰之意境。另一处是“林泉耆硕之馆”，向外望去，即留园之名石冠云峰，高大的立峰，使人联想到陶潜诗句“夏云多奇峰”。

留园东部小院中，石林小院做得很成功，是园林手法中对景做得比较成功的一处，园子两面对视，园中假山似挡非挡，十分含蓄。还有一处小空间，“林泉耆硕之馆”附近的“还我读书处”，这里幽静、安谧，是读书做学问的好去处。

怡园是苏州园林中建得最晚的一个，建成于清光绪初。此园位于苏州市中心，离观前街不远。此园在总体上可分为东西两部分（图 1-7-19），中间以复廊相隔。复廊就是中间的墙，两面有廊，墙上设漏窗，视线可及。

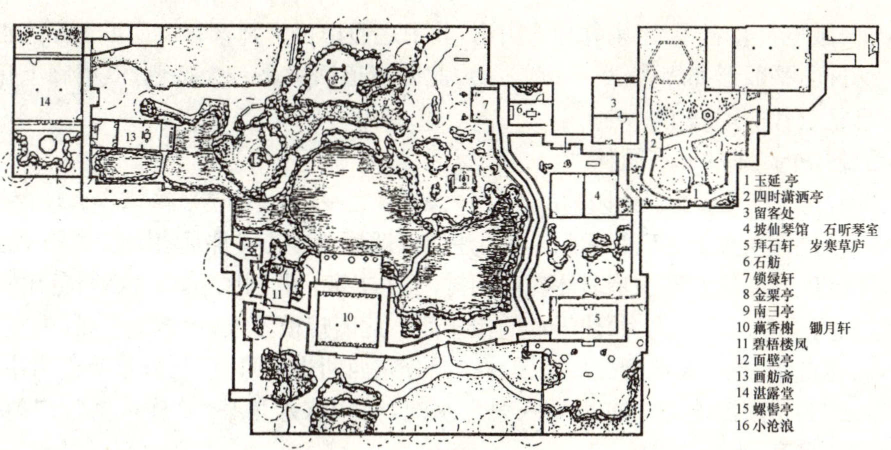

图 1-7-19 怡园总平面

怡园入口小院,似一幅画,如图 1-7-20 所示,粉墙好似宣纸,是一幅立体的花卉画,也表明园的主题特征,所以也等于是“花鸟画陈列馆”的“序”。从庭院进来,沿着廊子到玉延亭,这里多植竹。怡园西部布局为:北部以山林为主,中间池水,南部以建筑为主。北部假山上有六角亭“小沧浪“,居高可观全园之景。南部有四面亭,由藕香榭和锄月轩两厅组成。池西有面壁亭、画舫斋等,最西端是湛露堂。

图 1-7-20 怡园入口小院

四

人云江南园林甲天下,苏州园林甲江南。但苏州以外,也有许多优秀的园林,在此说其中最典型的几座。

寄畅园在无锡,位于锡山附近。此园始建于明代,后来屡有圮建。此园是名副其实的江南名园,今规模虽已不如当年,但山石池水、林木花卉、亭台廊榭,仍不失江南园林之典型。此园占地约 15 亩(1 亩 $=666.\dot{6}\ m^2$)。园东侧多人工之作,西侧多自然景物。因此以池为中心,这也是我国古代园林的主要手法。园内长廊曲折多变,为一特色。此园之另一特色是借景手法,从环翠楼前大平台处南望,园林景物历历在目,后面便是锡山及山上的龙光塔等,风景如画。

图 1-7-21 个园的漏窗

扬州的个园也很有名,其中“春、夏、秋、冬四季假山”最引人入胜。个园入口处的大漏窗很有特色,这就是扬州园林之风格,在苏州园林中找不到如此大的漏窗,如图 1-7-21 所示。

扬州何园也很有名，园之东称片石山房，其中之假山传为画家石涛所堆。园之西部有主要建筑七开间，平面形如蝴蝶，故称蝴蝶厅。此园复道回廊是一大特色，但楼廊上用铸铁花栏杆，似已是近代的形态了。

最后说几个广东的私家园林。

清晖园，位于广东顺德。此园为广东“四大名园”之一，创建于清乾隆末年。现存的建筑多为道光年间的原物，也有建于晚清的。全园建筑以船厅为中心。船厅、南楼、惜阴书屋等皆古雅秀美，并相互用曲廊连接，又有林木花草相衬，层次丰富。此园风格，岭南派特色比较典型。

余荫山房位于广东番禺，始建于清同治年间。此园规模不大，但楼榭亭桥，曲径栏杆、山石池水，名花奇木，是一座典型的岭南园林。园分东西两半，西边以长方形荷池为中心，南有临池别墅，北为主厅深柳堂。东边为八角形水池，池中有八角亭“玲珑水榭”。其东南有假山，东北有孔雀亭、半边亭等。

五

这一时期的寺庙园林也很有名，在此说几例。

杭州虎跑其实是寺庙园林。这里有两个寺，一为虎跑寺，一为定慧寺。两寺一南一北，组合十分巧妙，是我国园林空间的典范。虎跑寺建筑中轴线强烈，共三进，今已为茶室。定慧寺空间变化较多，特别是其西侧，空间很有层次，在寺前院子向西，用廊子等分隔，但视线可渗入里面，一直到山脚下“滴翠堂”及“虎穴”（山崖）。

成都杜甫草堂是纪念“诗圣”杜甫的纪念性建筑，内有工部祠等建筑，但它最先是寺庙草堂。杜甫草堂位于成都市西门外浣花溪，是杜甫居住过的地方。草堂以东为草堂寺，中轴线布局，有山门、天王殿、大雄宝殿、说法堂、藏经楼等，此建筑始建于南朝，但今之建筑已为晚清之物。从总体看，草堂寺、杜甫草堂及梅园、荷池、花径等，可谓寺、祠、园组合，空间组织得自然得体。

苏州西园，即苏州戒幢律寺的寺园，后来因为园比寺更为人所知，所以大家就叫此寺为西园寺。西园以放生池为中心，这个池形若蝌蚪，其“头”在南，“尾”在北，又折向东南。池内鱼鳖甚多，大部分是佛教信徒们放生的。池中有大鼋，为稀有动物，这是明代所养的老鼋的后代，据说已有300余年了。每当天气闷热时会浮上来。放生池的四周环绕亭台厅馆，曲桥回廊，又有林木假山掩映，形成一派秀丽的园景。其中“苏台春满”四面厅为主要建筑，厅前临池盘曲紫藤，形如游龙。水池当中有重檐六角亭，攒尖顶，翼然而立，形成西园的主景。此园之艺术价值，不亚于一般的江南私家园林。有诗云：“九曲虹桥花影浮，西园池水碧如油。劝郎且莫投香饵，好看神鼋自在游。”

图1-7-22　国清寺庙园一景

浙江天台国清寺内，有一座小巧玲珑的寺庙园林。园中主体即放生池，称“鱼乐国”。池的西侧有一座亭，即清心亭。其左侧有安养堂，寺内和尚年迈，就在这里安度晚年。放生池周围林木葱郁，环境幽静，景观美不胜收。图1-7-22就是这座寺庙园林之一景。

第三节 建筑技术

一

在我国古代,建筑技术有两部书,一是成书于北宋的《营造法式》,另一是成书于清雍正的《工部工程做法则例》。关于后一部书,在我国著名建筑学家梁思成的《清代营造则例》一书中有详尽的论述。在此,就根据此书择要说一些基本的分类形式。

一是建筑的平面。中国古代建筑平面,看来复杂多变,但从工程技术来说却很有规律。这种平面是以“间”为单位组合而成的。如图 1-7-23 所示,这是两个功能不同的建筑,一是住宅,一是寺院,但它们都用同样的基本单元“间”组成的。这样构思,十分巧妙。其实中国古代很早就以这种方式来建构建筑(平面),而到了清代,这种构思便进一步成熟、系统化了。

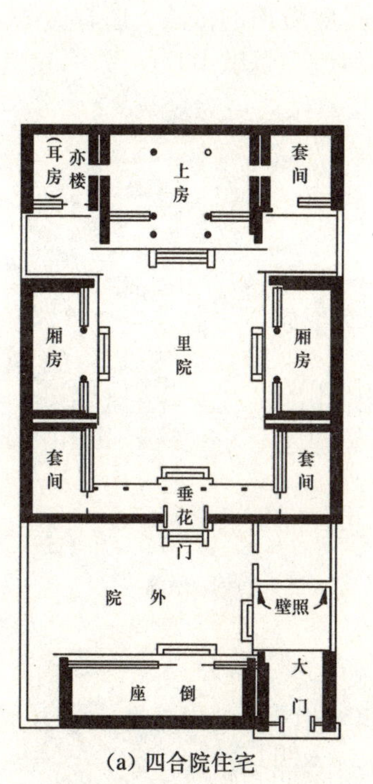

(a) 四合院住宅

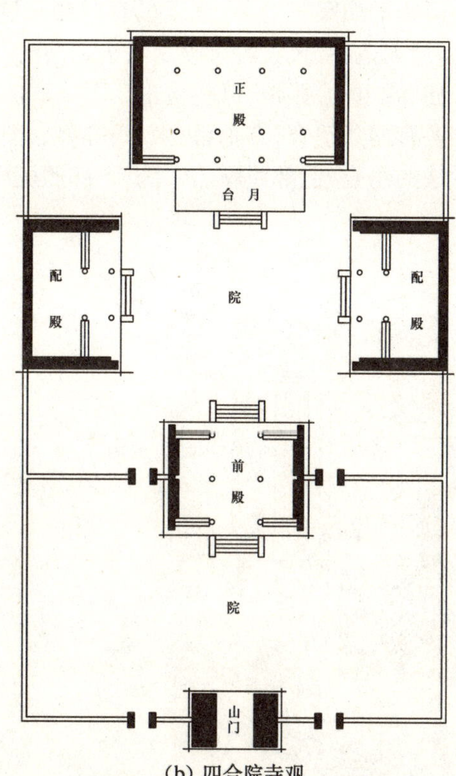

(b) 四合院寺观

图 1-7-23 中国古代建筑的平面

二

其次是木作。在《营造法式》中,已将此技术作了较详尽的论述,到了清代,这种建筑技术又作了一次更为系统的规范。木作分“大木”和“小木”两大类。“大木”是结构性的,其中包括构架、斗拱等;“小木”则是细部、零件等。斗拱在我国建筑史上已有数千年的历史了,但

各个历史时期又有所不同,其变化是由大变小、有简变繁。

大木作的主要技术(做法),是梁架、举架。在梁架中,水平方向的单位长度叫“步”,垂直高度方向的叫“举”。每“步”长度是相等的。七架梁的“举”的高度,自檐部到屋脊,分别是步的0.5倍、0.7倍、0.9倍。由于各“步”有不同的“举”,因此其屋面不是平面而是曲面。这种曲面的曲率,宋元时期比较平(当时不叫举架,叫举折),说明建筑构架由使用走向表现,屋顶坡度陡,更好看。

小木作是建筑细部木构件做法。如门、窗、木栏、槅扇、门钉、门簪等做法,在此不再详述。

三

第三是瓦作。瓦作包括砖和瓦的各种做法。其中屋顶部分做法很有讲究。由于屋顶形式多样(基本形式有硬山、悬山、歇山、庑殿、攒尖等),所以做法甚为复杂。

硬山的做法,如图1-7-24(一)所示。屋脊顶端的饰物,总称“吻兽”,这种做法一方面是结构技术上的需要,另一方面也是一种装饰,又是一种精神上的目的。我国木构建筑对防火问题很重视,所以除了实际的防火措施外(如做风火墙,做水池,设避弄等),还要在精神上“表述”。图中的图案叫吻兽,置于屋脊两端。这是一种龙似的兽,在其背上插一把剑,表示降伏蛟龙,为人造福,火灾时可喷水灭火。同时,这还是一个避雷装置,由此装置接通里面的楠木雷公柱(导电的)接地,可免雷击。图1-7-24(二)是庑殿顶的做法。屋脊做法一样,只是其两端各有两条垂脊,有垂兽、狮、马等兽。图1-7-24(三)是歇山顶的做法,这其实是以上两种做法的组合,上部照硬山做法,下部照庑殿做法,当然做法更为复杂。

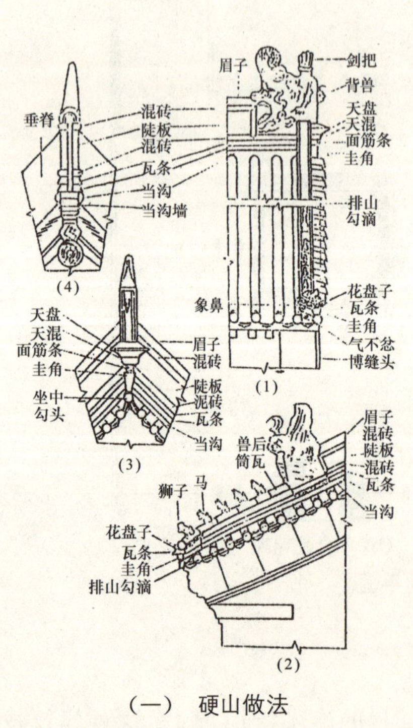

(一) 硬山做法

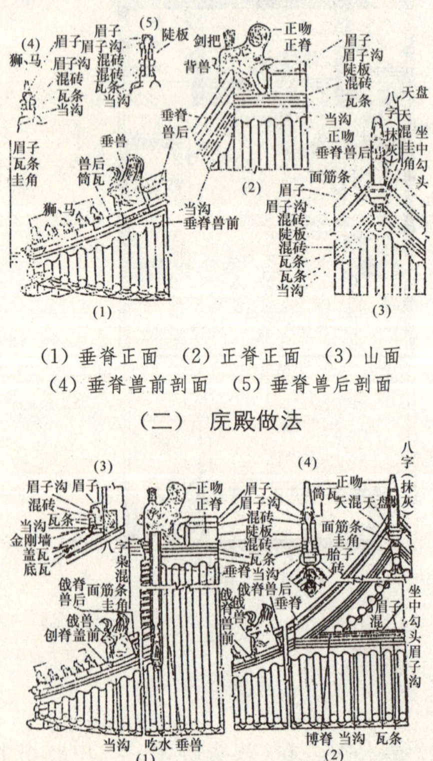

(1) 垂脊正面 (2) 正脊正面 (3) 山面
(4) 垂脊兽前剖面 (5) 垂脊兽后剖面

(二) 庑殿做法

(1) 正立面 (2) 山面立面 (3) 博脊剖面 (4) 正脊剖面

(三) 歇山做法

图1-7-24 屋脊做法

四

第四是石作。石构件在我国古代建筑中也不少，台基、栏杆、台阶、铺地、墙柱以及桥梁、牌坊等等，形式多样。在此只说台基、栏杆。台基是建筑的基础部分，其构造是四面砌墙，里面填土，上面幔砖面。在台基之内，按柱的分位，用砖砌磉墩和栏杆。磉墩是柱的下脚。柱子立在柱顶石上。从室外地面走上台基，则称台阶。台阶上设踏级。有的建筑比较考究，台基做成须弥座形式，图 1－7－25 为清式做法，其细部各个朝代略有不同。

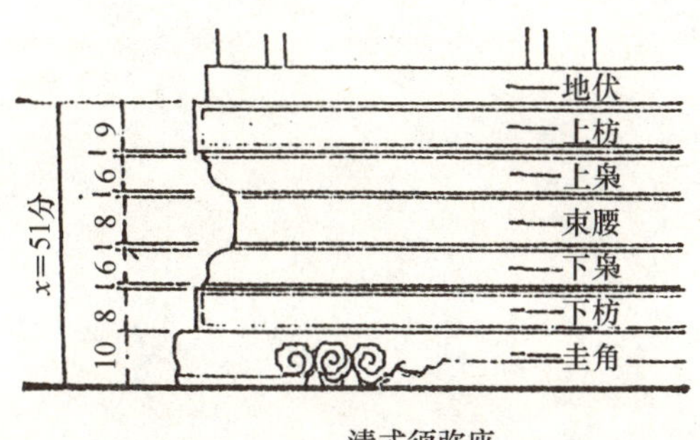

清式须弥座

图 1－7－25　须弥座

栏杆有木有石，在此说石栏杆，如图 1－7－26 所示，栏杆由栏板和望柱构成。清代勾栏各部分的比例，在《工部工程做法则例》中有比较详细的规定，如栏杆的高度为栏高柱的九分之一，按柱高的十一分之四定柱头高度，按柱高的九分之一顶地栿厚度，按柱高的十五分之一定栏板的厚度。

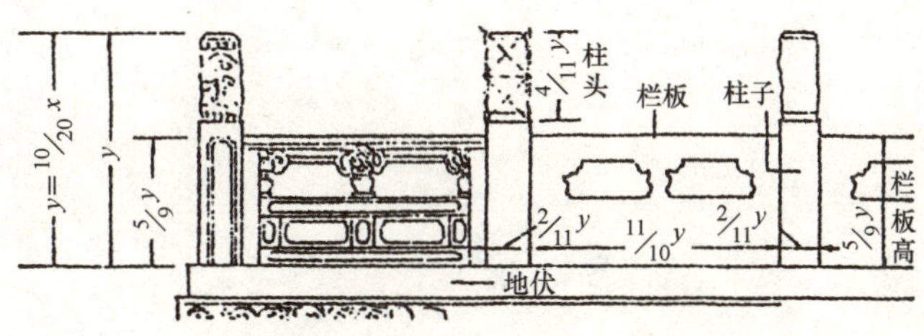

图 1－7－26　石栏杆

第二篇

外国古代建筑史

第八章
外国古代早期建筑

第一节　史前文化与建筑

一

建筑是专属于人类的，动物的“住处”不能叫“建筑”，只能称“巢”、“窝”、“穴”等。这中间的主要区别在于，动物只是本能地建构它们的“住处”；人则是通过头脑的思考来建构房子。“蜜蜂建筑蜂房的本领使人间的许多建筑师感到惭愧。但是最蹩脚的建筑师从一开始就比最灵巧的蜜蜂高明的地方，是在他在用蜂蜡建筑蜂房以前，已经在自己头脑中把它建成了。”（马克思：《马克思恩格斯全集》第二十三卷 210 页）史前时代的建筑，是人用脑子思考而建造起来的，它的形态如何？在这里我们列举一些实例。

在波兰的毕斯库宾湖附近，发掘出一个古代的村落，其中有 3 m 左右宽的用木头铺筑的道路，路边是长排的房子，其内部分成许多小房间。在这个遗址中还能隐约地认辨出门、炉灶等。无疑这些小间的房子就是一个个独立的小家庭。整片建筑形成一个村落，就是一个“氏族”。这也反映出史前的氏族社会的结构形态及其文化。

二

在今位于苏格兰的刘易斯，人们发现有一些石器时代的建筑遗址。这些建筑用石块垒成，每个大小和形状几乎都一样，其形式很像蜂窝，所以就称它为蜂窝形石屋，如图 2-8-1 所示。这些建筑成群布置，也是一个部落。我们会对那些精巧的建筑形象和合理的构筑感到惊叹。

三

人不仅有满足物质生活的建筑，还有满足精神活动的建筑。那时候由于人们的生产水平还很原始，人的自我保护能力很差，因此就产生了神祇。神是出于人心理上的安全庇护之所致。既然有神祇，则必然有神祇的“住所”和象征物。当时这种建筑形式也很多，如英国的

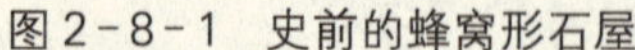

图 2-8-1　史前的蜂窝形石屋

图 2-8-2　沙利斯堡的大石栏

沙利斯堡的大石栏（图 2-8-2）就是其中一例。这个建筑物的作用，至今还没有一个统一的确切的说法。据考证，大石栏约始建于公元前 2700 年左右，但大约用了 1 000 年的时间才建造完毕。大的石块重达 50 余 t，而且又长又平整。还处于氏族社会的条件下，对它的加工、运输、安装等确实令人惊叹。但这一建筑物当时是作什么用的，至今还弄不明白。有人认为它是一种举行宗教仪式的场所，但也有人说是有关天文和计时的；与农业生产有关。如夏至那天，太阳正好在一块踵石上升起，并且还能用太阳光的影子来显示一年四季各个节气。比较确切的解释是，日月星辰等自然之“神”，乃是他们的膜拜对象。这也正是人类远古时代的文化或建筑文化所表现出来的远古宗教。

四

单石，是远古时代的另一种宗教性建筑，如图 2-8-3 所示，有的高达几十米，多数都在表面刻有各种浮雕，动物的、植物的都有，有些就是他们的“图腾”，即崇拜对象。远古时代的人们找到一种崇拜的形式，垂直的，令人肃然起敬。这种形式后来就演变为纪念碑。在法国、英国等的一些地方，人们发现了许多这种单石成群地排列着。“……这类建筑，除了以很大的工程来建筑堡垒防御敌人和野兽外，还用巨大的石块来建筑‘尔多门’（坟墓）、‘阿里几门特’（排列很整齐的石道石行行列）、‘门里尔’（竖立的巨石纪念物）和‘斯坦布’（作为宗教仪式用的石垣）等等。”（李浴《西方美术史纲》辽宁美术出版社，1980 年）这种巨石阵，以法国的布列塔尼卡纳附近的巨石行列最有代表性。

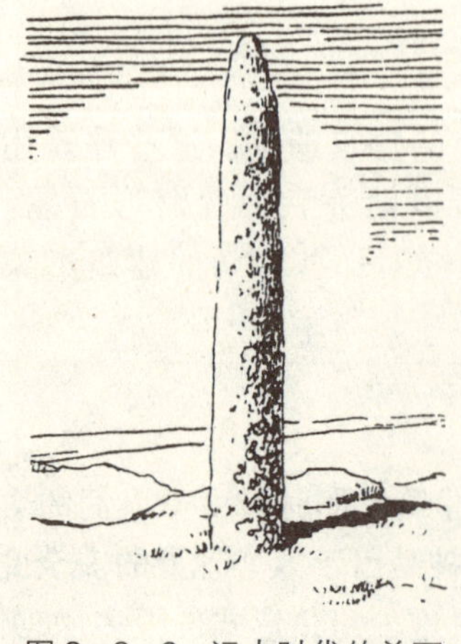

图 2-8-3　远古时代的单石

图 2-8-4　远古时代的石台

图 2-8-4 是法国布列塔尼的一个石台，或称石屋，这种建筑形式也发现多处，英国、丹麦、东欧乃至亚洲的一些地方，大同小异。据考证这是史前时代的墓。“人，有了意识智慧，但还不知道许多客观现实的‘为什么’，因此对人会死掉这件事就看得很神秘，当然也很悲痛，所以要为死者造墓，埋葬起来。这种建筑的出现，说明了人类又向文明迈进了一大步。”（沈福煦《建筑概论》同济大学出版社，1991 年）

第二节 古埃及建筑

一

公元前 4000 年，在非洲东北部尼罗河下游三角洲，已形成了古老的埃及王国。古埃及国王权力很大，国王的形象也很突出，他头戴红冠。威武雄壮。蛇神是他们的保护神，蜜蜂为国徽，这就是下埃及的文化。后来在尼罗河上游又形成一个国家，称上埃及。国王头戴白冠，鹰为保护神，百合花为国徽。公元前 3000 年，上埃及灭了下埃及，统一了埃及。

古埃及的著名建筑有两类，一是太阳神庙，二是金字塔，即法老（国王）的陵墓。

典型的太阳神庙布局是中轴线对称的：大门、围柱院、大殿、密室。太阳神庙又称阿蒙神庙。古埃及最大的阿蒙神庙是底比斯的卡纳克阿蒙神庙和鲁克索的阿蒙神庙。这里只分析卡纳克的阿蒙神庙。这个建筑建造时间很长，从公元前 1530 年至公元前 323 年，前后达 1 207 年。建筑以中轴线对称布局，前面有 6 道门楼，主体是连柱厅，共有 134 根柱子，中间两列 12 根柱高达 3.6 m，其他柱子高 2.7 m，十分雄伟，见图 2-8-5。整个神庙范围约 5 000 m²。这座神庙，在冬至那天太阳下山时，阳光穿过层层建筑，一直可以射到最里面的密室圣器上，这可见当时的测量、天文、历法方面的水准之高。

图 2-8-5 卡纳克阿蒙神庙中的大柱

二

图 2-8-6 阿布辛波大庙

阿布辛波大庙为晚期古埃及的建筑，太阳神庙与法老陵墓相结合，如图 2-8-6 所示。此庙为岩凿崖庙，建于公元前 1301 年。这个庙的门前凿有四座高达 20 m 的巨石像，四个都是国王拉美西斯二世的形象。正中是山门，门的上方有一个神像，即太阳神。崖庙内部空间凿得十分复杂，除了中轴线上的空间外，还有两侧的支洞。主要空间在正中，叫大殿，一直往里，最后为神堂。

三

古埃及金字塔是法老(国王)的陵墓,早期是台级式的,如萨卡拉的昭赛金字塔,平面方形,共分6级。最典型的金字塔是底为正方形的棱锥体。在开罗附近的吉萨,有金字塔群,如图2-8-7所示。这里共有三座金字塔:齐奥普斯(胡夫)金字塔,底边长230.6 m,高146.4 m;哈夫拉(彻弗伦)金字塔,底边长216 m,高143 m;米克列纳(孟卡拉)金字塔,底边长109 m,高66.5 m。这三座金字塔均建于第四王朝时期(约公元前2723至公元前2563年)。

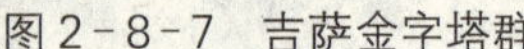

图2-8-7 吉萨金字塔群

图2-8-8 大斯芬克斯

在这个金字塔群的前面,有一座狮身人面像雕刻,叫大斯芬克斯,是法老的象征。相传其头像是根据法老哈夫拉的形象所雕。他们认为,国王法老有人的最高智慧,体魄又健壮如狮。此雕像长73.2 m,高20 m,如图2-8-8所示。

后期的金字塔,与太阳神庙结合起来,如前面所说的阿布辛波。还有德·埃·巴哈利,是由两座陵墓兼神庙组成(曼特赫特普庙,十一王朝;哈特什普苏庙,十八王朝)。

第三节 西亚的建筑

一

在今天的伊拉克境内,有两条河,南为幼发拉底河,北为底格里斯河,它们在库尔纳交汇,经巴士拉流向波斯湾。在这两条河之间,是一块平原,这里气候湿润,土地肥沃,被称为“沙漠绿洲”。这块沃土名叫“美索不达尼亚”,即两河流域。

大约在公元前3000年,这里已经是人口稠密,经济繁荣,文化发达的奴隶制社会了。在这里,曾经建立过好多国家,由氏族社会向奴隶社会过渡。从公元前19世纪起,古巴比伦王国已很强大,最后征服了两河流域的广大地区,创立了许多光辉灿烂的奴隶社会文化。但不久,终于被邻近的强大的亚述帝国所灭。后来这个地方又相继为新巴比伦和波斯帝国所占。直到公元前330年,被西边的马其顿希腊所征服。

二

大约在公元前 9 世纪，亚述帝国渐渐强大起来，并征服了古巴比伦王国。亚述帝国建造的宫殿十分豪华。大约在公元前 800 年，亚述帝国始建萨艮二世王宫，如图 2-8-9 所示。整个宫殿设在一个约 300 m 见方的大平台上，主入口在东南面，以三个门洞组成。门旁有高大的天塔。整个宫殿分为三大部分：帝王行政和起居、帝王眷属的禁宫和殿务性杂间，以及设在宫殿之西的天塔。宫中共有 700 多间房间，用许多内院组成。整个宫殿空间组织得井井有条。

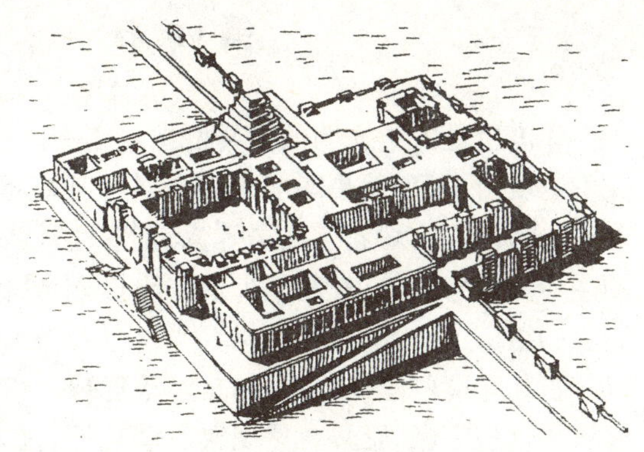

图 2-8-9　萨艮二世王宫

三

亚述帝国在公元前 612 年，被新兴的新巴比伦打败。新巴比伦虽时间不长，只有六十余年，但在建筑上也有所建树。它们的建筑多为砖石、土坯建筑，所以保存不能长久。新巴比伦最有代表性的建筑是“古代七大奇迹”之一的“空中花园”。这是一座园林，位于巴比伦城，即今之巴格达，是为当时的皇后避暑、游赏而建的。如今为了旅游，已修复了这座“空中花园”。

四

新巴比伦被波斯帝国所灭。波斯，原来在今伊朗一带，后来国力强盛，版图扩张，几乎占领了西亚全部。波斯帝国的统治者凭其强大的军事、政治、经济力量，过着骄奢淫逸的生活。在建筑上，也是从皇宫中反映出来。历史上著名的波斯新都的帕赛波利斯宫，建于公元前 6 至前 5 世纪，规模甚大，占地约 15 万 m^2，其中包括百柱连柱厅、塞克塞斯连柱厅及门楼、大流士宫、塞克塞斯内宫、禁宫等等。图 2-8-10 是此宫的总体形象。宫中的双牛柱，形态很有特点，见图 2-8-11。这种建筑形式后来又在阿拉伯伊斯兰建筑中部分地表现出来。波斯帝国后来又被西边的马其顿希腊所灭，这一带也就纳入了希腊的版图，但这时已是晚期希腊了。

图 2-8-10　帕赛波利斯宫

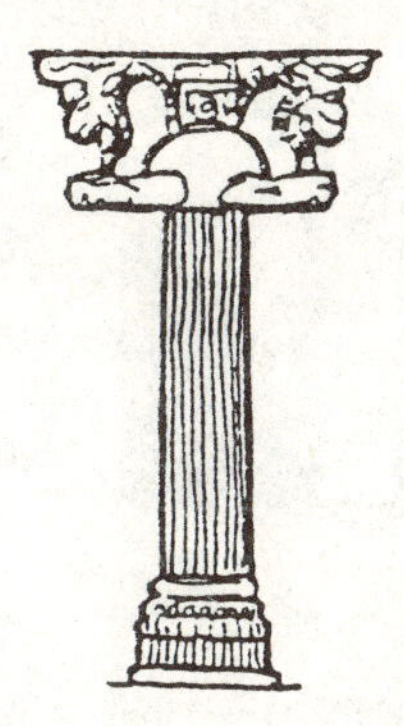

图 2-8-11　双牛柱

第四节　古印度的建筑

印度也是人类文明的重要发祥地之一。古代的印度,大约在公元前 3 000 年左右,就有完整的城市了,那就是印度北部今属巴基斯坦的信德省境内摩亨佐·达罗城。城市面积约 7.8 km^2,内有宫殿庙宇民居等建筑(遗址),城市街道十分整齐,而且街道的方向是顺着当地的主导方向布置的,有利于街道的清扫,十分科学。城内还有上、下水道等城市设施,已是很完整的城市了。

古代印度的建筑,主要的是宗教建筑。在很早的时候(奴隶社会早期),印度人信奉婆罗门教。这种宗教,崇拜自然现象和动物等,尚未摆脱图腾崇拜。后来到了公元前 6 世纪,佛教兴起。佛教由释迦部落的王子乔达摩·悉达多所创立,后来人们就尊称他为"释迦牟尼",即"释迦族的隐修者"。释迦牟尼反对崇拜那些神,认为这是迷信、愚昧,人应当认识自己,人的过去、现在和未来。这显然是一种宗教的进步,尽管仍是主观唯心的,但人对自我的研究,无疑是很有价值的。

图 2-8-12　桑契 1 号窣堵坡

古印度的佛教建筑主要的有两种形式,一是窣堵坡(即佛塔),另一是支提(即石窟)。窣堵坡是埋葬佛教徒死后的坟墓,其形式是半球状的。最大最有名的是桑契的 I 号窣堵坡,如图 2-8-12 所示,它的直径为 32 m,高 12.8 m,置于一个高 4.3 m 的鼓形基座上,内为砖砌,外用石材贴面。窣堵坡外有一圈石围栏,围栏的东西南北均设门,门上雕饰很丰富,见图 2-8-13。

图 2-8-13　窣堵坡石围栏大门

图 2-8-14　卡尔利支提的内部

古印度的另一种重要的建筑是支提,这是一种岩凿的大厅式的空间,我国叫石窟,是佛教徒讲经说法和进行佛事活动的地方。最著名的支提是卡尔利支提。此窟深 38.5 m,宽

13.7 m，最里面的平面半圆形，圆心处有一窣堵坡，两边均为柱廊（图 2－8－14）。有的石窟成群建造，如巴迦支提，沿山崖挖好几个石窟。到了中世纪，印度佛教衰落，伊斯兰教大盛。

第五节　爱琴海域的建筑

一

爱琴海域的文明，最早最完整的是克里特文明。在东地中海的克里特岛上，大约于公元前 20 世纪形成一个强盛的奴隶制国家，即米诺斯王国。这个国家文化相当发达。后来由于历史的变迁，时间久远，这些文化便成了神话和历史之谜。其中一部分留在《荷马史诗》中。相传米诺斯是克里特国王，他是主神宙斯和欧罗巴所生之子。米诺斯文化即以他的名字命名。这里有许多神话传说，其中最著名的是米诺斯皇宫（称迷宫）中的牛头怪，要给他吃童男童女。后来在希腊半岛上来了一位少年，以他的智和力，将牛头怪杀死。这个宫内空间十分复杂，里面地形高低，建筑物高高低低，人处在哪一层楼自己也难知道。此宫占地达 2 万余平方米，相传是由一位希腊建筑师代扎卢斯设计。19 世纪 70 年代，有一位德国考古学家舍里曼，他根据《荷马史诗》中的“伊里亚特”的描述，先后在今天的土耳其东部，希腊南部和克里特岛等地进行了大规模的考古发掘，从诸多的出土文物中证实了史书中的记述，如施“木马计”的特洛伊战争、老英雄涅斯托尔的金酒杯，特别是米诺斯迷宫以及迈锡尼、泰伦斯等城进行了多处的发掘，证实了这一段历史的确凿性。

大约在公元前 20 世纪，克里特岛上已形成早期的奴隶制国家。这里的建筑文化，以米诺斯迷宫为代表。经考古发掘，发现这个王宫的空间布局复杂而巧妙，真是一座迷宫。这座建筑也很有艺术特色，如柱子多做成上粗下细的倒圆柱形，如图 2－8－15 所示。另外，皇宫的内部装饰也很考究，用彩绘画等装饰，使空间显得很有人情味。其中壁画特别有价值，内容有向女神献礼、欢庆的舞蹈、奔牛比赛的场面和动物画、风俗画等。其中有一幅《戴百合花的国王》最为著名，画中国王头戴饰有百合花和孔雀羽毛的王冠，这就是当年的米诺斯国王的形象。

图 2－8－15　米诺斯宫中的倒圆柱

二

公元前 16 世纪左右，在希腊半岛南端的伯罗尼撒半岛东北，也建立起一个奴隶制国家，即迈锡尼。它与米诺斯隔海相望。后来迈锡尼征服了米诺斯，这就是古希腊的前身。

迈锡尼也很有特色，其中建筑着重在宫殿和城堡，在此举一例，即迈锡尼城门。由于城门上有狮子雕刻，因此称此门为“狮子门”。此门位于城的西北，门柱高 3.2 m，上面是一根

图2-8-16　狮子门

长5 m,高0.9 m的石梁。梁上面有正三角形花饰(图2-8-16),其上刻有两只狮子,相对而蹲立,中间是一根上粗下细的柱子,象征保卫国家之意。后来欧洲诸地多用柱子来象征国家,就起源于此。而这个上大下小的圆柱形象,则明显地看出迈锡尼文化来自克里特岛上的米诺斯文化。

迈锡尼的另一座名城泰伦斯城,也建造得十分坚固,城内宫殿建造得很考究,空间处理得很有艺术性,其中的美加仑室布置得精美华丽,柱廊仍用上大下小的圆柱。

迈锡尼在公元前16世纪至前12世纪为盛期,后来为陶利亚人所灭,成为希腊的一个城邦,这一段历史在古希腊历史上称之为"黑暗时代"。而迈锡尼文化则可以说是古希腊文化之源,同时也可以看成是欧洲文化之源。或者说爱琴文明是欧洲文明的摇篮。

第九章
古希腊和古罗马的建筑

第一节　古希腊的文化

一

米诺斯和迈锡尼文化可以看成是古希腊文化的前身，古希腊文化可以看成为整个欧洲文化的前身。因此古希腊文化有其独特的作用。古希腊文化，马克思对它有这样的评价："……为什么历史上的人类童年时代，在它发展得最完美的地方不该作为永不复泛的阶段而显示出永久的魅力呢？有粗野的儿童，有早熟的儿童。古代民族中有许多是属于这一类的。希腊人是正常的儿童。他们的艺术对我们所产生的魅力，同它在其中生长的那个不发达的社会阶段并不矛盾。"(《马克思恩格斯选集》第二卷，人民出版社，1972年，114页)

古希腊的文化在古代世界史上写下了灿烂的篇章，它是西方文化之源，古典文化之先驱。古希腊的范围甚广，包括东地中海、爱琴海、黑海沿岸以及欧亚交界地带。在时间上，上可至米诺斯和迈锡尼，下可及希腊普化时期。希腊文化的历史分期，大体如下表(包括古罗马)：

年　代	时　期
公元前20世纪至前12世纪	中期米诺斯至迈锡尼
公元前11世纪至前8世纪	荷马时代
公元前7世纪至前6世纪	希腊古风时期
公元前5世纪至前4世纪	希腊古典时期
公元前3世纪至前2世纪	希腊化时期
公元前1世纪至公元476年	西罗马(帝国时期)
公元395年至公元1453年	东罗马

二

古希腊的中心地带是在希腊半岛,也包括附近的好多岛屿,所以人们称西方文化为"海洋性文化"。古希腊的社会型制是由好多奴隶制的城邦(国家)组合而成的,有时也相互攻伐,有时则联合起来。其中最主要的城邦是雅典。公元前6世纪,雅典进行了一次重大的改革,即梭伦改革,大力发展经济,使国家迅速强大起来。后来希腊诸城邦中就以雅典为盟主,联合起来对波斯作战,当时在提洛岛上建立联盟,即"提洛同盟"(公元前478年)。古希腊诸城邦的政治制度为奴隶主民主制。这种制度在当时的生产、经济、文化条件下是很合理的制度,因此马克思称之为"人类最美好的童年"。(《马克思恩格斯选集》第二卷〈政治经济学批判·导言〉,人民出版社,1996)

在古希腊,除了雅典之外,还有好多的城邦,如斯巴达、亚各斯、科林斯等。公元前5世纪,以雅典为首的诸希腊城邦在对波斯的战争中取得了很大的胜利,从此希腊更强盛了。后来经过伯里克利的民主改革,国家进一步完善,因此包括建筑在内的艺术文化,也得到了最充分的发展。

但从公元前431年开始,城邦间的内战又爆发了,即著名的伯罗奔尼撒战争。城邦间的不团结,给了北方民族南侵可乘之机。逐渐强大起来的马其顿,终于使希腊走向没落。公元前330年,北方的马其顿大举南下,征服了希腊,并且继续扩张,向东征服了波斯,直接与印度接壤;向南达北非,征服了埃及北部一带,后来发展海港城市亚历山大里亚,使这个城市成为当时西方最大的城市,经济、政治、文化的中心,而雅典在这一时期已衰落了。这就称为希腊普化时期,或叫大希腊时期、晚期希腊。直到公元前2世纪,被罗马帝国统一入版图。

三

早期的希腊文化,大多见诸《荷马史诗》,这是古希腊文学的最早形态,并在这中间表达出其他文化的特征。古希腊的宗教和神话传说,也由此书表述出来。古希腊宗教、神话的特征是"神人同形同性"说。这也是整个西方的人本主义思想的反映。

古希腊古典时期是全盛时期,文化成就也最高。在文学、戏剧方面,有好多伟大的作家和作品。在艺术方面,如雕刻就有著名的雕刻家米隆、菲迪亚斯等,他们的作品有"掷铁饼者"、"雅典娜神像"等等,是西方雕刻艺术的至高无上的典范。又如建筑,其成就也很辉煌,不但留下大量的作品(如帕提农神庙、波赛顿神庙、伊瑞克先神庙等),更是创造了独特的形式,特别是其中的柱式,为后来整个西方古代建筑所沿用,在古希腊的文化中,还须说哲学和科学。古希腊的哲学(包括逻辑学)是古希腊文化的整体支柱与结构框架。没有哲学,也就没有文化的高度和深度。所谓科学,当时着重在数学、天文一类,这些领域都有很大的成就。

第二节　古希腊的建筑

一

首先说古希腊的建筑文化的特征。

其一,古希腊建筑普遍具有人本主义性。从建筑形态来看,处处在表现人自我。由于他

们的宗教具有“神人同性同形”性，因此他们所建造的庙宇形式也亲切近人，以人的尺度来建造。希腊柱式具有拟人化的特征，如陶立克柱，简洁、壮实，具有男性之美；爱奥尼柱，生动、纤秀，具有女性之美。

其二，建筑类型较多，这也说明当时在奴隶主民主制政体下的社会文化的发达性。在古希腊，还建造许多公共性建筑，如露天剧场、议事厅、运动场、体育馆、商场、图书馆、画廊、音乐纪念亭、风塔、祭坛等等。

其三，古希腊建筑强调形式美，当时希腊哲学家几乎都对美感兴趣。亚里士多德认为美就是和谐，和谐就是反映秩序性，内部比例的协调性。这种思想反映在建筑上，就是追求建筑的比例、构图等造型法则。如图 2－9－1 所示，这是波赛顿神庙，它的正立面从几何分析来说是个正三角形，即从其正中的顶点向其左右两端的地面两点连起来就是一个正三角形，看起来形象很稳定，而且又雄健有力，象征着力大无比的海神波赛顿的形象。

图 2－9－1　波赛顿神庙

二

雅典卫城中的建筑是古希腊建筑的典范。雅典卫城早在迈锡尼时代已形成，这里一直是他们的军事、政治和宗教的中心。此城堡在希波战争中曾毁于战火，战后重建。

这座卫城在今雅典城的一个约 80 m 高的小山上，东西长 280 m，南北最宽处约 130 m。这座卫城大约于公元前 5 世纪中叶重建。从卫城总平面图(图 2－9－2)中可以看到，它的布局庄重而完美。从山门进去，里面是一个不对称的广场，前面略偏左处是雅典娜女神雕像，之所以要略偏，是由于在右边有一条通向主体建筑帕提农神庙的路，因此这样做反而均衡。在这条路上，北面是伊瑞克先神庙，其立面也是不对称的，西端的女像柱廊起到指引前进方向的作用。

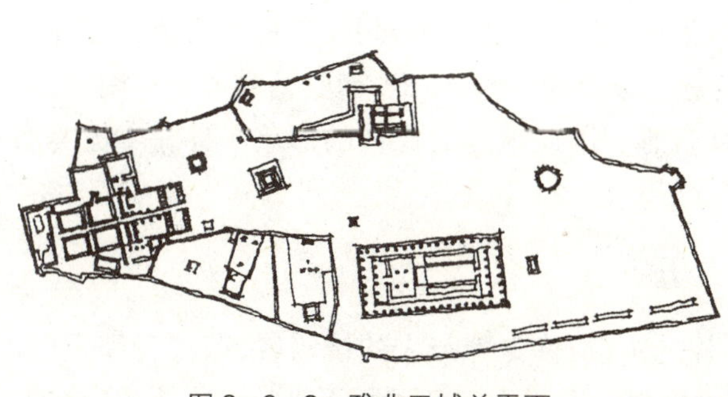

图 2－9－2　雅典卫城总平面

三

雅典卫城的主体建筑是帕提农神庙，此建筑始建于公元前 447 年，于公元前 438 年基本建成。帕提农意为女神宫，是雅典的守护神雅典娜的庙宇。这座建筑用白色大理石砌成，正面朝东，用 8 根 10.4 m 高的陶立克式柱，组成柱廊，上部为山花，立面向水平方向展开，十分壮观，如图 2－9－3 所示。神庙内部，分前后两部分，前面是祭祀的场所，正中有雅典娜女神像。后面是置放档案和财宝的地方。帕提农神庙侧面也是柱廊，南北侧相同，均为 17 根陶立克柱，背面也是柱廊，有 8 根陶立克柱，因此建筑的外周有一圈柱廊，共有 46 根陶立克柱。

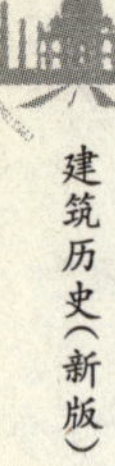

图2-9-3 帕提农神庙

图2-9-4 伊瑞克先神庙

四

雅典卫城中另一座著名的建筑是伊瑞克先神庙，这是雅典祖先的神庙，建于公元前421年至公元前406年。这是一座不对称的建筑，平面呈“品”字形。中央大堂由东而西依次为：东门柱廊、雅典娜大殿及雅典祖先伊瑞克先神殿。中央大堂南墙西侧有半亭，用6根女像柱组成，前面4根，后面两端各一根，甚为别致。这座建筑的其他柱式，均为爱奥尼柱式。图2-9-4为伊瑞克先神庙现状，图的左侧即女像柱廊的半亭。

说到这些女像柱，我们还要对它的介绍作一些纠正。好多书上都说这些女像很美可谓楚楚动人，殊不知这些人并非如此潇洒。据古罗马著名的建筑理论家维特鲁威在《建筑十书》中所说，这些女性形象原来是希腊和波斯的战争中的囚犯。这些人是卡利亚邦人，他们帮助波斯。后来波斯被希腊打败，卡利亚邦的男人全部被杀，女人则都做了囚犯、奴隶。作为国人之耻，让她们负重(头上顶着屋顶)，引以为戒而设。所以这个半亭被命名为Caryatides。可是，既然它是建筑形象，那就须按建筑美学法则来处理，否则其形象会不好看的。德国美学家莱辛(1729—1781)认为，诗歌可以表述痛苦、残酷，而绘画和雕塑却困难，所以拉奥孔的形象是给人一种力感，而不是痛苦感。因此这些女像柱的形象本身确实优美动人的。这些都是古希腊艺术的基本精神之所在。

五

宙斯神庙。宙斯是古希腊神话中的众神之主，被称为神与人的统治者、保护者和天父，他居住在希腊最高的奥林匹斯山的峰顶。据说他是无所不在又无所不管的。宙斯神庙在古希腊时共有两座，一座在奥林匹亚，另一座在雅典。这里只说雅典的宙斯神庙。公元前6世纪后半叶，雅典城市政当局决定在雅典城内建造宙斯神庙。其位置是在卫城的东南。但此工程后来一直拖到公元前174年，由叙利亚王安提欧克斯四世开始兴建，但后来直到公元前2世纪中叶哈德良时代才完成。

此神庙呈长方形，外围长210 m，宽132 m。神庙台基长108 m，宽41 m。台基中央的殿堂长75 m，宽19 m，里面分三室，中央是大室，大室内东西各有一排列柱，每排九根。中央殿堂的外围，由科林斯式列柱所环绕，在其东、西两侧各有3×8根列柱，南、北两侧各有2×20根列柱，共计外围的列柱有104根。这是古希腊最早采用科林斯式柱子的建筑。此建筑规模甚大，气势雄伟，也是典型的古希腊建筑形象。

六

古希腊的其他著名建筑还有埃比道拉斯露天剧场和奖杯亭等。

埃比道拉斯露天剧场位于伯罗奔尼撒半岛东北。此剧场观众席呈扇形，利用山坡形成前低后高的形态，符合观看演出的视觉要求。此剧场可以容纳的观众约 12 000 人。表演区(舞台)呈圆形，如图 2－9－5 所示。据考证此剧场建造于公元前 350 年左右。

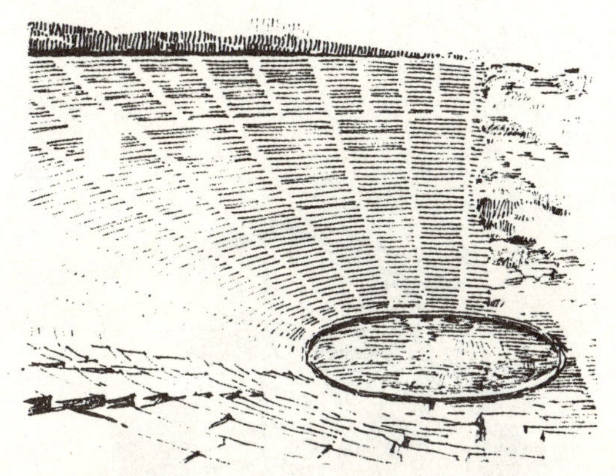

图 2－9－5 埃比道拉斯露天剧场

图 2－9－6 列雪格拉底音乐纪念亭

另一著名的建筑是列雪格拉底音乐纪念亭，又名奖杯亭，见图 2－9－6。此亭建于公元前 400 年左右。音乐亭位于雅典卫城的东面。亭高约 10 m 余，分上、中、下三部分，中部用 6 根倚住。倚柱的一半嵌入墙内，一半凸出在墙外，其实是一种装饰之物。这些倚柱的柱头形式为科林斯式。据说这是迄今发现的最早的科林斯式柱。

第三节 古罗马的文化与建筑

一

古罗马的中心地带在如今的意大利。这里最早建有伊特鲁利亚奴隶制国家。大约在公元前 5 世纪，这里建立起世界上最早的共和国，即罗马共和国。到公元前 44 年，凯撒大帝建立独裁政权，但不久被刺，公元前 30 年，由元首渥大维执政，正式建立罗马帝国。

罗马帝国以其强大的军事实力不断地向外扩张，征服了希腊(公元前 146 年)，并扩张到北欧、北非、西亚诸地，公元 2 世纪时达到最大版图。但也就在此以后，国家渐渐走向衰落。公元 395 年，罗马分裂，分为东、西两部分。原来的罗马为西罗马，首都即今之罗马。东罗马首都在小亚细亚的君士坦丁堡(今称伊斯坦布尔)。这里以前为希腊的城邦拜占廷，所以东罗马又叫拜占廷帝国。公元 476 年，西罗马受诸异族国家的围攻而灭亡。这一年被认为是西方从古代走向中世纪的一年，而东罗马在这时期却很繁荣，它一直延续到 1453 年才被奥斯曼帝国所灭。

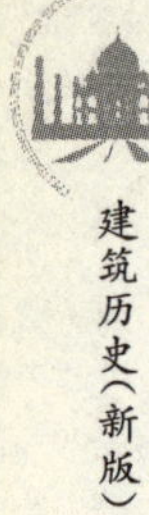

二

古罗马文化多学习古希腊，当时的学者贺拉斯(前65—前8年)在他的著作《论诗艺》中说:“你们要勤学希腊的典范，日夜不辍。”建筑在很多方面当然也向古希腊学习，但也有自己的建筑特点和成就，主要的是拱券，这种形式后来几乎成了古罗马建筑的标志。图2-9-7是古罗马时代建造的加特输水道，建于公元1世纪。这一建筑有两个作用，一是将水输送到河对面，二是作为桥梁。下面一层可行人行车，顶上一层输水。这个输水道长达275 m，顶部离水面49 m，十分壮观。

图2-9-7　加特输水道

图2-9-8　铁达时凯旋门

图2-9-8是古罗马的铁达时凯旋门，建于公元82年。建筑高14.4 m，宽13.3 m，近乎正方形。门厚6 m，看起来敦实有力。中间一个拱券，半圆形，直径约6 m。由于要解决拱的水平方向的推力，因此凯旋门两边用很厚实的墙体挡之。这可见当时的力学研究已有一定的水平了。

三

古罗马提倡世俗、豪华，因此建造了许多大型的公共性建筑。浴场是当时比较重视的，其中最著名的浴场是卡拉浴场，建于公元211—217年。罗马时代，人们喜欢沐浴，而且也有条件，因为那里多温泉。不过他们到浴场去，除了沐浴外，还要在里面进行各种享乐活动，所以浴场造得很豪华，内容很丰富，除了有冷浴、温泉浴场等外，还有活动室、讲演厅、图书馆等等，人们在里面可以待一整天，也不觉得乏味。浴场有各种厅室，其结构形式一般用十字交叉的筒形拱顶，既合理又美观。

四

在罗马时代，奴隶主们喜欢观看奴隶角斗，或奴隶与野兽斗，你死我活，场面惊心动魄，又十分残忍，血流满地，死残无数;但他们追求勇武，追求刺激，所以他们要看这种场面。为

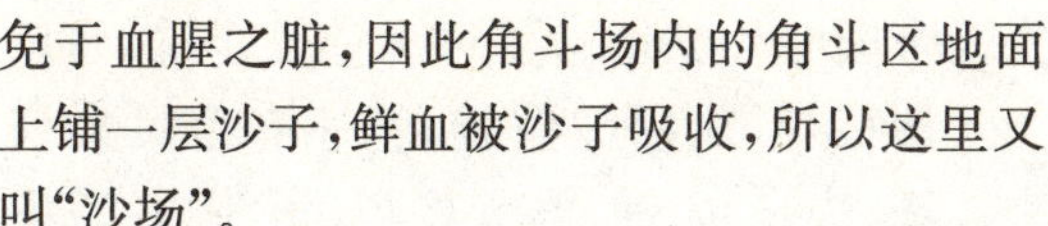

免于血腥之脏，因此角斗场内的角斗区地面上铺一层沙子，鲜血被沙子吸收，所以这里又叫“沙场”。

古罗马最有名的角斗场是科洛西姆角斗场，如图2-9-9所示。这个角斗场的平面呈椭圆形，长轴189 m，短轴156 m，中间表演区长轴87.5 m，短轴55 m。场内可容纳观众5万余名。在观众席下部，还有休息室、服务性房间、兽栏、角斗士准备室等。

图2-9-9　科洛西姆角斗场

这座建筑上下共分4层，从外形看，下面3层用连续拱券，给人一种富有韵律之感。每层檐部都用线脚、栏杆等，强调水平线；墙上均设倚柱，强调垂直线，使整体形象十分得体，很有节奏感。

五

潘松神殿即万神庙，建于公元120—124年。这是罗马最大的神庙(图2-9-10)，建筑物的下部为圆柱状，上部为半球穹隆顶，直径43.2 m。为了克服顶部的水平推力，所以墙身做得很厚，达6.2 m。穹隆顶正中有一个直径8.9 m的圆孔，作为采光口，光从顶部射入，有神启之感，图2-9-11是神殿的内部情形。潘松神殿正门用柱廊，上面是山花。正面两排柱，每排8根科林斯柱头，看起来既庄重又富丽。

图2-9-10　潘松神殿

图2-9-11　潘松神殿室内

六

公元79年，由于山火爆发而使整个庞贝城全部被压在火山灰和熔岩之下，这是一场毁灭性的灾难。图2-9-12是根据当时的情景所画的一幕。庞贝城形成于罗马共和时代，在

图 2-9-12　庞贝末日

帝国时代又增建了许多重要建筑，如丘比特神殿、阿波罗神殿，还有市民集议场、法庭、店铺、露天剧场、角斗场、浴场等。街道布局十分整齐，从城市文化来说是很世俗的。

由于灾难来得很突然，所以大多数人来不及躲避就被埋在地下了，因此我们还能看到当时的市民生活的许多情形。街上有许多店铺，有铜匠店、制鞋店、作坊等。还有卖衣料的店铺、糖果店、熟食店等。在街道的后面，或者在里弄，则是居民住宅区。住宅中有府邸大户，一般的住宅多为小型的，但形式比较多样，有平台式、多层式及别墅式等。在室内的墙上，好多地方还有漫画，以及歪歪斜斜地写着字，据分析是孩子们涂鸦的。在有些家庭的地板上，还用不同颜色的石块拼出“发财”、“见喜”等字样。好些家中，还完好地放置着家具、摆设，还有壁炉等等，好似他们还在这里生活似的。

第四节　古代柱式

一

柱式一直被认为是西方的不可动摇的建筑艺术法则。这有点像中国古代建筑中的斗拱。其实柱式与斗拱本来都是一种结构性的部件，但随着社会文明和艺术文化的发展，在宗教、伦理等观念形态的作用下，以及在审美要求的作用下，它们都走向规范化。西方古代的柱式规范，以希腊柱式最为典范，至高无上。

柱式可以分两部分来说，一是整体的，包括柱头、柱身、柱础（陶立克无柱础，但从整体说，这一部分就是柱子与地面的交界处），包括它们的式样和比例关系等；二是柱头，这是最精彩的部分，须重点刻画的部分。

二

希腊柱式种类较多，但归纳起来有三种主要柱式，即陶立克、爱奥尼和科林斯。

陶立克柱式源于西西里的叙拉古地方所用的柱子形式。由于这里的民族性格刚毅、骁勇，因此其柱式也就比较简洁而敦实。柱高与直径之比大约为 6∶1，看上去十分壮实。陶立克柱头比较简单，用一块正方形块体垫在梁下，下面是一个倒置的圆台，然后就是柱身了。柱身外表有尖齿槽，棱很挺直。柱身有上小下大的收分，一般的收分做法是将柱身高度方向分为三等分，上面两段每段一个收缩。陶立克柱的柱身直接放在地面上，不做柱础，显示出简洁有力，符合阳刚性格。在波赛顿神庙、帕提农神庙和赫拉神庙等，用的就是

这种柱式。

爱奥尼柱式源于小亚细亚西部的一些城邦的建筑上，这里的民族以经商为主，文化艺术也较为重视，因此其建筑形式往往做得精美巧妙，以纤巧秀美为特征。爱奥尼柱式的整体形态比较修长，柱高与直径之比为 8∶1 至 9∶1。柱身与地面有柱基(柱础)过度，看起来较为完美，又有装饰性。柱身表面的齿槽用平齿，摸上去不觉得刺手，这就比陶立克柱有人情味得多了。爱奥尼柱头比较复杂，用前后两对螺旋形涡卷作装饰，看起来十分柔和、秀美。在伊瑞克先神庙以及帕提农神庙室内等处均用这种柱式。

科林斯柱式源于希腊半岛上的科林斯城邦，这里的民族同样也重视文化艺术，因此不但建筑形式秀美，而且更注重装饰。科林斯柱式的其他做法与爱奥尼柱式相近，就是柱头部分显得特别复杂。关于这种柱式，当时还有一段美妙的传说：相传在远古希腊的科林斯地方，从前有一位美丽的少女，正当她将要结婚之际，突然得急病死了，家里的人为她下葬时，她生前的保姆悲恸欲绝，于是将少女生前玩过的玩具和其他心爱之物搜集起来，装在一只小花篮里，放在少女的墓上。第二年春天，在墓上神奇地生出一株美丽的莨菪花，茎叶越长越多，后来就把这只花篮环绕起来，变成一簇美丽的花束。后来人们就根据这个动人的故事，做成柱式，就是科林斯柱式。这种柱式在古希腊的奥林比亚宙斯神殿、埃比道拉斯剧场的门廊和雅典列雪格拉底音乐亭纪念亭等建筑上都被应用。图 2－9－13 就是古希腊的三种主要柱式。

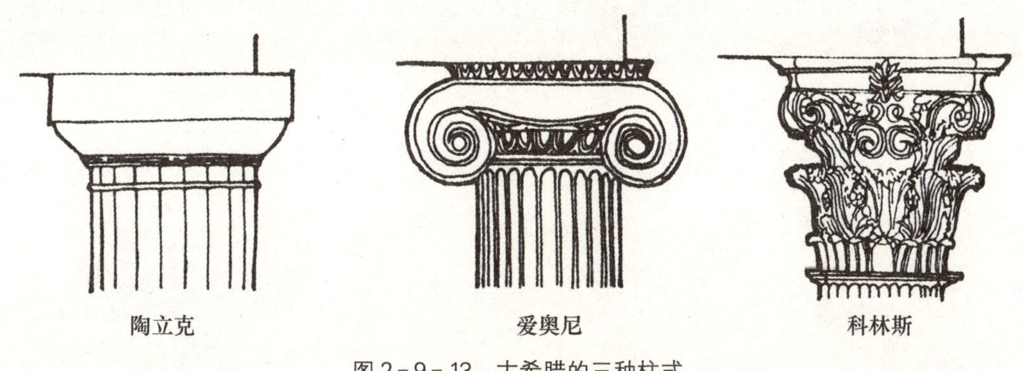

图 2－9－13　古希腊的三种柱式

三

图 2－9－14 是古罗马的主要柱式。前面已说到，古罗马的文化是学习古希腊的，在建筑上，柱式也同样如此。罗马的柱式，大体有罗马陶立克、罗马爱奥尼、罗马塔斯干、罗马组合柱式等。罗马陶立克式(图 2－9－14)明显地与希腊的不同，但也能较明显地看出它源于希腊陶立克式。罗马爱奥尼柱式的情形也同样如图所示，其涡卷形式与古希腊爱奥尼柱式略有不同。罗马柱式还新创一种柱式，叫塔斯干，如图所示，用陶立克柱头，柱身无齿槽，比较简洁。在罗马柱式中没有科林斯柱式，只有组合柱式，如图中所示，这种柱式是将爱奥尼柱头的一些局部置于科林斯柱头上部，所以称“组合”。这种柱式更复杂，更具装饰性，但更繁琐。

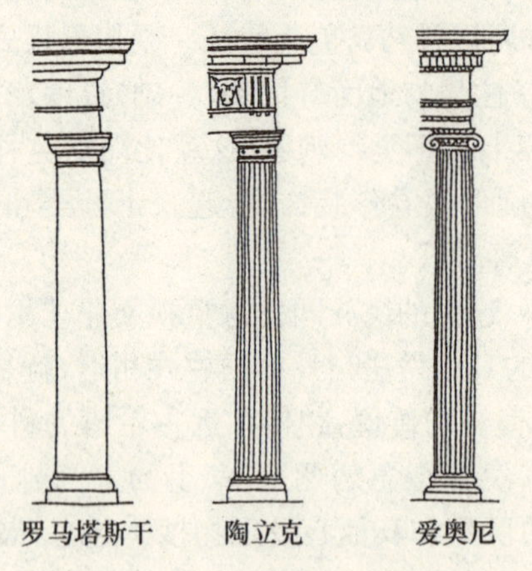

图2-9-14　古罗马的主要柱式

图2-9-15　柱式与梁柱的组合

四

柱式，多与整个建筑形式相结合，它们都有一定的程式，如图2-9-15所示，这是希腊陶立克柱式与山花、梁柱的组合。图中的是古希腊帕提农神庙之实例，也是最为典型的做法。后来到了17、18世纪，古典主义盛行的时期，这种法式也就变得更为规范化，也更严密了。

第十章

西方中世纪建筑

第一节　西方中世纪文化与建筑

一

中世纪离我们越来越遥远了，而它那种神奇的带有宗教色彩的文化似乎越来越变得引人入胜了。然而，西方的中世纪，却是困苦的，受禁欲的。公元476年，西罗马灭亡，由于连年的战争、饥馑、黑暗的统治，当时欧洲笼罩在无比的苦难之中。从文化来说，除了基督教的宗教文化之外，在中世纪的前300年中，几乎是空白。而建筑作为文化，也许连教堂本身也显得简陋和破败。这样的局面直到公元8世纪后才从法兰克王国那里"露出一线光明"。那就是在当时的加洛林王朝时代，由于生活渐渐趋向安定，社会渐渐趋向稳定，从而开始对文化有所关注。在当时，从文化出发，人们重新回忆起古罗马时代，包括建筑在内，人们出于对辉煌的古代罗马的怀恋，从而在当时的文化基础上，创立了一个新的风格，即"罗马风"(Romanesque)，或称"罗马风格"。

二

我们首先把西方中世纪的历史作时空上的界定。

首先是从时间上来说：西方中世纪的历史，大体可以分为下列几个阶段。

自公元476年西罗马灭亡至法兰克王国加洛林王朝，为第一阶段大约300年，这是暗无天日的、砸烂"旧世界"(古罗马)而尚未建立"新世界"的苦难年代。

从法兰克国王查理大帝加冕(公元800年)，加洛林王朝国力大盛，文化也随之兴旺起来了。虽然当时的文化仅限于基督教文化，但它毕竟有形象，有形式，艺术性也讲究起来了。当然这一切，都是从"罗马废墟"中寻找来的。由此一直到公元12世纪。

公元13世纪，随着社会财富的增长和人们精神上的艺术文化的渲染，因此文化又走向另一种理想化的形态，即哥特文化。哥特一词，其实是当时欧洲中部的一个民族之名，本来有"野蛮"之意，但其实并不野蛮，在当时反而是注重文化修饰，只是对古罗马文化来说，是一

种“异端”。哥特文化是对基督教的赞美,对理想形态的文化表述。例如建筑,它所表现的是天堂之美,所以把一切形态都表现向上的感觉。

哥特文化走到15世纪有大的转变。当时,随着财富的发达,人文思想便与日俱增。因此他们不想等到“归天”以后去到“天国的乐土”享受荣华富贵,而是想在现实生活中有所满足。因此后来就走向强调世俗化的文艺复兴。

从时间上来说,欧洲中世纪可以分为黑暗时期、罗马风时期和哥特时期三个阶段。从公元15世纪起,欧洲便进入了文艺复兴时期(从意大利开始),历史上也称进入近代早期,或称近世。

三

其次是从地理域限来说。以上说的仅限于西欧及部分中欧;而从整体上说,还应当包括东欧那一部分。在欧洲的东部,其实早在公元395年开始,已经进入中世纪了,那就是当时的东罗马(拜占廷)帝国。它从罗马帝国分裂出来一直持续到1453年,才被土耳其奥斯曼帝国所灭。而这时,意大利(原西罗马)已开始文艺复兴运动了。

第二节　拜占廷建筑

一

公元395年,罗马帝国分裂为东、西两部分。东部东罗马帝国建都君士坦丁堡(今伊斯坦布尔),这里在古希腊时是一个城邦,即拜占廷,因此东罗马帝国又叫拜占廷帝国。东罗马的疆域前后有变化,早年包括巴尔干、小亚细亚、叙利亚、巴勒斯坦、埃及、美索不达米亚及外高加索等,6世纪以后又将北非、意大利和西班牙的南部也纳入其版图。7世纪以后,由于阿拉伯帝国渐渐强大,所以国土渐缩。另外,西欧十字军东征,对它打击也不小,国土渐渐丢失,国力也渐渐衰微。1453年奥斯曼土耳其人攻占君士坦丁堡,东罗马告亡。

二

在整个拜占廷文化中,也许要数建筑的成就最为辉煌了。拜占廷建筑有两个特点:一是用穹隆顶,它比古罗马的万神庙还要了不起,也用得多。几乎所有的公共建筑、宗教建筑,都用穹隆顶。这种建筑形式的应用,也许与其地域及功能有关。拜占廷位于东欧、西亚一带,这里在古代是希腊的诸城邦,除了拜占廷外,还有帕格蒙、特伊洛、米利都以弗所等,它们的文化早已发达,建筑也都很了不起。同时,基督教在举行仪式时需要大厅式的空间,而且由于穹隆顶建筑很高大,形象庄重,具有纪念性,也表达出宗教意义。

拜占廷建筑的第二个特征是集中式。所谓“集中”,就是以一个位于中心的大空间,周围则用小空间围绕起来。高大的圆穹顶,就成了建筑的构图中心。

三

一提起拜占廷建筑,也许立即会联想起君士坦丁堡(今伊斯坦布尔)的圣索非亚教堂(公元537建成)，如图2-10-1及图2-10-2所示，前者是其外形，后者是其室内(大厅)。这座教堂规模相当大，据说从马尔马拉海很远的海面上就可以望见它了。这座建筑东西长77 m，南北宽72 m，是一个典型的以穹隆顶大厅为中心的集中布局的建筑。这个圆穹顶的最高点离地面近60 m，圆的直径为32 m。其边上有两个稍低的1/4球面的穹隆顶，依附于大穹隆顶的两边，从而形成了巨大而带有节奏感的建筑轮廓。大圆穹顶的下部，有一圈由40个小窗洞组成的采光窗环，光线从高高的窗洞射进大厅，使穹隆顶显得轻盈飘逸，大厅中的光线也显得更为神奇。

图2-10-1 圣索非亚教堂

图2-10-2 圣索非亚教堂内部

图2-10-3 圣索非亚教堂内部一角

这个建筑空间处理得很独特，大厅四周设有环廊，使空间既分又合，又使大厅空间感到似在向外溢。教堂的南北两侧还有楼层，这里是给女信徒门用的。楼层用柱廊与大厅空间相连(图2-10-3)，更使空间增加三度性。而且装饰丰富，使大厅空间更具有宗教上的庄重性。

四

拜占廷建筑还创造了两种新的穹顶形式：一是“抹角拱”，如图2-10-4所示。这样做的日的是使建筑显得有装饰性，而且上下左右的交接显得更自然些。二是“帆拱”，如图2-10-5所示，这种做法一方面是为空间造型，更具有层次性，而且下部的几个立面更为生动；另一方面对建筑技术也是一种改进，这样做可以减少拱下部的水平推力。

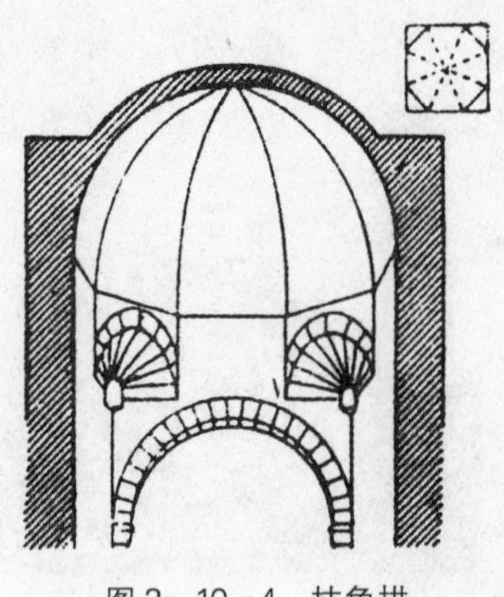

图 2-10-4 抹角拱

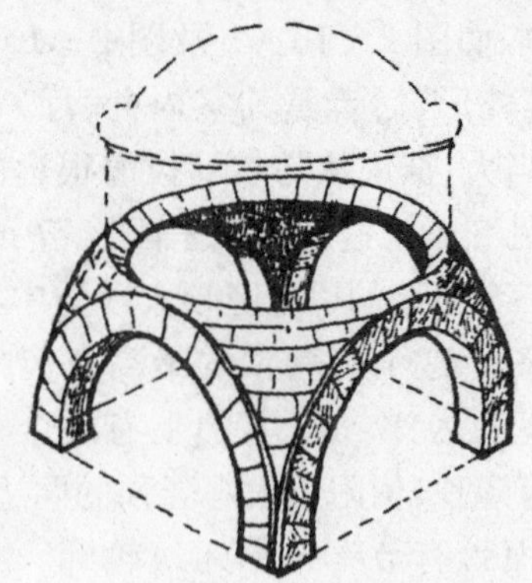

图 2-10-5 帆拱

五

东罗马拜占廷文化后来影响俄罗斯文化。俄罗斯的前身是基辅罗斯，在今之乌克兰的基辅和俄罗斯的诺甫哥罗德一带，早在公元 8 世纪就建立国家，后来演变为俄罗斯(大约在 12 世纪以后)。在这一大片土地上，其文化都属拜占廷文化。在此说几个代表性建筑。

图 2-10-6 波克洛伐教堂

一是 12 世纪时建于尼尔河畔的波克洛伐教堂，如图 2-10-6 所示。这个形象充分表达了拜占廷建筑的特征。它小巧玲珑，宁静含蓄，简洁挺秀，比例是那样的匀称，色彩是那样的和谐，那洁白的墙面和金光闪闪的铜顶，这个秀美的建筑形象，伫立在蓝天白云之下，在俄罗斯大地上的丛林、河边，更显得自然和谐，十分动人。

二是位于莫斯科红场一侧的华西里·伯拉仁内大教堂。此建筑建成于 1560 年。它的外形丰富而独特，外部用红砖砌造，细部还用白石嵌镶。九个圆而尖的屋顶不但形式多样，而色彩也十分丰富。顶的鼓座上还用花瓣形图案装饰起来，使建筑形象更显得华美夺目，富有动感和欢乐的情态。图 2-10-7 就是它的外形。这座建筑建于 1555—1560 年，当时正值俄罗斯最后战胜蒙古之时，而且当时喀山公国和阿斯特拉罕合并入俄罗斯，所以它既是教堂，又是一个纪念性建筑。因此这座建筑造型十分特别。它由 9 个墩形的建筑组成，9 个建筑的高低和大小各不相同，但风格一致，从而形成了这种动感的、欢乐的气氛。

图 2-10-7 华西里·伯拉仁内大教堂

三是诺夫哥罗德圣索非亚教堂。此建筑位于俄罗斯诺夫哥罗德市的西部，从前这里是索非亚区，建有城

堡，城堡中央的宫廷也叫克里姆林宫。著名的基辅大公雅罗斯拉夫之子拉基米尔仿照基辅索非亚大教堂的式样在这个克里姆林宫中建造此教堂。诺夫哥罗德教堂始建于1045年，1050年建成。直到现在，它仍是克里姆林宫建筑群乃至全诺夫哥罗德的建筑中心。此教堂的建筑形式是典型的东正教堂建筑形式，其特征是圆尖顶和带壁拱的白墙，上面开细长的小窗，看上去庄严雄伟，简洁而宁静。从整体形象来看，以5个高低、大小不同，但形式相同的圆尖顶控制着建筑的构图中心。这种形式就是集中式布局，它具有强烈的宗教性和纪念性。同时，又在教堂的西南角设一个塔楼，上部设双层屋顶，所以在整体上又有弥散出去之感。这就使建筑出现了动势，也增添了建筑的美感。

诺夫哥罗德圣索非亚教堂的内部，以珍贵的装饰材料、壁画和装饰品点缀起来，使空间显得既庄重又华美。在主要的穹隆顶的天顶上，至今还保存着11世纪建造时的壁画；在祭台上也还保留着湿粉画和精美的马赛克拼画。

诺夫哥罗德圣索非亚教堂是用石结构建成的，里面有宽敞的内廊，使得内部空间富有层次感。教堂规模不大，但却小巧精美，其特点是低矮、匀称、古朴、淡雅、精致。其大门重建于1152—1156年，称为"科尔桑"青铜门，后来在14世纪时又在上面绘制了圣像，所以使整座教堂建筑产生出历史的延续性。这座教堂曾在第二次世界大战时遭受严重破坏，1945—1948年修复。

第三节　罗马风建筑

一

公元476年西罗马灭亡，欧洲结束了奴隶制社会，走向封建制社会，历史上也叫中世纪。在最初进入中世纪（5至8世纪）这300年左右的时间，可以说是欧洲最黑暗和苦难的年代。从建筑来说，当时只有一些教堂才被重视，历史上称那时所建造的教堂建筑为"早期基督教建筑"。

但这一类建筑多数是在西罗马灭亡以前就已经建成了，它们可以从罗马国王君士坦丁宣布"米兰赦令"，即宣布基督教为合法宗教时起所建的教堂算起。当时的教堂建筑，多为长方形大厅式的，中间有纵向的两列或四列柱子，这种形式称"巴西利卡"，如罗马的圣彼得教堂、伯利恒的圣降生教堂（均建于公元330年）等。也有的用十字形、圆形或其他的平面形式。

二

公元8世纪以后，随着欧洲社会的渐渐安定，建设也多起来了，人们重新注意到文化，并且重新怀念起古罗马（文化）。因此这一时期的建筑，就称为"罗马风"。何谓"罗马风"？这是指它有古罗马的建筑形式，但已不完全是古代罗马的形式了。大体说，这种建筑可以归纳为罗马拱券与"巴西利卡"大厅相结合。下面说一些实例。

先说意大利的比萨大教堂（1063—1092年）。这是一座典型的罗马风建筑，它是由四部分建筑组成：中间是主教堂，其平面是拉丁十字式的，即"十"字的四个翼有一翼特别长。这

图 2-10-8　比萨大教堂

一翼就是巴西利卡式的大厅。第二个建筑是圆形平面的洗礼堂，位于大教堂前面(图 2-10-8)。第三个建筑是钟楼，即著名的比萨斜塔。此塔建造不到一半高度时，就倾斜了(由于地基的关系)，后来停下来，但不久又继续往上建造。后来它便成为世界中世纪“七大奇迹”之一。第四个建筑是北墓。这四部分建筑形成一个区，称“奇迹区”，作为文物受到保护。

三

再说日耳曼的科隆使徒教堂(1220—1250 年)，如图 2-10-9 所示。从这个建筑的外形可以看出，它与古代罗马建筑的不同之处，在于建筑的整体的比例。虽然它也用古罗马的半圆拱，但拱柱的比例拉长了，由原来的 2∶1 的高宽比变成为 3∶1 甚至更高，而且整个建筑也渐渐向上瘦长起来。从好多罗马风建筑教堂形象可以看出，上面已建有许多塔楼，而且用尖顶。这种建筑形式，也许出于基督教对天国的追求。另外，在大厅和拱廊内部，多用十字拱肋顶，不同于早期的屋架形式。

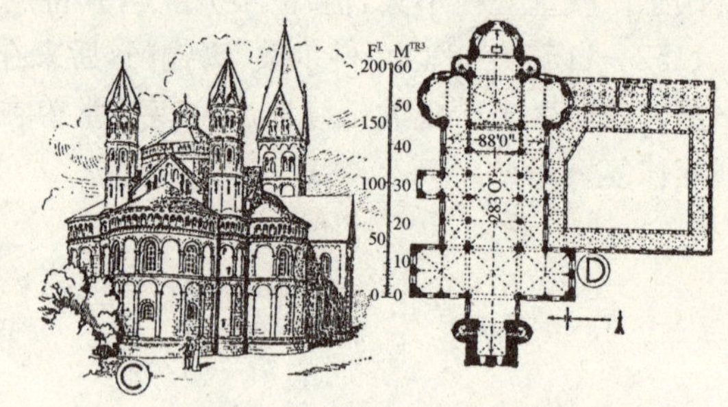

图 2-10-9　科隆使徒教堂

四

第三说杜伦姆教堂。此教堂位于英国伦敦，建于 1093—1133 年，是一座教堂团僧侣教堂。这是英国最有代表性的罗马风形式的教堂。其东翼的拱顶可能是意大利以外地区带肋拱顶的最早做法；而中厅的带肋拱顶则是最早结合横向尖拱券的做法。中厅的柱墩交替使用圆形及复合形，柱墩上带有凹线装饰与带线脚的拱券，其中的歌坛是 1093—1104 年建造的，再堂是 1100—1110 年建造的，中厅是 1110—1128 年建造的，带勒顶是 1128—1133 年建造的。

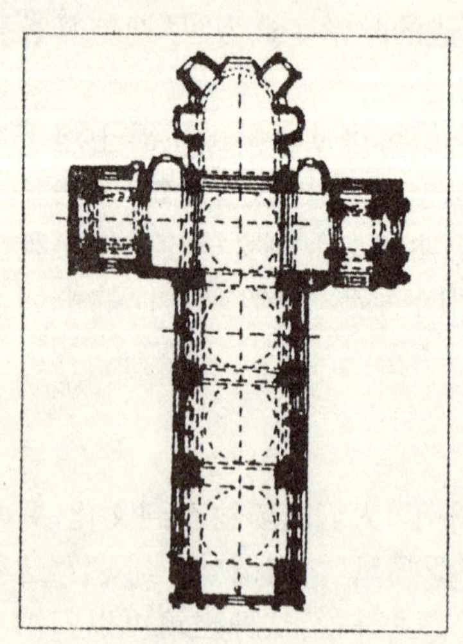

图 2-10-10　昂古来姆主教堂

第四说昂古来姆主教堂。此教堂位于法兰西南部，这里本属罗马帝国的殖民地，因此建筑本来就保留了不少的罗马遗风。这座建筑的立面上，无论是券柱形式，还是其他细部装饰，都表现出典型的罗马风的形式。图 2-10-10 是这座建筑的平面，明显地表现出它的拉丁十字特征。

五

在欧洲中世纪时代，我们还要说一个著名的小城，卡尔卡松城堡。我们知道，中世纪的欧洲(指西欧)，各小王国之间为争夺领地，战争频繁，因此城堡建筑的发展达到了高峰。这些城堡往往建造在难以进去的高山峻岭上面，或四面环海的岛屿之上。也有的建造在平原，这些城堡做得十分坚固，敌人难以攻破。史学家认为，城堡具有两个明显的功能:一是防御敌人进攻，二是可以坚壁清野，几个月不出来也不至于饿死。卡尔卡松城堡是一座中世纪时期较为著名的城堡，位于法国的西南部，是一座典型的中世纪古城，这里保留着欧洲最完整的古城堡。这座城堡早在公元前 5 世纪就建造起来了。这里是奥德河陡峭的河岸，辞呈就建在河岸边的一座独立的小山顶上。后来经历了西哥特人、罗马人及穆斯林的先后占领，攻守争夺十分激烈，城堡几度兴废。1247 年后，法兰西王室接管了此城，才开始大规模建设。此城由两道城墙围抱，城墙上开有枪眼，作雉堞，每隔数十米立有一个带尖顶的圆形角楼(堡垒)。城门是唯一的对外通道。城门口矗立着高大的护卫碉楼，可谓壁垒森严。城东设街市，城南有教堂，原来的形式是罗马风的，后来改建成为哥特式。城内建筑上彩色玻璃镶嵌十分流行。领主的宫堡高踞于西面的山岗上，四周另筑一道带碉楼的城墙。17 世纪以后，卡尔卡松作为边境要塞的防御功用衰退，此城随即荒废。1844 年法国开始重修此城堡，修复工作进行了 100 多年才完成。卡尔卡松城堡恢复了中世纪的面貌，如今已成为欧洲负有盛名的旅游胜地，以满足人们对中世纪的神往。

第四节 哥特式建筑

一

基督教宣扬“天国乐土”。因此罗马风建筑(教堂)做得高高的，让人们联想到“天国”。随着技术的进步，这种修长高耸的建筑形式后来越来越甚，不久便出现了另一种建筑形式，即哥特式。

“哥特”(Gothic)的意思，原是欧洲中部哥特民族的名称，由于这里的文化不及南方发达，因此也就带有贬意。后来这个名称一直沿用下来，这种概念也就淡化了。

哥特式建筑是很有特点的，它的最显著的特点就是高而直，因此这种建筑形式又叫“高直式”。哥特式教堂的平面形状也与罗马风式教堂的相似，多为拉丁十字形的。有的建筑大厅做得非常大，内有二排或四排柱子，原是建筑结构上的需要。但柱列一做，也能使人们在里面更有组织，井井有条。教堂的屋顶也显得比较尖，门窗不用圆拱而用尖拱。一般的哥特式教堂外形做得比较空透，将壁柱、门窗都拉得长长的。建筑的两侧还做斜撑，称飞天扶壁。窗子很狭长，大厅空间又高又大，所以室内光线不足，具有宗教的神秘感。一般在教堂的正面做有一对(有的只有一个)钟塔，形状甚尖，好像要把人们带向天国。

二

巴黎圣母院(1163—1250 年)由于法国文豪雨果写了一部小说《巴黎圣母院》而名扬全

图2-10-11 巴黎圣母院

球。这座建筑为早期的哥特式建筑,见图2-10-11,它位于巴黎境内的塞纳河中的一个岛上,此岛名叫城岛。这座建筑是用石头砌成,所有屋顶、塔楼、飞扶壁等都有饰物。教堂大厅非常宽大,长度方向近130 m,深约47 m,高30 m。由于空间高耸,所以人在其中感到神奇,又由于周围多是垂直线,所以又会使人产生升腾之感,似乎和整个空间都在向上升起。这正是哥特式建筑的主要特点之一。中世纪基督教认为人间凡世,充满罪恶和苦难,只有天堂是美好的,所以这种建筑形象,也就是它的教义。

巴黎圣母院甚大,里面可以容纳数千人做礼拜。大厅的后部是一个半圆形的祭坛,中间供奉的是由天使和圣女围绕的耶稣基督殉难的形象。大厅内西侧设回廊、列柱,在内墙和门窗上布满绘画和雕刻,宗教气氛十分强烈。

巴黎圣母院的正面,在垂直方向上可分为三层,下层设三个门,每个门的外框用了好多条尖拱弧线,使门增添深度感,有人说这是"透视之门"。这三个门各有名称:中间的叫"最后的审判"的"圣门",左边的叫"圣母门",右边的叫"圣安娜门"。三个大门之上是一条统长的水平壁龛,其中排列着耶稣基督的28位先祖帝王。中部分为左中右三部分,中间是一个直径为13 m的"大玫瑰窗",上面装彩色玻璃。两侧各设一个大尖拱窗,窗的上端有一小玫瑰窗,小玫瑰窗下设一对小尖拱窗,很有统一感。在这三个窗的上端是一排统长的尖拱窗棂,使建筑增添空灵感。上面一层中间是空的,左右两边各设一个钟楼,又瘦又高,强调了建筑的高直性。

巴黎圣母院是那样的美,当年法国著名的雕塑家罗丹(1840—1917),站在巴黎圣母院的面前感叹道:"整个法兰西就包含在巴黎的这座大教堂之中。"

三

兰斯大教堂(1211—1290),建造在巴黎东北的马恩省省会兰斯。1210年,这里的一座加洛林时代建造的大教堂烧掉了。次年,新教堂始建,它的建造要求是庄严雄伟,其形象要与法兰西国王加冕的仪式相称。头30年,先建造东端的圣坛。经百余年后,才完成大教堂的全部建筑。这座教堂体态匀称,装饰丰富(图2-10-12),但又不失天主教堂的庄严,称得上是法国最美丽的哥特式教堂了。它被称为"法国的最高贵的皇家教堂"。这座建筑的布局是典型的法国哥特式教堂,无论结构、造型及细部装饰等都是如此。这座教堂的平面是拉丁十字式的。中厅高38 m,宽14.6 m,长138.5 m,空间有强烈的高直感和纵向的透视深度感,因此有强烈的宗教性。教堂的西立面的比例要比巴

图2-10-12 兰斯大教堂

黎圣母院更细长，其上充满装饰，但立面总体形态与巴黎圣母院很相似。兰斯大教堂的飞扶壁很有特征，空灵、轻巧，脉理清晰。这个形象表明了法国的哥特式教堂已走向成熟。

四

法国的哥特式教堂不但数量多，而且很有名。除了巴黎圣母院和兰斯大教堂外，还有阿美安主教堂也很有名。此教堂又叫亚眠主教堂，位于法国北部的亚眠。此教堂建于 1200—1288 年。这座建筑在平面上是中轴线对称的；但它的正立面却不对称。它的左右两个钟楼下部一样，但上部却略有不同。教堂的中厅宽约 15 m，高达 43 m，比巴黎圣母院还要高 10 m。歌坛及中厅两侧有侧廊及小神龛。后面有环形的殿，带有 7 个放射形布局的小神龛。内部立面是三层高的拱廊、厢座及巨大的花格形侧高窗，顶用四分拱勒，并由一系列华丽的飞扶壁支撑着，看上去玲珑剔透，十分秀丽。这座建筑的西立面双塔及火焰式的玫瑰窗于 1410 年才建成。

图 2 - 10 - 13 是阿美安教堂中央尖塔的形象，精美而瘦削，表现出中世纪的建筑艺术和技术的美。建造这种尖塔的形象，其主要目的是宗教的，它那种直指天际的形象表现出对上苍天国的向往。

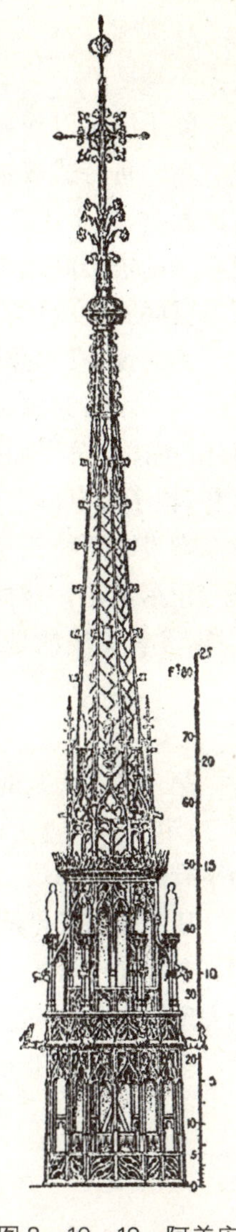

图 2 - 10 - 13 阿美安教堂中央尖塔

五

有人说法国哥特式教堂有四座最著名：巴黎圣母院美在立面；兰斯大教堂美在雕刻；阿美安教堂美在大厅；还有一座夏尔特教堂，它美在塔楼。不过，这一对塔楼是不对称的(图 2 - 10 - 14)。

图 2 - 10 - 14 夏尔特教堂

夏尔特教堂位于法国西北部的夏尔特，这也是一座主教堂，建于 1194—1260 年。夏尔特教堂的平面是拉丁十字式的，大厅长 130 m，宽 16.4 m。教堂的彩色玻璃窗做得十分考究。中世纪欧洲只能生产含杂质的玻璃窗，在阳光的照射下，产生强烈的光色效果，特别是在早晨日出时，东端的圣坛处霞光灿烂，五彩缤纷；傍晚日落时，西立面的入口处满目光辉，光彩夺目，如身临仙境一般。教堂的雕像也很有特色，西立面门廊两侧的雕像与建筑之间关系妥帖。雕像人物形象虽然修长变形，但表情生动自然，衣褶线条流畅。圣母玛利亚温和可亲，耶稣基督慈祥和蔼，富于人性和同情心。

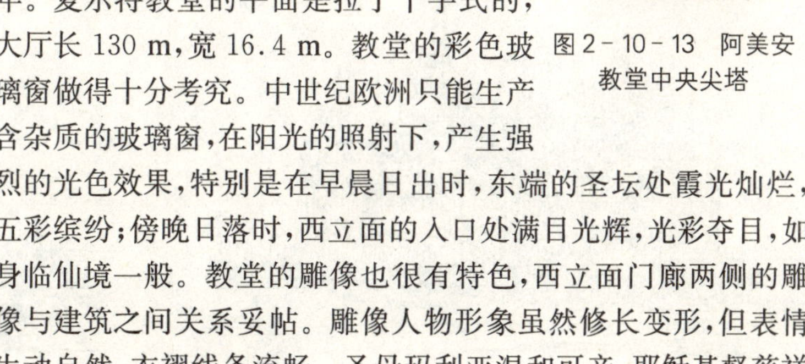

夏尔特教堂最引人注目的是西立面的一对尖塔。西立面是在原罗马风教堂的基础上改建的，两个尖塔形式完全不同。南塔高达 107 m，简洁挺拔，是 13 世纪建造的；北塔略低于南塔，造型繁琐，建于 16 世纪，两者并存，一简一繁，显示出建筑风格数百年之变化。

六

除了法国以外,其他国家也有好多著名的哥特式教堂。先说乌尔姆教堂,这是德国中世纪著名的哥特式教堂。这座建筑位于德国南部巴登-符腾堡的城市乌尔姆。这是一座单塔式的教堂,建于1377年。由于建筑的高大、技术的复杂,所以直到1880年才最终完成。这座教堂的塔楼高达162 m,是世界上哥特式建筑的最高者。在中世纪的技术和材料的条件下,这样的高度可谓"极限"了,它相当于一座于高达54层的现代建筑。

其次说,索尔兹伯里教堂,这是英国中世纪的著名教堂,建于13世纪。此建筑位于英格兰南部的城市索尔兹伯里,是英国早期哥特式教堂的代表。整座建筑为一形状复杂的建筑群体,主体部分平面呈双重十字,中厅纵向深远,但空间较宽阔,也较低,缺乏法国式的向上气势;柱子没有向上伸至与拱顶相连,而被连续拱廊打断,从而削弱了垂直线条的感觉。教堂东端没有哥特式建筑的典型处理,即半圆形歌坛,而是做了直线条的凸出体。西立面中间作三角形山花,一对细长的塔楼夹持两旁,顶部冠以陡峭的尖顶,整个教堂表面采用了尖券装饰,尤其突出的是屋顶中央的塔楼,高达124 m,远远望去,那高耸入云的形象,引人注目。

七

第三说意大利的米兰大教堂。此教堂建于1385—1485年,前后共建造了整整一个世纪。图2-10-15是它的外形。这是一座世界上最大空间的哥特式教堂,大厅内可以容纳四万人,似乎有点不可思议。其中大厅高45 m,长达100 m。两侧通廊均高达37.5 m,形成"三重中厅",从而削弱了哥特风格的高直的空间形象。52棵柱子,每棵高约24 m,直径约3 m,顶部作柱帽。东端有三个高大的花格窗,做得相当华丽,可称为哥特风格的精品。教堂整个外表面布满白色大理石的雕饰。这种装饰风格来自北部的德国风格。墙面强调垂直线,用了许多壁柱。上面用了许多小尖塔,塔顶均有雕像,总共达3 000余个。屋顶上也有许多小尖顶,有直刺青天之感。

图2-10-15　米兰大教堂

图2-10-16　科隆主教堂

八

第四说位于德国科隆市的科隆主教堂。此建筑建于1248—1322年。但到1842—1880年又进行加建,才成为今天这个形象,如图2-10-16所示。这座教堂是北欧最大的哥特式

教堂。其平面长 143 m，宽 12.6 m，高 48 m。双侧廊总宽度与中厅相等。侧廊式的耳堂，用作出入口。东端仿阿美安教堂带有个放射形小神龛的环形殿。当西立面准备设计时，工程部却在 1330 年停工了。没有完成的教堂，后来经历了整个中世纪，直到 1842—1880 年，在一种民族主义的情绪下，最后按照中世纪的设计建成了教堂。西端的两个高大的塔楼及尖顶高达 153 m，耸立于莱茵河畔。由于塔楼的惊人的高大，反而使下面的房屋变矮了。教堂内部裸露了近似框架式的结构，窗子占满了柱子之间的整个面积。

最后说比利时的安特卫普主教堂。此建筑建成于 1411 年，又名圣母主教堂。这是比利时最大的哥特式教堂。教堂的中厅，包括两侧，均有侧廊。最外面的侧廊用作小神龛耳堂很窄。侧窗高而窄，用彩色玻璃窗，宗教气氛相当强烈。这座教堂的西立面直到 1518 年才建成。教堂有两座塔楼，正面左边的塔楼相当高，达 120 m，在比利时的古代建筑中是最高的了。但右边的塔楼只造到第二层就不再往上造了。所以远远看去好像是一座单塔的教堂。教堂的屋顶在十字交叉处有一个奇特的球茎状的小塔，这是西班牙占领时期所加的，所以风格特别。但从整体上看，这是一座比较典型的哥特式教堂。

第五节　教堂以外的哥特式建筑和哥特式建筑的特点

一

哥特式建筑除了教堂以外，还有好多世俗的也采用哥特式。在此列举几个实例来分析。

一是比利时的奥尔布匹交易所，建于 1202—1304 年，如图 2-10-17 所示。这个建筑称得上是欧洲中世纪最大的商业性建筑之一。从形式上可以看出，它的底层外周用柱廊，是出于商业功能的需要。因此，它的世俗气氛也很强烈。另外，建筑物的中间有塔楼，使建筑形象重点突出，哥特式建筑的形式感也比较强烈。但在这上面是一个个小的尖塔，这就与一个高耸而巨大的尖塔不同，它增添了某种人文的情态。这座建筑在第二次世界大战时被毁，如今的这座建筑是战后按原样重建的。

图 2-10-17　奥尔布匹交易所

图 2-10-18　阿拉斯市政厅

二

其次是法国的阿拉斯市政厅，这是一座政府机构的建筑，但其形式也采用哥特式，如图2-10-18所示。这座建筑建造得较晚，建成于16世纪。从其底层的拱廊和上部的尖拱窗来看，明显地可以看出是哥特时期的世俗建筑形象。当时法国与荷兰、比利时等国的商业往来比较频繁，因此这一带的文化也比较接近，而且又显得比较开明。从图中的建筑形象可以看出，垂直线条已被打散，显得比较弱；水平线条（如屋檐、窗槛等）却感到比较强烈。因此可以说，哥特时代晚期的世俗文化形态，在这个建筑形象上得到了最明显的表述。

三

三是法国昂日斯的亚当府邸。这座建筑，表现出中世纪后期城市繁荣、拥挤的特征。房屋的楼层向街道方向出挑，屋顶高耸，屋顶里面设阁楼。这座建筑平面不规则布局，门窗随意安排，显示出实用、经济的特点，但房屋形式还是讲究活泼、匀称等美学效果。从建筑形式的高直特征来说，无疑具有哥特式的风格特征。这一时期法国、比利时、荷兰等西欧国家的一般的住宅和民用建筑，多有这种特征。

四

在欧洲古代建筑中，哥特式建筑称得上是最具有个性的一种建筑。这种建筑形式特征可以归纳为以下几点：

一是门窗，由罗马风建筑的圆拱变为尖拱。

二是柱，由罗马风建筑的圆柱变为束柱，即一根柱子做成似由多根柱集束起来的形状，看上去更高，也更瘦削。

三是屋顶由圆拱变为尖拱，分为四分肋、六分肋等种。

四是做飞扶壁。由于门窗增多，墙面减少，为了克服水平推力，因此在柱的外面做飞扶壁，起到斜撑的作用。

五是花窗棂，分玫瑰式和火焰式，看上去都显得比较空灵。

六是大玫瑰窗。在正立面的当中，设大圆窗，其图案做成玫瑰花的形式。

由于这些特征，因此哥特式建筑形式更显得高直和空灵，更符合基督教天主教的教义。这也可以称之为建筑的精神功能。

第十一章
意大利文艺复兴建筑

第一节　文艺复兴运动概说

一

中世纪的欧洲，无论在经济上或文化上，都远远落后于东方，即中国、印度、阿拉伯乃至地处东欧的东罗马。然而，它毕竟是从奴隶社会（西罗马）进步过来的社会，落后、黑暗，只是社会进步过程中的一个调节性、过渡性的时期，经过一段时期的调整。到了8世纪，就进入罗马风时期，人称"一线光明"时期；到了13世纪，就进入哥特时期；到15世纪，则又进入一个新阶段，社会开始发展了，而且发展势头相当迅猛，很快地赶了上来。在生产经济和文化诸方面都发展了，原来的一套以宗教（以教皇为其代表）为核心的统治势力，以禁欲、遁世为出发点的观念形态，越来越不适合当时的社会现实，因此变革似乎箭在弦上，一触即发了。而这种变革，在14世纪的时代，首先是以文艺形式开始的。但丁（1265—1321）及其《神曲》，也就成了一支文艺复兴运动的嘹亮的号角。

有人认为，文艺复兴是中世纪转入近代的关节点，这是很有见地的观点。西方，从此开始摆脱中世纪封建制度的束缚，打击教会神权统治的桎梏，走向生产的发展、经济的繁荣和思想的解放。文艺复兴最早在意大利，后来逐渐北传，德国、法国、英国、荷兰等都受到影响，最终传遍整个欧洲。文艺复兴，是指古代文化的再生，即古希腊、罗马的文化的复兴。当然文艺复兴不限于文艺。如建筑，除了建筑艺术以外，还有建筑的观念、应用功能和建筑技术等诸方面。这可见，文艺复兴其实是一种全面性的社会变革。

二

文艺复兴运动的原因是多方面的。十字军东征以后，东、西方交往增多，交通网广泛建立，还有航海探险，发现了许多新的地域。而从经济方面来说，这些活动和成就，替欧洲人开辟了市场和殖民地以及原料和资本的来源，从而在物质上促进了工商业的发展，加强了资产阶级的地位和势力。另外，从精神文化方面来说，这些活动和成就打破了欧洲过去闭关自守

的状态,扩大了西方人的眼界,破除了他们的迷信,提高了他们的好奇和进取精神。从此,他们要求脱离中世纪的的愚昧和落后,发挥自己的智慧去改变他们的现状,求取进步。

文艺复兴,从观念形态来说,着重的是"人"的观念,而不是神的观念。所谓人文主义,也就是人道主义,是以人为本来对待一切的。当时除了"神学学科"外,又建立起"人文学科",这两者是对立的。人文主义的宗旨即反对神权,提倡人权;反对禁欲,提倡世俗。这种思想在文学艺术上反映出来,就如绘画上的波提切利画的《春》、《维纳斯的诞生》,达·芬奇画的《蒙娜丽莎》、《最后的晚餐》,拉斐尔画的《西斯丁圣母》、《雅典学院》,等等;雕塑上的米开朗琪罗的《摩西》、《大卫》,等等;文学上的薄迦丘的《十日谈》,等等。在建筑上作品就更多了,从佛罗伦萨到罗马,从威尼斯到维琴察,数不清的建筑,其形态却都与中世纪的罗马风或哥特式不同,显示出"人的建筑"的基本精神。

三

文艺复兴建筑的作用也许要比其他文艺门类的都大,一是它全面地反映出文艺复兴的本质特征,不只是艺术,同时还有建筑的技术和功能,特别是在建筑的类型上,当时已不再是以宗教建筑为主了。其次,建筑以巨大的体量显示出一种环境。文艺复兴思想在建筑形象上,在这个环境中,充分地表现出以人为本的思想,这是真正的人的场所。当佛罗伦萨的圣玛利亚主教堂建筑改建完成之时,那高大的圆穹顶使整个佛罗伦萨为之轰动,后来,它被说成是人类春天来临的象征。

四

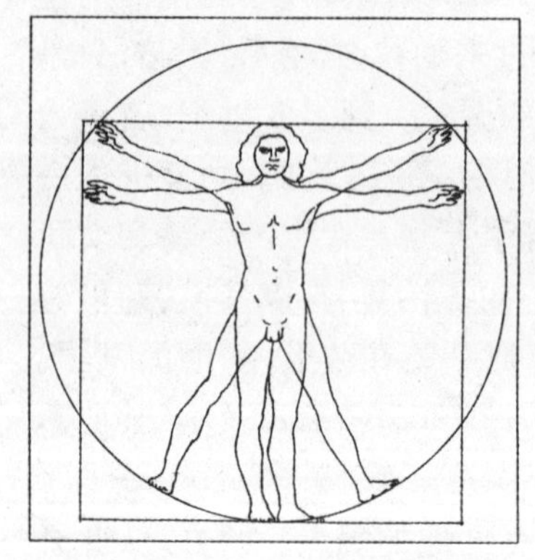

图 2-11-1　人的形态,圆和方

文艺复兴运动在思想性方面说是追求人文主义的,而在方法论上则是理性主义和现实主义的结合。现实的、理性的文艺复兴建筑,一方面回到古希腊和古罗马建筑的形态和手法,另一方面从理性思想出发,对人的需求的研究,如当时的著名画家达·芬奇认为,圆和方这两种形态,就是从人的形态出发的,如图 2-11-1 所示。文艺复兴的许多建筑的一个共同特点是把中世纪建筑以垂直线为主转变为以水平线为主。这个转变不只是形式的更换,而更是隐含着神启与理性、神与人的更迭。

第二节　佛罗伦萨的建筑

一

意大利的佛罗伦萨,称得上是文艺复兴的发祥地、圣地。它不但最早开始文艺复兴运动,而且也是最为轰轰烈烈。就建筑来说,文艺复兴时期的许多著名建筑,大多数都集中在这里,如育婴院、伯齐小教堂、圣玛利亚主教堂、潘道芬尼府邸、美狄奇府邸、比齐府邸,等等。

育婴院。这座建筑建于 1421—1445 年,是意大利文艺复兴的早期代表作之一,设计者

是当时的著名建筑师伯鲁诺列斯基。育婴院是收容弃婴的孤儿院，又叫养育堂。这种机构在中世纪就已经有了，具有慈善、博爱等性质。这座建筑坐落在受胎告知教堂正门前面，15 世纪初修建的广场边上。图 2－11－2 就是它的外形。这座建筑采用沿方形院落周遍建造的方式，用轻快的圆拱廊环绕院子。这个空间处理层次分明，条理清晰，表现出一种既有人情味，又有理性精神的形态特征。从育婴院的外表上看，这种形象体现的正是育婴院的主题所在。在面对广场的一面，设计者用了露天深敞廊形式，这种形式可以追溯到古代，即古希腊、罗马时代。当时在广场上建造深敞廊，作为陈列馆空间，供群众集聚、节日庆典及美术作品展览之用。伯鲁诺列斯基使圆拱形柱廊的古代主题具有亲切、殷勤的前厅空间的风貌，也使广场空间得到层次感和情态性。

图 2－11－2　育婴院

这座建筑形象，与文艺复兴的关系，有两点值得指出：一是其内容，是从宗教走向世俗；二是其形式，从建筑形态来说是由封闭性走向开敞性，又从垂直线条变为水平线条。如檐部、拱廊等，都做成强烈的水平线条形态。

二

圣玛利亚主教堂。这座建筑最早始建于 1296 年，后来又经历数次修建。14 世纪之前，这是一座比较典型的意大利中世纪哥特式教堂。教堂前面大门左侧有一个高高的具有强烈垂直线条的钟楼。教堂的主体是一个长方形的大厅，用尖拱结构，后部为祭坛。15 世纪初，文艺复兴运动开始，当时决定在这座教堂的祭坛之前建造一个大厅，并且要求表现出人文主义特征，反映新的时代精神。这个任务，后来便落到了意大利著名建筑师伯鲁诺列斯基的肩上。1420 年，建筑设计完成了，它是用一个高大的圆穹顶为教堂建筑的主体，圆穹顶的下部四面，其中三面是用 1/4 的圆顶与大厅相接；原来的教堂大厅接在另一面。教堂的正立面保持不变。此方案通过后立即施工，前后总共化了 14 年时间建成。

佛罗伦萨圣玛利亚主教堂的圆穹顶体量十分巨大，内径达 42 m(相当于古罗马的万神庙)，高达 30 余 m，外形如图 2－11－3 所示。穹顶下面设一个高度为 12 m 的八角形鼓座。这个鼓座的目的，一是为了结构上的需要，二是这样做使圆穹顶更显得高耸，设计者希望全佛罗伦萨都能看到这座建筑。圆穹顶采用八个大肋和十六个小肋相配合的拱肋系统，形成一个多瓣性的圆穹顶形状。这个顶用的是双层结构，即内顶和外顶。人还能在这两层屋顶之间上下，可以到顶上去眺望。

图 2－11－3　圣玛利亚主教堂

这个高大的圆穹顶相当醒目，形成全佛罗伦萨的“中心”。人们形容它是意大利文艺复兴的“春讯”。中世纪是宗教统治很强烈的时代，宣扬人的罪恶性，人生苦难，提倡禁欲，等等。随着社会的发

展,人际的交往,人们渐渐认识到,人应当自己解放自己;世界本来应当是美好的、光明的。这种人文主义的观念表现在建筑上,特别是在这个大圆穹顶上表现出来,它不采用中世纪高直建筑的形式,而是用古罗马穹隆顶形式。这个圆穹顶的色彩也很动人,屋顶用红瓦盖成,拱肋和鼓座洁白,鼓座上的大圆窗深凹,形成暗部,明暗对比强烈,无论形状、明暗和色彩等都很得体。当这个巨大的圆穹顶完工之时,佛罗伦萨全城欢腾。

三

图2-11-4　伯齐小教堂图

伯齐小教堂。这座建筑平面呈矩形,集中式的教堂建筑形式,似有某种东方之味。此教堂建于佛罗伦萨,1429—1446年建造,如图2-11-4所示,也由著名建筑师伯鲁诺列斯基设计。这座建筑规模不大,中央大厅顶上用穹顶,直径10.9 m,左右各有一段筒形拱。建筑的正面有门廊,前面用六根科林斯式柱,正中跨度较大,上面做出半圆拱。立面造型富有层次感,虚实得体,也是后来建筑造型之范例,如1984年著名建筑师菲利浦·约翰逊设计的纽约电话电报公司总部大楼的立面之下部处理,就采用这种构图。

第三节　罗马的文艺复兴建筑

一

罗马是当时意大利的首都,但它的文艺复兴运动要比佛罗伦萨开展得晚些,而且也不如佛罗伦萨来得轰轰烈烈。不过,在建筑上也有不少成就。如坦比哀多小教堂、卡必多山上的市政广场建筑群、圣彼得大教堂以及好多府邸等等。

坦比哀多。这是一座仿罗马神庙式的小教堂,建造在罗马蒙多里亚圣彼得修道院的回廊内院中。此教堂由当时著名的建筑师伯拉孟特设计。这座建筑体量较小,圆厅内直径只有4.5 m。但这座建筑形体端庄,构图手法娴熟。圆厅外面是一圈廊,由十六根陶立克式柱组成,檐部上面有一圈廊子,外边设栏杆。上楼可以外出至平台。建筑的上面便是带鼓座的半球形穹顶。这座建筑建于1502—1510年。值得一提的是此建筑很有层次,虚实映衬,构图丰富。

二

罗马的文艺复兴建筑最主要的作品是位于卡必多山上的市政广场建筑群。罗马城内有七座山,其中这一座最为著名,山上有好多处古迹。卡必多山上的建筑群,就是文艺复兴时期所建的一组政府机构建筑。

卡必多广场呈梯形平面,前面宽度约40 m,后面宽度约60 m,如图2-11-5所示。广场前部有个大阶梯通向山下,这个阶梯也做成梯形,上宽下狭。设计者米开朗其罗用了透视错觉的手法,使中间的一座建筑(元老院)成为主体,显得更高大雄伟。广场两边是档案馆

(南)和博物馆(北)。这些建筑物在古罗马时代就已是市政建筑了,所以那时这里也叫市政广场,即卡必多广场。

所谓透视错觉,是指人站在广场口看这三座建筑,好像两边的建筑是相互平行的,从而对中间的建筑产生了视觉上的错觉,使视觉尺度增大(相对地说形象也就增大了)。其实这种透视错觉的运用,也是一种手法,后来渐渐演化为手法主义。

图 2-11-5 卡必多广场

图 2-11-6 圣彼得大教堂

三

圣彼得大教堂,如图 2-11-6 所示。圣彼得是耶稣十二门徒中的第一门徒。相传彼得原来是一个渔民,他与父亲西门·约拿以及弟弟安德烈(也是耶稣十二门徒之一)打渔为生,过着清苦的生活,后来他和弟弟一起跟随耶稣。耶稣殉难后,他和其他门徒在耶路撒冷建立教会,然后去罗马等地传教,后来终于被捕。临刑时,他表明自己是耶稣的门徒,不配与耶稣受同样的刑,于是就被倒钉十字架就义。由于圣彼得开辟了罗马教区,所以后来罗马教皇都称自己是圣彼得的继承人。在圣彼得的墓地上,便建造起一座教堂,即圣彼得大教堂。

圣彼得大教堂始建于公元 4 世纪,当时的建筑规模不大,是一个早期基督教式的建筑。直到 16 世纪初,教皇尤利亚二世想在死后也葬于这个教堂里,并要改建成一个规模宏大的教堂,以抬高自己的身价。于是,教廷便决定改建教堂,建造一座规模要超过古罗马万神庙的大教堂。

起初,设计师是帕拉芒特,他从人文主义思想出发,进行设计构思,其建筑平面采用希腊十字式,中央一个大厅,四面以同样形状和大小的小厅延伸出来,形成较强的宗教性和纪念性气氛。但这个方案与天主教仪式和空间精神不符,所以后来将平面改成拉丁十字式的,即一翼特别长,形成一个长长的大厅,这不但符合天主教的仪式要求,而且更象征了中世纪精神,但后来由于内外矛盾加剧,所以工程停顿下来,直到 1547 年,教皇派米开朗琪罗设计,并主持这一工程。米开朗琪罗抱着使古希腊和古罗马建筑在这个建筑面前"黯然失色"的宏大

图 2-11-7　圣彼得大教堂圆穹顶

理想来创作这个教堂。他做的方案也是希腊十字式的平面,后来便照此方案来建造。

这座教堂规模相当宏大,从地面到圆穹顶的最高处,高达 138 m,圆穹顶的直径达 42 m,见图 2-11-7。在这个巨大的圆穹顶边上,四角各设一个小圆穹顶,与大圆穹顶产生大小的对比,互相呼应,十分和谐。圆穹顶下设一圈双柱廊,使形象产生虚实、曲直的对比,而且又与下部的门窗、山花柱廊等关系协调。这个建筑形象既庄重又动人,反映了文艺复兴的思想性和艺术性。

17 世纪初,随着文艺复兴运动的式微和天主教会复辟时期的开始,这座建筑的命运也受到影响。代表保守势力的耶稣会,决定拆去正面门廊,改成一个长长的大厅,部分地恢复了拉丁十字平面形状。这样,人们要在广场很远处才能看到教堂上部的大圆穹顶,而且在立面上用壁柱等装饰,使形象过于繁琐,构图也杂乱了。这种改动,正说明了建筑上的两种思想的斗争。

第四节　维琴察和威尼斯的文艺复兴建筑

一

除了佛罗伦萨和罗马以外,意大利文艺复兴运动还在其他一些城市展开。在这里先说意大利北方城市维琴察的文艺复兴建筑。首先要说的是当时的一位著名建筑师帕拉第奥(1508—1580),属意大利文艺复兴后期的建筑大师。他十分讲究建筑设计手法,后来的手法主义流派受他的影响不小。帕拉第奥著有《建筑四论》,是西方建筑理论中的一部重要著作,与古罗马维特鲁威的《建筑十论》及意大利文艺复兴建筑师阿尔伯蒂的《论建筑》齐名。书中系统地总结了古典建筑的经验,很有理论价值。

圆厅别墅是帕拉第奥的一个重要作品,位于维琴察,建于 1552 年,这是一座被认为是相当注重手法的建筑,如图 2-11-8 所示。此建筑位于一块高坡地上,布局采用集中式,正方形平面,中央是一个圆形大厅,四周空间完全对称。这座建筑前后四个立面相同。建筑物高高在上,四面均用同样的大台阶通向户外。在门口做门廊,用六根爱奥尼柱托着上端的山花。建筑简洁大方,各部分比例匀称,构图严谨。这个门廊,成为室内外的过渡空间。门廊能使建筑的内部空间过渡到户外花园有和谐感,不觉得生硬。这也是一种设计手法。

图 2-11-8　圆厅别墅

二

维琴察的另一座文艺复兴的著名建筑就是巴西利加(市政厅),设计者也是帕拉第奥。这座建筑原是建于1444年的哥特式大厅,到了1546年,他向维琴察市议会递交了市政厅的改建方案,经过一段波折,于1549年才讨论此方案。但后来又拖了十几年才开始建造,直到1617年建成。

在建筑设计中常被提到的“帕拉第奥母题”,就是指这个建筑形象,它指的是有两根小柱子支撑的拱形洞口两侧有两个更狭窄的分隔空间,所有这些又被用来支撑柱楣的两根大柱子夹着。这座建筑上下两层都用这个“母题”手法。在这里,每层的拱肩上都开有圆形孔;每个角架间外侧的角柱都是成双的,因此建筑的四角由于这样的由三根柱子组成的束柱的存在,被大大地强调了。图2-11-9是它的局部立面。这种手法后来在好多建筑中被应用,它尺度宜人,体现出文艺复兴的人文主义思想。

图2-11-9 “帕拉第奥母题”的局部立面

三

意大利文艺复兴运动以佛罗伦萨为中心开展起来,后来影响到罗马、维琴察等地,当然也影响到威尼斯。威尼斯的文艺复兴建筑,最主要的是圣马可广场及其建筑群。

图2-11-10 圣马可教堂

圣马可广场本来的主体建筑是圣马可教堂,这座教堂建筑建于11世纪,是一座拜占廷风格的教堂,其平面是希腊十字形的,上面有五个圆穹顶,西立面为主立面,正对广场,由五个半圆拱门组成,如图2-11-10所示。立面装饰十分华美,富有东方特征。

在圣马可教堂的南侧,为总督府。这座建筑最初建于公元814年,后来屡有圮建,留存至今的建筑是1309—1424年建造的,称得上是威尼斯繁华时代的象征。它的平面采取围绕内院排列房间的古老布局。

总督府南面朝繁华热闹的海湾码头,西面朝向著名的圣马可广场,南立面和西立面均有着最好的观景视域。两个立面构图相同,均分三层,轮廓简洁。底层是白色大理石的尖拱券柱廊,开间宽阔,柱子粗壮有力,支承着第二层的圆形图案连接着顶层的大片实墙面。墙面装饰着用白色和玫瑰色大理石拼成的斜纹织物图案,细腻精巧,光洁平整,如同一片轻薄挺滑的丝绸。整个建筑下虚上实,并无上重下轻之感,而是比例匀称,处理精当,显得均衡稳定。建筑内部装饰也很丰富,格调高雅。

圣马可广场的中心是圣马可教堂。广场分主次两个,主广场在教堂的正面,封闭式,长

图 2-11-11　圣马可广场及钟楼

175 m,两端宽度分别为 90 m 和 56 m,周围是下有券柱式回廊的房子,是威尼斯的宗教、行政和商业中心。次广场在教堂的南面,广场朝亚得里亚海开口,南端有两根柱子,似分非分地形成广场与水面的界限。教堂北面还有一个很小的广场,是主广场的一个分支空间,这里是市民们游赏、约会和购物的场所。广场从中世纪自发地形成之后,经过不断改建,才形成如今这个样子。广场四周的建筑建于不同的时期,但又统一,形成一个整体。

在教堂西南角附近有一个大钟楼,高近100 m,如图 2-11-11 所示,始建于 10 世纪,今之钟塔于 1908 年重建,但形式完全按原样。在总督府对面是圣马可图书馆,高 2 层,建于 1553 年,是典型的文艺复兴建筑形式。

第五节　意大利文艺复兴的府邸建筑

一

意大利文艺复兴建筑,其中府邸建筑数量不少,这里说一些佛罗伦萨及罗马等地的比较著名的府邸建筑。

先说佛罗伦萨的潘道芬尼府邸,如图 2-11-12 所示。这座建筑的设计者是著名画家拉斐尔。建筑建于 1520—1527 年。府邸由两个院落组成,主要院落为两层,外院为一层。空间布局十分紧凑,尺度宜人。特别是外立面的处理,做到了温馨文秀的造型美,表现出文艺复兴的思想真谛。外墙用抹灰粉刷,檐部用女儿墙,富有装饰性。墙面用粉刷,在墙角处用隅石,既起到坚固墙体的作用,又是一种美的装饰。窗框的形式富有变化,但又统一。比例适度,虚实得体。整座建筑的外形十分动人。

图 2-11-12　潘道芬尼府邸

二

吕卡第府邸,又叫美狄奇府邸,如图 2-11-13 所示,建于 1440—1460 年,设计者是当时著名建筑师米开罗佐。这座建筑的平面近似正方形,分为两部分:一个环绕着带拱券柱的正方形回廊的内院是家族起居生活的中心。主要活动在二楼,后面有一个开敞的庭院兼作服务性后院;另外,与主要轴线平行的、环绕着一个较小的天井的是随从和对外商务联系的部分。建筑立面用两条水平带分成三段。顶部檐口宽大厚重,出挑达 2.5 m。其厚度为整个立面高度的 1/8,与古典柱式的比例一致。立面三段处理各不相同,底层用庄重的剁斧石,二

层用平整的条石，留缝较宽，第三层是磨石对缝处理。利用墙面不同肌理效果，增强了立面三段式效果，从下至上的质感渐变，符合天然感觉，或者说使建筑增加稳定感。这种立面处理方法后来成了一种经典，在好多古典式建筑上多被应用，效果甚好。

图 2-11-13 吕卡第府邸

图 2-11-14 马西米府邸

三

罗马在文艺复兴时建造的府邸也很多，有几座也相当有名。马西米府邸由著名建筑师伯鲁齐设计，建于 1535 年。这座建筑位于街道转角的一块不规则的地形上，立面外墙转角处呈弧形，如图 2-11-14 所示。从平面布局来说，此府邸由两部分组成，沿中轴线大致平衡。每一部分各有一个内院。左边安杰洛·马西米府邸，面积稍大；右边皮埃特罗·马西米府邸，面积较小。在伯鲁齐的精心设计下，整个立面设计得富有人情味。底层中央入口处的柱廊有着很好的节奏感。

四

罗马的另一座著名的府邸是法尔尼斯府邸，建于 1515—1534 年，由小桑加洛设计，如图 2-11-15 所示。这是一座典型的文艺复兴盛期的府邸。法尔尼斯府邸平面长方形，大体上是对称的，有明显的主轴与次轴，布局整齐，中央是个大院，周围环有券柱式回廊，主要房间在二楼。内院的立面三层分别用不同形式的壁柱、窗裙墙和窗楣山花。门厅为巴西利卡式，有两排陶立克柱。入口居立面正中，用粗石砌成，并与二层的门洞连贯起来。前面的广场形状整齐，有一对喷水池，可谓别出心裁，效果很好。

图 2-11-15 法尔尼斯府邸

五

朱利亚三世别墅也建在罗马，建于1550—1555年，主要的设计者是著名建筑师维尼奥拉。此建筑长达120 m，中轴线对称布局。图2-11-16是它的主立面。这座别墅有三个特点：一是它在一条轴线上依地势高低，有层次地布置了廊、台阶、喷泉等，使建筑与外部环境结合在一起。二是主立面由一个侧面刻着壁龛的门框形成主体。主入口四周还用粗纹石砌筑，强调主体。二层立面重复底层形式只是没有粗琢纹。三是别墅内半圆形庭院富有特征：平整的主立面与面向庭院的曲线形式是一种对比，或者说富有戏剧性。

图2-11-16　朱利亚三世别墅

第十二章
巴洛克建筑

第一节　巴洛克和巴洛克建筑

一

巴洛克是译音，它本来的意思是畸形的珍珠，引申为十分高贵之物。巴洛克在文化艺术上形成一种风格，大概的意思是把文艺复兴发展起来的绘画、雕刻、建筑以及音乐等等进行变异，变得更华美、壮丽。如在绘画上，有佛朗德尔画家鲁本斯的许多作品，色彩艳丽，造型奇特，动感强烈，并且多用曲线，如他的代表作《掠夺留西巴的女儿们》、《苏珊娜・佛尔曼》等。在音乐上，其特点是音量宏大，风格庄重，代表者有巴赫、亨德尔等。

巴洛克建筑的特点也和绘画类似，应用曲线，变异原来的形式，多用强烈的装饰和鲜明的色彩，追求自由、动态、神秘与富丽的效果。意大利的罗马耶稣会教堂(1568—1602年)可以称之为第一个巴洛克建筑。后来巴洛克建筑多倾向于大量使用曲面，包括立面、平面以及诸细部构件。在建筑的局部上，做得丰富繁缛，大量使用弯曲的形态和变异形态，如利用多重山花或断山花，使立面丰富、奇特。同时，大量运用雕塑，无论圆雕还是浮雕，均充斥着建筑的室内外。

二

巴洛克建筑可以归纳为以下几个基本特征：

一是炫耀财富，一般都做得富丽堂皇。利用贵重的材料，企图抬高其身价。所以巴洛克建筑总是表现得珠光宝气，装饰琳琅满目，色彩斑斓，艳丽夺目。

二是标新立异。正统的文艺复兴建筑形式，尊重古代希腊、罗马形式法则；巴洛克建筑则主张新奇，追求前所未有的形式。例如，利用建筑的层次和曲线，使形象产生动感；或者用高低错落的形式，或者利用形与形之间的某种不协调，引起刺激；又或者把建筑或雕刻这两种艺术混杂起来，以求新奇感。

三是倾向于自然。当时提倡在郊外建造别墅、苑囿。这是由于新兴贵族追求新奇。在

城市中，一些广场也要比以前开敞得多。而且在装饰上追求自然形态。

四是表现欢乐的气氛。这与中世纪文化有很大的不同。中世纪的艺术文化，无论是雕刻、绘画等，往往表现出悲哀、苦难的情态，要向上苍祈求宽恕、赎罪；经过文艺复兴的人文主义、世俗化之后，到了巴洛克时代，就变成为追求富贵和享乐。因此，巴洛克，无论是绘画、雕刻还是建筑，总是令人激动和欢愉。

第二节 意大利的巴洛克建筑

一

意大利文艺复兴运动自 15 世纪开始，到 16 世纪末，渐渐走向式微。17 世纪开始，可谓余波了。随之而兴起的便是巴洛克。这是一种文化艺术风格。如前所说，它炫耀财富，歌功颂德，表现出贵族文化的倾向。当时以罗马为中心，出现了好多巴洛克的建筑。建筑师维尼奥拉、泡达、科托拉、波洛米尼、赖纳第、法拉第亚及贝尼尼等，他们的作品出于同一个时代 17 世纪，同一种风格，即巴洛克，从而也影响到意大利的其他地方以及欧洲其他国家。这种风格到了十八九世纪，虽然继续存在，但也产生了变异，有的渐渐变得庄重，成了新古典主义；有的则在风格上更显得多样、繁杂，后来就变成了折中主义。但一代建筑巴洛克，它的设计手法及其作品，后来对建筑艺术有较大的影响，甚至，到了 20 世纪 60 年代开始的后现代建筑风格，也或多或少地表现出这种特征。例如，后现代建筑惯用的“断山花”形态，正是从巴洛克风格中引申出来的。

二

圣卡罗教堂也许称得上是巴洛克建筑的最典型的一座建筑，建于 1638—1667 年。这是一座教区的小教堂，如图 2-12-1 所示，规模不大。在当时，这种教堂很少采用拉丁十字式的平面，其形状一般有圆形、椭圆形、五瓣形以及各种不规则形。圣卡罗教堂由当时著名建筑师波洛米尼设计。他是一位著名的巴洛克建筑大师。在这个建筑中，他所设计的平面是一个变了形的希腊十字形。说它变形，是因为它的墙面不是平的，而是弯曲的，从而这个大厅的平面形状不是一个标准的“十”字，而是到处变得弯曲的“十”字形。人在其中，似乎有不知方向之感。

图 2-12-1 圣卡罗教堂

圣卡罗教堂的外形，特别是正立面，更是非同一般。二层檐部都是弯曲的，窗子也是曲的。在正中上方，是一个椭圆形的装饰物。其上还设置了许多雕刻，这些形状都是曲线、曲面。墙面的这种立体式的扭曲，给人一种运动之感。在这里，既没有哥特式的空灵遁世精神，也没有文艺复兴式的理性庄重之感，而是世俗、浮夸、炫耀财富，显示着人间天堂的富贵荣华。

三

圣玛利亚·沙露教堂位于威尼斯,这也是一座巴洛克建筑的典型代表,如图 2-12-2 所示。这座建筑建于 1631—1656 年。建筑的平面为正八边形,集中式布局,正立面用柱式构图,中间是一个大半圆拱门,两边各有两根科林斯柱,高度达两层。檐部的上方是一个小小的山花,两边还以罗马式柱头收头。顶上有好几个雕像,以加强立面上的中心感和对称效果。教堂的顶是一个巨大的半球形的穹隆顶,简洁,但又有充实感,它与下部的连接是通过一个鼓座来完成的,所以看上去十分协调。下部八角形墙体的转角处,装饰着八个巨大的卷涡,可谓处理大胆。也许只有巴洛克建筑才敢于如此处理。但这八个卷涡并不只起装饰作用,而是有结构支撑的作用,所以并非可有可无。穹隆顶的顶部用一个亭子作结。亭子的顶部也是一个小穹隆顶,这就使形体产生和谐的效果。这种处理在以后的古典主义建筑上多有仿效。这个建筑的表面雕刻装饰非常丰富,这也是巴洛克建筑的惯用手法。

图 2-12-2 圣玛利亚·沙露教堂

四

图 2-12-3 康帕泰利圣玛利亚教堂

罗马的康帕泰利圣玛利亚教堂,也是一座较为典型的巴洛克建筑。这座教堂的立面形式强调对称性,但更强调形式的力度,所以在形象上增添了许多凹凸,就会产生形象的明暗效果,力度(表现力)即在其中(图 2-12-3)。另一方面,这种线形又使建筑具有运动感,因为它的形体的前后关系强烈,即立体感明显,所以就会产生“步移景异”的视觉运动感。这种特征也正是巴洛克建筑的典型特征。从立面构图来看,它基本上和圣卡罗教堂一样,所不同的是康帕泰利圣玛利亚教堂以直线形为主,圣卡罗教堂则有较多的曲线。

五

广场也有巴洛克风格的,最典型的要算罗马的波波罗广场。这个广场的设计者是建筑师法拉第亚。此广场建造于 17 世纪,位于罗马城的北门内,据说是为了要形成由此可以通向全罗马的幻觉,所以就将广场设计成为三条放射形人道的出发点。广场呈长圆形,有明显的主、次轴,中央有方尖碑。位于放射形大道之间建有一对形状相似的教堂,这就更突出了广场的中心特征。

在罗马,还有另一处巴洛克风格的代表作,即西班牙大阶梯。大阶梯的下面(西面)是三位一体教堂前的广场。阶梯平面是花瓶形的,布局时分时合(在阶梯上行走时,人不断地在

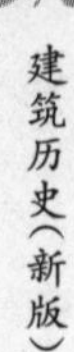

转换方向），巧妙地把两个不同标高、轴线不一的广场统一起来，表现出巴洛克的灵活自由的设计手法。

西西里岛上的叙拉古斯大教堂(1730 年建)。这个教堂的巴洛克特征，着重表现在折线上，它几乎把建筑上的所有山花形象都折断了。“断山花”这种形式也许是巴洛克建筑风格所惯用的手法。这样，建筑形体的运动感就强烈了，整个建筑形象似乎总是在不断地蹦跳着。

第三节　其他国家的巴洛克建筑

一

巴洛克建筑始于 17 世纪的意大利，后来向德国、法国等地扩展，如德国的德累斯顿的尊阁宫、法国的凡尔赛宫等，都效法这种建筑风格。

如前所说，巴洛克成为一种文化艺术上的潮流，不但在建筑上，也在绘画、雕刻、音乐等方面有所表现。这种倾向，使得几乎整个西方文化形成一种大趋势，强烈地表现出一种倾向，即古代西方文化渐渐走向终结。在热闹的背后，隐含着“霜叶红于二月花”时代终结前的迹象。

二

德国的巴洛克建筑，以德累斯顿的尊阁宫为代表。这是一个庭院式的建筑。德累斯顿曾被誉为“易北河上的佛罗伦萨”，说明在 18 世纪时这里比较繁华，文化也比较发达。

这个庭院形式的建筑，属普鲁士王宫，建成于 1711—1722 年，建筑师是德国人博帕尔曼。18 世纪德国王宫除了采用文艺复兴的规则式布局和柱式构图等手法外，更多地受到巴洛克风格的影响，同时保留着中世纪德意志的传统装饰特征。图 2－12－4 是这个庭院的一个局部。

图 2－12－4　尊阁宫局部

尊阁宫的设计颇具独创性。这是一个用围廊围起来形成的方形庭院，但很大，边长达 106 m。四角有宽敞的大厅。庭院不仅是通往王室的过渡空间，而且还供王公贵族进行宫廷集会、观光娱乐之用。建筑表面装饰丰富，可谓集各种手法于一炉。最出色的是保留完好的庭院入口的皇冠门，门楼高高矗起，第一、二层全用壁柱作装饰，突出竖线条，柱头作高浮雕，山花檐部断折，堆砌着许多十字架、花瓶之类的饰物，体现了巴洛克形态。其上是一扁平的多边形穹隆顶，具有德意志民间特色；穹隆顶上面是一金属制成的皇冠，做得相当精细，可谓玲珑剔透。整个门楼造型独特，体形匀称，轮廓多变，显得高贵、华美，可以比作一顶精致的皇冠。

三

德国在17至18世纪所建的教堂,巴洛克风格占大多数。而且这种风格更表现在室内装饰上,有的竟达到五光十色、梦幻迷离的境界。最典型的要算巴伐利亚州斯华比亚阿尔卑斯地区的维斯教堂了。

维斯教堂规模不大,坐落于一片绿茵草地上,建于1746—1754年。这座建筑从外表看比较朴素,墙面光洁,带壁柱,略呈曲线起伏。内部装饰却惊人地华丽丰富。教堂的中厅是椭圆形的,装饰重点在圣坛。圣坛前方设一券柱式华盖,光则集中在圣坛上,产生眩目动人的效果,大理石色彩格外鲜艳、明亮,镀金的栏杆、柱头、拱券等光彩四溢,在卷曲翻滚的灰塑贝壳卷草中跳跃着、飞翔着白色的圣徒、天使。建筑、雕塑、壁画、装饰融汇成为一个错综复杂的整体,没有固定的界限,没有静止的视点,一切都充满动感,石头的坚硬沉重的质地和建筑的稳重安定的特征在这里已荡然无存,留给人的是对上帝的赞美。

四

西班牙在17至18世纪的建筑,巴洛克风格也很盛行。当时耶稣会极力倡导巴洛克教堂风格,巴洛克风格传入西班牙,与当地的建筑结合起来,形成自己的独特风格,主要表现在装饰上的奇特、华美,达到登峰造极的地步,被称为“超级巴洛克”。西班牙巴洛克建筑比意大利更注重表面装饰,这是因为早期西班牙建筑的传统,十分讲究精巧繁密的装饰,有“银匠式”风格之称。圣地亚哥·德·孔波斯特拉的教堂堪称典型代表。

这座教堂位于比利牛斯半岛的西北,西班牙的一个小城,中世纪时也是一个重要的基督教圣地。教堂原建于一个圣迹之地,后屡经翻建,如今的教堂位于市长广场之东端,建于1128—1211年,保留着罗马风建筑形式,平面为拉丁十字式。教堂的西立面是典型的西班牙巴洛克形式,是1738—1747年建造的,由西班牙建筑师诺沃埃设计。西立面仍保留了哥特式建筑构图,两侧一对尖塔高高耸立,表面装饰复杂繁琐,可以说是堆砌着巴洛克式的倚柱、壁龛、卷涡、山花和断折的檐部。雕饰壁柱凹凸起伏剧烈,阴影浓重,变化甚多,形象破碎,形成一种不安定的动势。

五

法国建筑的巴洛克风格,主要集中在一些豪华的宫廷园苑中。但对后来的古典主义风格也不无影响,如双柱廊的运用、立面的立体形态的强调及对称的构图等等,这些其实都是巴洛克建筑手法。

法国的巴洛克建筑,最典型的也许要算凡尔赛宫中的建筑了。凡尔赛位于巴黎西南约22 km,原是路易十三的一处旧猎庄,1661年开始,法国专制君权鼎盛时期的君主路易十四在此建造起庞大的宫殿花园。路易十四先后召集了建筑师勒伏、孟莎,室内设计师勒勃亨,园林设计师勒诺特,共同承担设计。按照路易十四的旨意,保留了旧猎庄,一个向东敞开的三合院,后成为“大理石院”,以此作为宫殿的中心,向四面延伸扩建,形成一个向东敞开的阶梯状连列庭院,南北两翼长达575 m的巨大建筑物。图2-12-5就是凡尔赛宫中的主要建筑。新宫布局十分复杂:南翼是王子、亲王的寝宫,北翼为宫廷王公大臣办事机构及教堂、剧院等;中央大理石院是法国封建专制统治的心脏,路易十四的起居活动区域,正中一间是国

图 2-12-5 凡尔赛宫

王的卧室,如图 2-12-6 所示。正对着宫殿前放射形的练兵广场和通向巴黎的爱丽舍大道。新宫布局忠实地体现了维护君王尊严的严格秩序。

建筑全部用石材砌筑,立面装饰着古典柱式,突出水平线脚,统一匀称,体现了古典风格。内部装修十分富丽,采用了巴洛克手法。中央部分布置了宽阔的连列厅和堂皇的大理石阶梯。最有名的是"镜廊",举行重大仪典之用。"镜廊"长 76 m,一侧开窗,一侧墙面上安装 17 面大镜子,用各色大理石贴面,装饰着科林斯壁柱,绿色大理石柱身,铸铜镀金柱头柱础,柱头雕饰为带双翼的太阳,拱顶上的壁画为国王史迹图,金碧辉煌。

图 2-12-6 凡尔赛宫路易十四寝室

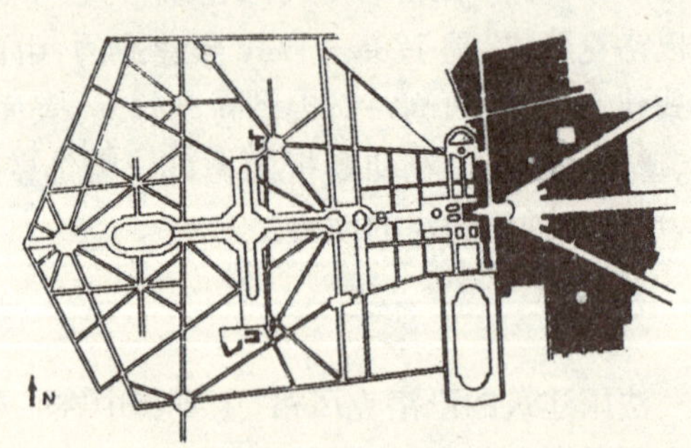

图 2-12-7 凡尔赛宫总平面

宫殿西立面对着著名的凡尔赛花园,花园面积约 6.7 km^2,是世界上最大的皇家园林,也是欧洲规则式园林的杰出典范。花园和宫殿一体设计,轴线长达 3 km,是建筑中轴线的延伸。图 2-12-7 是凡尔赛总平面图。凡尔赛花园掘有十字水渠,周围布置着草坪、道路、花坛,两侧有大片密林。在道路、水池的尽端或交叉点上,均设有雕像、喷泉,作为对景。其中许多题材表现太阳神阿波罗,因为路易十四自诩为"太阳王"。

凡尔赛宫及花园可谓法国国家强盛的象征,这个伟大的工程于 1756 年完成,历时达百年。

法国的另一座离宫别苑是枫丹白露宫,它也带有巴洛克风格。这座宫苑位于巴黎东南

约 6.5 km 处。这里早先是一个皇家猎庄，16 世纪中叶，法兰西斯一世开始全面整修这个中世纪的建筑，使它成为法国宫廷的著名的离宫。

这个建筑的外部设计由法国建筑师承担，仍保留着传统的世俗的法国哥特式做法。屋顶陡峭，窗户突破檐口，冠戴美丽活泼的小山花；正中升起一层，屋顶为方锥形，也装饰着众多的烟囱、山花、尖顶饰。最引人注目的是门前马蹄形的大台阶，曲线流畅，很为壮观。建筑内部装修是由意大利匠师（包括雕塑家和画家）完成的，其中包括舞厅、会议厅、长廊等。亨利二世廊设计得华美非凡（图 2－12－8）。这是一个长条形的大厅，装饰相当富丽，天花板用木板镶拼成几何图案，侧墙装饰是典型的意大利式，墙面分割比例接近柱式，下部是胡桃木雕的墙裙，上面装饰着浮雕、壁画等，十分精美。这种风格，正是从巴洛克风格中来的。

图 2－12－8 枫丹白露宫内的长郎

第十三章
古典主义建筑

第一节　文艺复兴的余波

一

意大利文艺复兴运动的影响几乎波及整个欧洲乃至世界，但到了17世纪以后，便进入了巴洛克时代。所谓巴洛克，表面上反映出来的是希奇古怪的形象，但其实是追求豪华、庄重，适合于新兴贵族的需要。这种文化艺术风格后来发展成为繁琐、光怪陆离，失去了庄重的效果，所以到了18世纪以后，就渐渐地演化为另一种风格，即古典主义。由此可见，以法国为中心的18世纪古典主义风格，它的来龙去脉，其实还是文艺复兴。

意大利文艺复兴影响到法国，虽然没有意大利轰轰烈烈，但也有所表现。如安德尔河旁的阿兹·列杜府邸、布鲁瓦的尚堡等建筑，其形象充分表现出文艺复兴精神。

图2-13-1　阿兹·列杜府邸

阿兹·列杜府邸位于安德尔河中的一个小岛上，三面临水，如图2-13-1所示。这座建筑的平面是曲尺形的，在转角处有圆形的塔楼。建筑的立面以水平划分为主，在二、三层之间有两个分层线脚，它们把整个建筑物箍起来，特别增强了整个体积的表现力。它的檐部用托石承托，挑出很大。产生有力的横向阴影，使建筑物能与静静的水面协调起来。

阿兹·列杜府邸的主要临河面的对称轴线上的窗子特别宽，其上面的阁楼窗子也特别大，小山墙的花饰也特别丰富，从而使整个立面外形不平淡。府邸入口的一面，几层楼的窗子垂直地组织起来，保持了法国传统的形式特征。这种垂直的部分和立面的水平分划之间的关系处理得十分和谐。但这个建筑最动人之处在于它的圆形角楼。角楼的圆锥形屋顶和

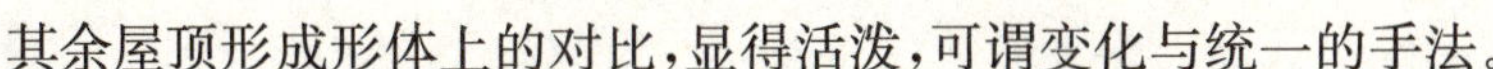

其余屋顶形成形体上的对比，显得活泼，可谓变化与统一的手法。

二

在法国的文艺复兴建筑中，也许要算布鲁瓦的尚堡最有名了。尚堡位于布鲁瓦，这是一个当时法国最大的一个猎庄兼离宫。这座建筑建于 1519—1547 年，聘请意大利建筑师设计，由法国匠人建造。

尚堡平面呈长方形，由三面平房围成院落，前方视野开阔，周围有大片浓密的树林，四面设壕沟。院落的中央是一个三层的集中式方块形建筑，为王室成员居住。此建筑呈十字双轴对称，正中间是一个双向的曲线形楼梯，很有气派。建筑物每层分隔成四个相同的单元，内有起居室、卧室等，这种单元式布局，启迪了现代设计的空间组合形式。二层以上设宽阔的平台，供宫廷中女眷观看狩猎活动和眺望风景。建筑的主立面朝北，长约 150 m，墙面以分层作水平划分，装饰着意大利式的壁柱，四角突出圆形碉楼，碉楼上矗立着锥形屋顶，楼梯顶部有灯笼形的采光亭，还有数以百计的屋顶窗，装饰漂亮的烟囱，高低错落的小尖塔。这些形象均出自法国匠人之手，来自民间的哥特式装饰细部，它们构成了宫堡的极为丰富的建筑形体。

三

文艺复兴在英国影响较晚，但也有一些很有影响的建筑。最典型而巨大的建筑是伦敦的圣保罗大教堂，如图 2-13-2 所示。这座建筑是英国国家教会的中心教堂，也是 17 世纪下半叶英国最重要的建筑物。这座建筑由英王室建筑师克里斯托弗·雷恩设计。原来这里的教堂是哥特式的，1666 年被伦敦大火烧毁。此教堂建于 1675—1710 年，其间经历了英国资产阶级革命后复辟与反复辟的斗争，教堂的设计和建造也留下了时代的印记。

图 2-13-2　圣保罗大教堂

雷恩 1675 年的原设计是一个八角形的集中式平面，由于国王教会的干预，才改为拉丁十字平面。西立面则被强加于罗马耶稣会建筑形式。1688 年君主立宪后，雷恩重新设计了立面。由于工程进展很快，所以仍保留了拉丁十字平面。圣保罗教堂是英国最大的教堂，它的纵轴长 156.9 m，横轴长 69.3 m，教堂的西立面采用了古典柱式构图，简单精确的几何关系是立面造型的基础。正门为双柱双层柱廊，尺度宜人，庄重简洁。十字交叉的上方矗立起两层圆形柱廊构成的高鼓座，其上是巨大的穹隆顶。穹隆顶直径 34 m，离地 111 m，规模仅次于罗马的圣彼得大教堂。由于其平面有严格的几何精确性，结构简化，穹隆顶鼓座及支柱做得轻巧，体现了 18 世纪科学技术的进步。教堂内部空间宏大开阔，装饰简约，反映了古典精神，并且注入英国讲究功能的传统。西立面上面的一对钟塔，具有哥特式兼巴洛克的手法。但从建筑的整体来看，则具有强烈的文艺复

兴精神。

四

俄罗斯的古代建筑,在此须从公元10世纪说起。最早的俄罗斯,是基辅罗斯,位于今莫斯科、基辅及第聂伯河流域一带。这个时期东欧、小亚细亚的拜占廷帝国还很强大,其文化影响到它的周边地区。公元10世纪,建立基辅罗斯(国家),当然其文化属拜占廷文化的延续。俄罗斯实际上是从基辅罗斯分裂出来的,但后来逐渐强大,成为这一地区的中心。

著名的华西里·伯拉仁内大教堂,我们已在第十章说过了,这里还要说的是莫斯科的克里姆林宫。“克里姆林宫”是其译音,其意为“内城”。这个宫殿是个的要塞,四面环以木石围墙,护城壕沟,建有许多雉堞碉楼。这个要塞后来便成为莫斯科公国的“内城”,建于1156年。16世纪中叶起,这里就成了俄国沙皇的宫堡,俄罗斯的政治中心和国家象征。

图2-13-3 斯巴斯基塔

克里姆林宫位于今莫斯科市的中心,其平面大体呈不规则的三角形。里面除了金碧辉煌的宫殿建筑外,还有几座教堂,其中最著名的是伊凡雷帝钟塔,那金光闪闪的塔顶,在很远处就能见到,十分辉煌。高大的雉堞红砖城墙长达2.3 km,有19处塔楼,均建于15世纪末。其中斯巴斯基钟楼称得上是克里姆林宫的标志(图2-13-3),此塔楼建于1491年,1624年在塔上增建了帐篷式屋顶和大钟,使它显得更为豪华富丽。这个造型和装饰特点,反映了文艺复兴建筑的手法与俄罗斯民间传统的装饰细部的结合。

红墙内有个开阔的教堂广场,围绕广场布置着三个教堂,都是15世纪末至16世纪初所建的,其中以乌斯平斯基教堂为最古老,建于1475—1479年,在这里举行王公登位的仪式,安葬着从14世纪到18世纪东正教历届大主教遗体。它的正面入口用柱子装饰,腰部有一排连续盲券,全部用白石建造,顶上冠以5个俄罗斯的金色洋葱形穹隆顶,体现出罗马风与拜占廷风格的结合。广场对面是高耸的伊凡钟塔,平面八角形,用白石砌筑,顶部为金色穹隆顶,十分辉煌。

五

俄罗斯的古典主义建筑,以圣彼得堡的冬宫为代表。

冬宫坐落在圣彼得堡市中心涅瓦河畔,北立面正门居中,南立面朝冬宫广场,面对广场中心高耸的亚历山大记功柱和正前方的总司令部的巨型拱门。图2-13-4是冬宫,图2-13-5是冬宫对面的总司令部。冬宫正门在内院。建筑物平面呈环状长方形。此宫建设时间较长,最早建于1711年,后来陆续加建扩建,直到18世纪末。冬宫建筑从风格上说可谓巴洛克兼古典主义。整个宫殿,甚有气派,可谓庄重雄伟。

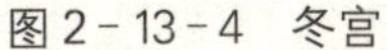
图 2-13-4 冬宫

图 2-13-5 总司令部

第二节 法国古典主义建筑

一

法国文化到了 16 世纪，受意大利文艺复兴的影响，在哥特文化上产生了新的动向。但由于法国的社会背景与意大利不同，所以它的文化特征不同于意大利，而是另有一种形式与观念。法国的文艺复兴，在文学艺术上也颇有成就。如拉伯雷的小说《巨人传》、龙沙的诗歌《颂歌》等等。但从整体上说，法国的文艺复兴，不但在时间上要晚于意大利，而且运动本身也远不及意大利那样轰轰烈烈。在法国，由于社会形态走向绝对君权，因此在文化上，文艺复兴也就立即转向古典主义了。

文学、绘画、雕塑、建筑等等，几乎所有法国的艺术文化，都有他们的古典主义，包括理论与作品。在文学上，17 世纪以后就有以莫里哀和高乃依为代表的古典主义。在绘画上，也有大卫、热拉尔、安格尔等著名画家。建筑的古典主义也很辉煌，如卢浮宫、维康府邸、恩瓦立德教堂及旺道姆广场等等。

二

卢浮宫又译成鲁佛尔宫、罗浮宫。从整体来说，它的建造最早是从 1546 年开始的，直到 1878 年才基本建成，前后达 430 余年之久。这个王宫称得上是法国历史最悠久的王宫。最早建造的是一个 90 m 见方的四合院，自 16 世纪开始，屡经改建、扩建，到 18 世纪，便形成如今的规模。四合院的西立面(图 2-13-6)，始建于 1546—1559 年，扩建于 1624—1654 年，是法国文艺复兴的风格，其立面有明显的水平向划分，每隔数开间，就有一个竖向构图，上部有半圆形山花，正中部分特别宽，三角形山花上还有方穹隆，装饰很多，具有巴洛克特征。

图 2-13-6 卢浮宫

卢浮宫中最典型的古典主义形式,就是宫的东立面,如图 2-13-7 所示。东立面是1667 年改建的。这个形象,作为王室的象征,体现路易十四时期专制王权的强盛。建筑师勒伏等人设计,运用了严谨简洁的古典主义手法,设计出这个规模宏大的建筑。东立面总长172 m,高 28 m,立面采用柱式构图,横分三层,纵分五段,中央及两端突出,强调中轴线对称。下面一层作基座形式,敦实厚重,12.2 m 高的圆柱成双排列,贯通第二、三层,中央为八柱构图,托起檐部山花。立面构图比例严格,水平垂直的划分依据一定的数量关系(如垂直向,檐部、柱廊、基座的高度之比为 1∶3∶2),具有明确的几何性。东立面的设计,古朴典雅,庄严肃穆,具有强烈的纪念性效果,被认为体现了古典建筑"理性的美",成为 18、19 世纪西方官方、皇宫建筑效法的典范。

图 2-13-7 卢浮宫东立面

三

法国古典主义建筑的另一个代表作是维康府邸,此建筑建于 1656—1660 年。这个府邸的主人是路易十四的财政大臣福克,设计者也是建筑师勒伏。房子前面的花园严谨地依着同一轴线对称布局。前者以一椭圆形的沙龙(客厅)为中心两旁是连列厅,建筑外形与内部空间呼应,中央是一个椭圆形的穹隆顶,两端是法国建筑特有的形式梯形屋顶方穹隆。花园的道路分布、绿化配制及水池、亭台等,全部都是几何形的。

相传维康府邸建成后不久,路易十四来维康府邸参加舞会,看见如此美丽动人的花园和建筑,非常羡慕,他便调动设计建造府邸及花园的建筑师和匠人去设计建造他的凡尔赛宫,并以种种罪名强加于这位财政大臣福克的头上,还将这个府邸和花园没收。但是,最终福克夫人想方设法,终于收回了这个府邸、花园。维康府邸如今仍完好地保存着。

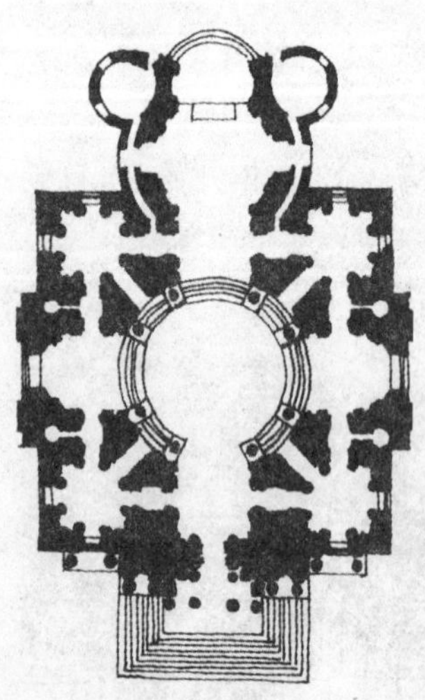

图 2-13-8 恩瓦立德教堂平面图

四

法国另一座著名的古典主义建筑是巴黎的恩瓦立德教堂,也叫荣誉军人教堂、圣路易教堂。此建筑建于 1675—1706 年,由著名建筑师孟莎设计。这虽是一座教堂,但也称得上是一座纪念性建筑,设计者大胆地突出它的纪念性形态,供人们瞻仰。他将新的教堂接在老教堂巴西利卡大厅的南端,以正面向南,对着城市广场和林荫道。教堂平面为正方形,中央大厅是一个希腊十字形平面的空间,四个角上各有一个圆形的祈祷室。图 2-13-8 就是其平面图。大厅的上方覆盖有圆形穹隆顶;穹隆分三层,构思甚巧妙:第一层穹隆顶正中开有一个直径 16 m 的大圆

洞，透过圆洞可以看到第三层穹隆顶上绘的壁画，第二层穹隆顶在底部周边开窗，射入的光线将画面照亮。这是古罗马万神庙穹隆顶圆洞与意大利巴洛克教堂天顶画的综合。教堂立面造型简洁有力，整个建筑可视做方圆几何体的组合，上部圆形穹隆顶为构图中心，下部方正敦实，犹如基座。立面突出柱式垂直性，产生向上的动势，与穹隆顶的双肋相呼应。外部(第三层)穹隆顶高 100 余 m，为木架支撑，复以铁皮，表面贴金。教堂大厅下面是拿破仑一世的墓。

五

旺道姆广场位于巴黎塞纳河畔，歌剧院广场附近，此广场建于 1699—1701 年。建筑师是孟莎。巴黎在 17 至 18 世纪造了许多广场，以改进市容。广场形式多样，有封闭的，也有开敞的，形式有方形、矩形、圆形、三角形和多边形等。旺道姆广场的设计具有代表性。广场平面为当时喜欢的抹去四个角的矩形。广场长 141 m，宽 126 m，有一条大道在中间经过。广场中央原有路易十四的骑马铜像，法国大革命后被拆除；到了 1806—1810 年，被拿破仑为自己建造的记功柱所替代，以纪念奥斯特里茨战役的胜利。记功柱高 41 m，仿古罗马图拉真记功柱的形式。内为石制，外包青铜，柱身上刻有拿破仑的战绩，柱顶为拿破仑的雕像，形象如同罗马皇帝。广场周围是统一的三层古典主义城市建筑，底层为券柱廊，廊后为商店，上面是住宅，但在两个长边的中央与四角处有重点的处理，以便表明广场的轴线，并突出中心。

第三节　晚期古典主义和洛可可建筑

一

18 世纪末，西方建筑走向晚期古典主义时期，这与社会历史有密切的关系。路易十五于 1723 年亲政，这位法国皇帝，与路易十四完全不同，他不思进取，昏庸、享乐、无能，享受着路易十四所建立的基业，他骄奢淫逸，沉溺于凡尔赛宫中，过着荒淫奢靡的日子。他甚至说，他这一辈子已经足够了，“死了以后管它洪水滔天。”当时许多新税不断加征，人民负担更加沉重，加上对外政策屡屡失败，到了 18 世纪下半叶，法国已渐渐失去了欧洲强国的地位。后来便爆发了法国大革命，将路易十六送上了断头台。

因此，在建筑方面，法国古典主义以后，就走向另一种风格，即洛可可风格。所谓洛可可(Rococo)，这是个音译之词。“洛可可”，是从“洛卡伊尔”一词派生出来的，原意是指描写那种贝壳的装饰图案。这种风格最初出现在室内装饰、工艺美术、家具和绘画上，产生于 18 世纪 20 年代。在建筑上主要也反映在室内装饰上。

洛可可风格就是路易十五所喜欢的的那种软绵绵的适合于享乐生活的艺术风格，后来这种风格又被称为路易十五式。不但在建筑和工艺美术上出现，而且也在雕塑、绘画、文学、音乐甚至哲学上出现。在雕塑上，如柯斯弗可斯的《狄安娜》，库斯图的《马尔勒之马》，鲁兰的《太阳之马》等等。在绘画上，如布歇的《浴后》，佛拉哥纳的《秋千》、《少女》等等。

洛可可风格的具体的设计手法是在巴洛克的基础上演变而来的，其主要特征是：应用明

快的色彩和细腻的装饰，但不像巴洛克那样有强烈的光色和动态感。在洛可可的装饰中，常用不对称的构图，大量使用弧线，如用旋涡等作为装饰图案，天花和墙面常常用曲面相连。在色彩上，喜欢用嫩黄、粉红、浅绿、天蓝等，天花用蓝色，并有白色相间。

二

在建筑上，洛可可风格多在室内装饰上表现出来，用纤细的线条，曲线及曲面的形象，素淡的色调（多用粉红、鹅黄、嫩绿、浅灰等），组合成具有脂粉气的空间氛围。如斯丹尼斯拉府邸、苏必斯府邸等。

建筑上的洛可可风格，最典型的要算是南锡中心广场了。南锡是法国东部墨尔特-摩泽尔省的省会，其北部为中世纪老区，南部为19世纪所新建的。1759年建造新的城市中心，即南锡中心广场（图2-13-9）。

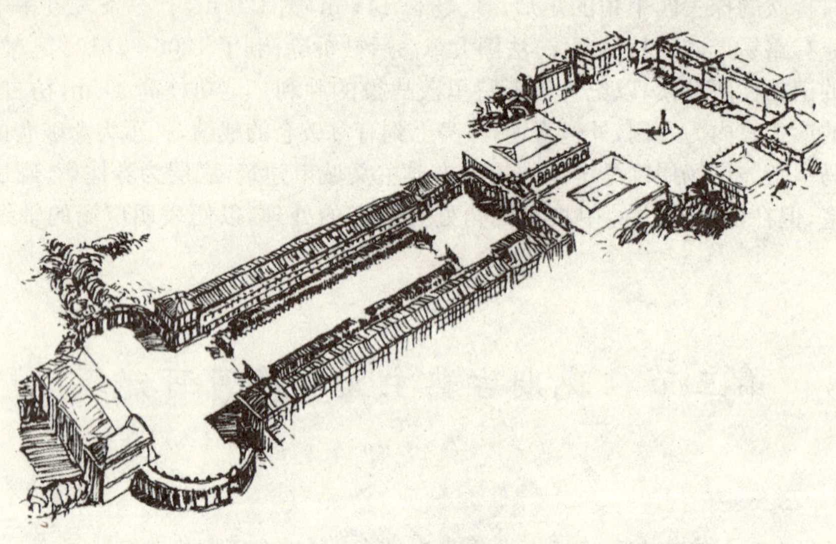

图2-13-9　南锡中心广场

法国的城市广场，18世纪以后建造的不再是用建筑环绕的封闭的形式，而是以更丰富多变的空间造型，南锡中心广场就是其中最成功的一例。这个广场其实是在一条全长达450 m的南北向轴线上排列起来的一系列的广场群。北端为一长方形的广场，称政府广场，它的北面是主体建筑政府大厦，两端伸出半圆透空柱廊，透过柱廊，可以望见广场外大片绿地，视野开敞；中间是一狭长的跑马广场，两侧是两层的楼房，长约200余m。为打破单调沉闷的感觉，在建筑前植树数排，形成一条绿荫长廊。跑马广场尽端是一个凯旋门，为纪念路易十五而建。穿过凯旋门，进入一个更狭的空间：桥。桥下面是护城壕，宽达60 m。最后是斯丹尼斯拉广场，又叫路易十五广场，宽105 m，长120 m，四角敞开，分别装饰着喷泉和铸铁花栅门。铁栅门做得很精美，表面镀金，看上去轻盈玲珑，表现出典型的洛可可风格。广场中央立着路易十五铜像。

南锡中心广场是一组封闭式的序列空间，共有三个广场，它们大小、形状、方向各不一样，加上绿化的配置，空间有开有合，不断变化，还有喷泉、雕像、铁栅门、凯旋门的点缀，广场外树木、河流、街景的引入，大大地丰富了广场的景观和空间层次。

三

所谓晚期古典主义建筑，一般是指法国18世纪下半叶建造的古典主义形式的建筑，其特点是仍保持古典主义形式法则，但显得缺乏生气和活力，因为古典主义从整个西方文化来说，其高潮已经过去了，特别是经过路易十五时代的洛可可文化风格以后，更表现出晚期形态。

晚期古典主义建筑的典型作品，是在凡尔赛宫大花园中的小特里阿农（宫殿），建于1762—1764年，这是路易十五王后所建的宫殿。这座建筑的造型为典型古典主义形式：保持纵、横三段处理。建筑的基座做得比较高，门廊由四根科林斯式柱子，整座建筑在虚实、比例等方面处理得当，形态简洁，应当说是一个古典主义建筑的优秀作品。

四

法国另一座晚期古典主义建筑是马德兰教堂，位于巴黎的协和广场附近，建于1807—1842年。此建筑早在1777年就开始设计，工程进行过程中拿破仑决定将它改名位“军功庙”。拿破仑失败后，仍改为原名。

这座教堂正面八根柱子，侧面十八根柱子。建筑宽45 m，长101.5 m，高30.5 m，柱子高20 m。其规模完全可以和古罗马的最大的庙宇相媲美。教堂立在高约7 m的基座上，它的前后两面均有宽阔的台阶。

教堂的柱子间距只有两个柱径，柱高不到底径的10倍，因此它没有科林斯柱式通常所具有的那种比较轻快的性格。教堂形象显得沉重、森严。当然它也是很雄伟的，这种建筑被称作是“帝国风格”。

五

法国还有一座著名的晚期古典主义建筑，即巴黎万神庙，又叫圣日涅维教堂，建于1757—1789年。这座建筑在风格上也属罗马复兴式。

这座建筑的平面为希腊十字形，长110 m，宽83 m，中央有大穹隆顶覆盖。穹隆顶采用与巴黎残废军人教堂类似的里外三层的做法。最里面一层的顶上有圆洞，透过圆洞可以望到中间一层顶上的绘画。穹隆顶内径20 m，从地面至穹隆顶上的尖顶最高处为71 m。圆顶挺拔而庄重，鼓座外围有一圈较纤细的柱廊。除中央穹隆顶外，其四臂也覆盖扁平的穹隆顶，它们都支承在帆拱上，穹隆顶的四侧是筒形拱。

万神庙的外面，为封闭的大片实墙面，只在檐部处理了连续的装饰浮雕。西面柱廊的平面和立面均受古罗马万神庙的影响，六根高达19 m的科林斯式柱子立在台阶上，顶上为三角形山花。

六

在这里我们还要说一座很著名的建筑，奥地利的舍恩布隆宫，即美泉宫。这是一座奥地利哈布斯堡王室的避暑离宫，位于维也纳的西南部。1694年，玛丽亚特里萨女皇下令修建。这座宫殿略小于法国的凡尔赛宫，但做得非常精巧。宫内有1 400个房间，从中央大厅进去，有44间是洛可可式的，幽雅别致，纤巧华美。但大多数房间是巴洛克式的，既庄重，又华贵。

宫中专门有东方古典式风格的建筑，装饰繁琐，有的是中国式的，也有的是日本式的。宫内有哈布斯堡王朝历代帝王大摆宴席的餐厅和华丽的舞厅。奥地利政府现仍在这个舞厅内举行舞会，或在餐厅内设宴招待贵宾。宫中陈列着几辆玛丽亚特里萨女皇加冕大典时用过的绣金马车。

在宫殿的长廊上，挂满哈布斯堡王朝历代皇帝的肖像画和特丽萨女皇所生 16 个儿女的肖像画。其中最令人注目的是法国路易十六的皇后玛丽·安东涅特少女时代的画像。玛丽皇后是在这个宫里长大的。法国大革命时她与路易十六一起上了断头台。

各个房间和回廊的拐角处装有各种式样的火炉，俄国式的大火炉造型很奇特。宫殿的后面是一座巴洛克式的大花园，园中百花争艳，增添了离宫之美。拿破仑两次占领维也纳时，都在这里住过。

从建筑造型来说，这座舍恩布隆宫属西方古典建筑后期的近乎折中主义风格的建筑，它融古典主义、巴洛克和洛可可风格于一炉，基本上说，它的外形多为古典主义风格，而在室内和细部，则多为巴洛克的做法；在细部与装饰上，则多用洛可可风格。

第十四章
西方古代晚期的建筑

第一节　古典主义以后的建筑

一

西方古典主义建筑大体可分盛期和晚期两个时期，这些内容在上一章里已作了较详细的论述。从18世纪末开始，整个西方古代文化行将终结，建筑也不例外。西方古代建筑到了18世纪末，明显地表现出晚期的特征。这个建筑特征就是：新的少，旧的多；新的无非是在旧的基础上翻翻花样而已。当时出现了许多“风格”，但都是复旧的，如新古典主义、希腊复兴、罗马复兴、折中主义、古典复兴等等。

其他文化门类，如文学、绘画、雕刻等等，也都是这种情形，所以有人形容这个时期的文化是“谢幕戏”，建筑的情形也一样，这些建筑风格都是西方历史上曾出现过的，重新加以整理，拿出来充当新的风格。看起来似乎琳琅满目，但其实没什么新东西。所谓“霜叶红于二月花”，这正是一个大的历史阶段行将终结的现象。

二

其实，意大利文艺复兴运动，已经给西方社会走向近代打开了大门。自从反禁欲的世俗思想、人文主义、反对教会专制等的兴起，就为文明和进步开拓了广阔的前景。这当然首先要归功于科学技术，连续不断的科学技术进步，最终导致了经济的发展和社会的变革，继17世纪中叶的英国革命和18世纪的法国大革命之后，到了19世纪，整个欧洲的古代的封建专制的社会结构已开始整体的解体；另一方面，它也导致了更大规模的科学技术的变革，在生产、经济等各方面促使古代的终结和近代的开端，这就是从1760年开始的产业革命的基础上，又出现了电的应用(1866年制成“西门子发电机”，标志着电力革命的开端)，加速了社会从古代走向近代的进程。

除了建筑以外，其他的艺术门类也同样如此，从18世纪下半叶到19世纪末，这个时期在绘画上，由古典主义到浪漫主义，这是变革的序幕，后来便出现了印象派，则加速了传统的

古代绘画的终结。后来由印象派到后期印象派，又出现了立体派、野兽派、表现主义等等，真正地走向现代。不过这些是20世纪初的事了。

音乐也同样，浪漫派音乐的出现，标志着古典音乐的终结。在这之后，就出现了印象派音乐，然后也出现了许许多多的现代派音乐。

建筑作为艺术文化，它的变革，其实从19世纪中叶就开始了，当时出现了伦敦水晶宫、巴黎机械馆等等，以后也就陆续出现了好多近现代建筑流派，这些内容有待下一篇去详述了。

三

这个时期的建筑，可以通过两个实例来看。

一是巴黎的圣心教堂。这座教堂始建于1875—1877年。建筑的下部，近乎罗马风建筑形式，看上去存在着一些厚重的墙体，而且其门窗也基本上用圆拱形；而在它的上部，却用了许多尖圆的穹隆顶，具有强烈的东方色彩，这令人联想起古代的拜占廷文化或俄罗斯的建筑形态。这种多种建筑风格糅合在一起但又组合成自己的新的风格之建筑，被称为“折中主义”。在19世纪70年代前后的欧洲是很流行的。

二是德国慕尼黑城门。慕尼黑是一座比较古老的城市，这个城门与其城市风貌是比较协调的。它所采用的建筑形式是希腊复兴式，建于19世纪中叶。从形式上说，构图对称、庄重，会令人想起古代雅典卫城山门的形象。此建筑主立面正中为一山花柱廊式建筑，中间六根粗大的陶立克柱，显示出古希腊的纯朴、高雅的文化精神。两边对称的门楼，虽然高于正中山花，但以其造型的单纯性和左右对称性，使人感觉到它们是“次”，而不是“主”。至于为什么要用“希腊复兴”这种建筑形式，也许有两个原因：一是本质上的，因为古希腊建筑几乎都是硬朗的直线形的，很少用曲线，这种风格很像德意志文化的性格；二是就事论事，因为建造慕尼黑城门之时，正值德国欲讨好希腊的时候，当然接着的目的是为了得到希腊。但从整个德国古代晚期的文化性质来分析，重要的是前者。

第二节　法国的建筑

一

在上一章里已经说到，如巴黎万神庙、凡尔赛宫中的小特里阿农宫那样的建筑，已经与以前的古典主义有所不同了，已经显现出晚期特征。到了19世纪下半叶，这种特征则真正地显现出来了，如巴黎歌剧院、巴黎圣心教堂等等，都是典型的实例。

法国文化到了19世纪中叶，其古代晚期的特征在整个西方文化中可能是最为典型了。除了建筑，其他文化领域也是如此。如文学，当时法国的《巴黎圣母院》(雨果著)，是浪漫主义文学的典型代表。《红与黑》(司汤达著)、《人间喜剧》(巴尔扎克著)等等，都是批判现实主义文学的典型代表。又如绘画，继新古典主义之后，就有浪漫主义出现，最典型的就是德拉克罗瓦，他的《但丁与维琪尔》、《萨尔达纳帕尔之死》等作品，明显地产生了许多新的形式、手法。但从整体上看，则仍然属于西方古代的，直到后来出现的印象主义、后期印象主义、野兽

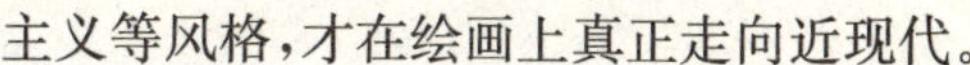
主义等风格，才在绘画上真正走向近现代。

二

在这里我们要论述几个法国当时出现的建筑。先说巴黎歌剧院(建成于 1874 年)，如图 2-14-1 所示。这座建筑称得上是整个 19 世纪下半叶的西方最漂亮的建筑了。这座建筑的文化意义不限于建筑，在欧洲的好多古典小说中经常会有这样的描述：一位高贵的伯爵带着华贵的夫人乘着自备的马车，来到歌剧院门口，车子停下来，两人双双下车到剧院里去看戏。他们步入大厅，在豪华的包厢中，这时大厅里的气氛就变得异常热烈，千百人站起来，骚动着，注视着这两位高贵的宾客。人们交头接耳地议论着什么。在演出过程中，小说还不时地描述着这种情景的细节，当然也多少要描述这高贵华美的建筑。

图 2-14-1 巴黎歌剧院

巴黎歌剧院始建于 1861 年，它的建造的最主要目的就是为那些新兴的资产阶级的享受，但从文化情调来说，仍适合于古代的贵族和上流社会的人享用。这座剧院规模甚大，要比德国柏林宫廷剧院还大。

巴黎歌剧院的正面是一排宏伟的柱廊，观众可以从这里(或者也可以从两侧入口)进入剧院门厅及门厅右边的楼梯厅。中央的大楼梯可以通向观众厅，而两侧的大楼梯则通向各层的包厢。门厅和楼梯厅是整个剧院中装饰得最富丽、最豪华的场所了，真可谓光彩夺目，世间难觅的华贵之地。

歌剧院的观众厅，其平面呈马蹄状，这种形状的空间，不论是从室内音响效果还是从视线质量上说，都是很理想的形状。观众厅池座宽 20 m，长 28.5 m；楼座除了舞台外，其余三面都有包厢，共四层，层层叠叠，增添了室内空间的华美气氛。这个剧院共有座位 2 150 个。池座地面是有坡度的，前低后高，视线效果很好。包厢做得很深，有里外两间，里间是观看演出的，外间是休息的，兼作社交活动的空间。剧院中包厢的出现，也表现出等级制度。那些豪华的包厢只有皇室和贵族们才可以享用。包厢也有等级之分，次等的人只能用较差的包厢。

歌剧院的舞台很宽大，宽 32 m，深 27 m，台口宽 16 m，高 13.75 m，台面略有坡度，为的是让观众更好地看到演出时的地面动作。舞台的上部吊装各种布景，因此它高达 33 m。从其外形上看，最高的山墙就是舞台的上部。一般说剧院建筑形象都有这一高高的舞台。

在剧院的楼梯厅后部，在观众厅池座下面还设有一个圆形大厅，一个休息厅，这些空间是供上流人物进行社交活动的场所。

巴黎歌剧院的外形，装饰得十分花俏，它既有古典精神，又有世俗风韵，既有古代传统，又有好多东方建筑形式。在立面上还运用巴洛克柱列、洛可可装饰，丰富多彩，花枝招展，在折中主义原则上还加上许多巴黎所特有的装饰。

三

法国古代晚期的另一座杰出的建筑是巴黎明星广场(如今改名为戴高乐广场)上的雄师凯旋门。这座建筑的风格,应当属新古典主义,如图 2-14-2 所示。雄师凯旋门始建于1806年,到1836年才建成。这座凯旋门原为纪念法国在奥斯特里茨战役的胜利而建,当时拿破仑给它题名为“光荣属于伟大军队的战士凯旋门”(又称“雄师凯旋门”),但实际上是拿破仑自己的纪念碑。

图 2-14-2 巴黎雄师凯旋门

这座建筑完全仿照古罗马凯旋门的形式。当时拿破仑为炫耀强盛壮丽,所以许多建筑都模仿古罗马建筑,用古典主义形式。这座凯旋门是世界上最大的凯旋门。它高 49.4 m,宽 44.8 m,近乎正方形立面,凯旋门采用古典的构图手法,中间的圆拱门高度正好等于两个拱圆直径,上部半个圆(半径)为圆拱部分,下部直线部分高度为 1.5 倍的直径。拱的圆心正好位于整座凯旋门(正方形)的中心。如果在这个正方形上作两条对角线,那么这个圆心正好与对角线交点重合。古典主义建筑十分注意构图,可以用几何来分析它的形式美。

在凯旋门上,铭刻着跟随拿破仑远征的 386 位将士的名字,以示纪念。在正立面上,有两个大型浮雕,六个小浮雕,其中最有名的是门右侧的一幅,名叫《马塞曲》,是高浮雕,是著名的法国雕刻家吕特的作品。

第三节　英国与俄国的建筑

一

19 世纪的英国,由于它的科学技术和工业的突飞猛进的进展,从而其国力大增。17 世纪的资产阶级革命,18 世纪的产业革命,使它成了当时世界上的强国。英国在海外大量地建立殖民地,当时号称“日不落帝国”,即一天 24 h 总有英国国旗升起。可是,英国的社会制度却是保守的,有英国皇帝,实行君主立宪制。不但在制度上,而且在观念形态上也比较保守,英国在当时对它在历史上的一些事迹沾沾自喜,特别对亨利第五时代(15 世纪初)的光辉业绩感到无比荣耀。因此,19 世纪的英国文化多少与这种怀旧情结有关。如建筑,当时也就热衷于中世纪的形态,名曰“哥特复兴”,如英国的国会大厦就是典型一例。

但由于英国在科学技术上的先进性,许多创造发明也随之而起。在建筑上,在 19 世纪

中叶也就出现了伦敦“水晶宫”(世界工业博览会展览馆)等的新形式的建筑。

俄国在19世纪时，在生产、经济诸方面都比较落后，远远比不上西方的几个发达国家，当时似乎还停留在农奴社会阶段。早在18世纪初，彼得一世(1672—1723)这位开明皇帝打开了通向西方先进国家的窗户，但不久又被保守势力所取代。不过，19世纪的俄国，在文化上却是比较有成就的。这种文化大体都属批判现实主义，如绘画上的列宾、苏里柯夫等，文学上的屠格涅夫、托尔斯泰等。19世纪的俄国，在建筑上也有不少成就。如圣彼得堡涅瓦河边上的海军部大厦，是这一时期的建筑之典型代表。还有如亚历山大剧院、十二月党人广场等。在这之后，到20世纪初，就爆发了十月革命。

二

如上所说，当时英国对于15世纪初亨利第五时代的历史念念不忘，所以当时的建筑形式也被认为是一种值得怀念的形式(即哥特式)，到了19世纪，这种形式在新的建筑中再次出现，于是便称之为哥特复兴式。

英国哥特复兴式建筑最典型的代表就是伦敦泰晤士河边上的国会大厦，见图2-14-3。此建筑建于1840—1852年，但最终建成是在1868年。这座建筑的设计者是查尔斯·伯里，由于他的这个出色的设计，当建筑建成后他也就被封为爵士了。这座建筑包括上、下议院，威斯敏斯特教堂，钟楼及维多利亚塔等。

图2-14-3 英国国会大厦

英国国会大厦又称为威斯敏斯特宫。其中的议会大厅相当豪华，是一个圆形的建筑，但在中间分开两半，南面的一半是上议院，又称贵族院；北面的一半是下议院，又称众议院。在大厅的走廊里，放置着好多珍贵的艺术品，包括巨幅的历史画及许多雕像等。

维多利亚塔十分巨大，是一个正方形平面的塔式建筑，平面每边长23 m，整座塔高90 m余，分为十一层，全部用石材构筑成，所以它不怕火烧，用来存放重要的档案资料。这座建筑从泰晤士河上看去，形象很突出。另一个塔式建筑是高达97 m的钟塔。塔上是一口巨大的时钟，共四面，每面形状大小均相同，直径达7 m，钟摆重达300 kg。这个钟每隔一小时都会发出响亮而美妙的音乐。

威斯敏斯特宫所采用的建筑形式称哥特复兴式，这种建筑形式带有浪漫主义特征，故又称浪漫主义建筑。

三

在俄罗斯圣彼得堡的涅瓦河边上，耸立着一座壮丽而美观的建筑，即海军部大厦。这座建筑建于1806—1823年。此建筑在形式上属新古典主义。它的建成标志着19世纪俄罗斯建筑的新成就。这座建筑的主体部分如图2-14-4所示。

图 2-14-4 海军部大厦

海军部大厦建造在一个造船厂的旧址之处,平面为一巨大的三合院,一面向涅瓦河敞开,正立面朝向城市广场。建筑长达 407 m,侧面两翼长 163 m。正立面处理突破传统的古典式的纵分五段的教条,形成三条立面纵轴线。两端各作五段划分,中轴正中有高耸的中央塔楼,高达 72 m,以形体对比起着统率整个长且平的建筑的作用。构图起伏变化,完整而紧凑。塔楼设计很有独创性,由底层厚重的立方体依次递减到轻盈的爱奥尼柱廊、扁平的穹隆、小巧的八角亭,直到最后为高达23 m的八角尖锥顶,顶端托着一个形若战船的风向标,象征着俄罗斯海军的威力。塔楼底层券洞两侧、上方及檐部、女儿墙上分别装饰着浮雕、圆雕等主题性雕刻,进一步加强了建筑的纪念性。这个塔楼正对彼得堡最重要的大街——涅瓦大街,成为圣彼得堡市内多处能见得到的标志性建筑。

第四节 德国和意大利的建筑

一

德国 19 世纪也有不少著名的建筑,如慕尼黑城门、雷根斯堡烈士纪念堂、柏林国家美术馆及柏林宫廷剧院等等。

慕尼黑城门已如前所说,这里还要说雷根斯堡烈士纪念堂,这座建筑建成于 1841 年,此建筑被称为对古希腊帕提农神庙的抄袭。从这里可以看出当时德国是何等的热衷于古希腊文化。这个纪念堂立于一座小山之上,前面是大台阶,分几层转折,很有气势,虽有庄重性,但缺乏平易近人的精神。纪念堂的屋顶采用当时很先进的铁屋架,由天窗采光。室内处理还比较新颖。

二

柏林宫廷剧院虽然建造较早,于 1821 年就已建成,但从建筑的风格来说,则已属西方古代晚期风格中的希腊复兴式。这座建筑的设计者是德国著名建筑师辛克尔,他是一位杰出的德国宫廷建筑师。

柏林宫廷剧院的外形,完全按照古希腊的法式,不仅强调檐口的横线条、柱廊等,而且更强调山花,如图 2-14-5 所示。对称,强调直线、水平线,这些都是希腊复兴的主要特征。它的室内形态也很庄严,观众席座位设了1 821 个,有意无意地象征建造的年代,1821 年。

图 2-14-5 柏林宫廷剧院

三

意大利在17世纪巴洛克建筑十分兴盛，但到18世纪衰落了，后来这个国家被支解，直到19世纪中叶才开始统一。这个统一，要归功于萨丁国王爱麦虞限（又译成伊曼纽）二世，他领导意大利人民为祖国统一而战斗，直到最后胜利，因此后来就为他树碑立传，建造纪念碑，称祖国纪念碑。这座纪念碑也就成了当时意大利最重要的一座建筑。

图2-14-6 爱麦虞限二世纪念碑

这座纪念碑建造在罗马城内的卡必多山上，始建于1885年，直到1911年才建成，如图2-14-6所示。这座纪念碑最初叫爱麦虞限二世纪念碑，后改为祖国纪念碑。

这座纪念碑前面是一个高达11.9 m的铜像，即骑着战马的爱麦虞限二世像；后面是无名英雄墓，上面用一个高达70 m，长135 m的大型柱廊，下面设宽阔的大台阶，气势十分壮阔。这里终年点燃着火炬，并有两名士兵守卫着。

这座纪念碑的形式是模仿古希腊晚期建造在帕迦玛的宙斯祭坛。纪念碑的主体建筑是柱廊，柱子高达15 m，上面还设有女儿墙。柱廊的两端各用四棵柱，上设山花作收头。在两端的山花上，各设一个雕像，其形象为带翅膀的胜利之神，站在四骑战车之上。这样，整个建筑形象就显得很完整稳健。以水平线条（檐部和女儿墙）为主，以垂直线条（柱子）为次，形成交响曲式的造型效果，也符合纪念性建筑的形象特征。这座建筑全部用白色大理石贴面。洁白的墙面和柱子之间的空间暗部，形成明暗对比，其形象更感到和谐、壮观。

纪念碑由大台阶承托，高高耸立着，它象征着对祖国统一的纪念意义，同时也是无名英雄的墓。前面的铜像和后面的柱廊，使这一建筑富有层次感。同时，由于它建造在罗马卡必多山上，所以在罗马城里有许多地方都能望见这个巨大而富有特征的形象。

第十五章 西亚和南亚等地的古代建筑

第一节 东西方之间的文化和建筑

一

世界上有两大文化系统，这就是以中国为主的东方文化系统和以欧洲为主的西方文化系统。除此之外，还有一个两者之间的东、西的中间地带的文化系统，这就是地跨欧亚非地区的文化系统。从中世纪至今，也可以说是伊斯兰文化系统。除了这三大文化系统之外，则是一些另星的，如大洋洲的、美洲的、非洲的等等。在这一章要说的是亚洲的建筑及其文化。

先要说的是西亚、小亚细亚一带的建筑。这一地区，说起来是比较古老了。其中的两河流域，早在公元前 3 000 年就有人的聚落，而且已出现早期的国家。在它的西面有小亚细亚（今土耳其），东有印度，这些地方都是世界文明的发祥地。如此看来，这一带都是古老的文化"厚土"了。关于这些古老的文化和建筑，我们已在前面说过了，在这里要说的是从中世纪以后这里的文化和建筑。

自从古罗马分裂成为东、西两部分之后，这里有大部分地区是属东罗马拜占廷帝国的疆土。东罗马文化是西方文化的第二次大规模东渐（第一次是希腊晚期），由于这里建立了从西方迁来的大帝国，因此这里的文化产生了独特的性质和特征，即融合了东西方两种文化。东罗马拜占廷帝国的延续时间甚长，达 1 000 余年，直至 1453 年才被土耳其奥斯曼帝国所消灭。从此，这里也与阿拉伯文化联系起来了。

二

所谓阿拉伯文化，是由阿拉伯半岛一带发生并蔓延开来的。阿拉伯，在公元 7 世纪强大起来，当时穆罕默德的继任者号称"哈里发"（即继任者），他利用集权政治来统治国家，并侵占叙利亚、巴勒斯坦、伊朗，继而向埃及、利比亚、突尼斯、阿尔及利亚、摩洛哥等地进军，一直打到西班牙。在东方，跨过印度河直向印度北部挺进，又入中亚细亚、帕米尔，直接威胁着中国。当时中国是唐朝，唐兵抵挡住了阿拉伯扩张势头。以后，在这一大片土地上，都为阿拉

伯帝国的版图，并且也是阿拉伯文化之土壤。

阿拉伯文化在世界文化中独树一帜，他们是在远古的古老文化中承接下来的。在文化成就上，一方面靠自身的传承；但另一方面，更多的是接受了外来文化，如接受了中国的造纸技术、印刷术等(公元8世纪初)，以及接受了许多西方的古代学术。在文学艺术上，阿拉伯文化有独特的风格，如文学名著《一千零一夜》，还有阿拉伯文字后来发展成书法，也能与中国的书法相媲美。特别是建筑，成就更大。

三

在伊斯兰教兴起之前，这里是犹太教、基督教的传播地。但在阿拉伯半岛上，各地部落仍有自己独立的宗教信仰和信奉的神。在麦加，克尔伯古庙中不但供奉着古莱西部落的主神“安拉”，也供奉着其他部落所崇拜的神像。这就是伊斯兰教产生之前这里宗教概况。伊斯兰教的创立者穆罕默德(公元570—632年)，出身没落贵族，曾到过巴勒斯坦等地经商，对犹太教、基督教更有所了解。大约在公元610年，穆罕默德在麦加宣称“安拉”为唯一宇宙之神，唯一真主，他自称是“安拉”的使者，最后的先知。

伊斯兰教不崇拜偶像，而是崇拜来世，信仰灵魂的永恒。伊斯兰教传布初期，曾遭到当时在麦加居于统治地位的贵族和富商的迫害。公元622年，穆罕默德及其门徒被迫从麦加出走到雅特里布。伊斯兰教称这一事件为“徒志”，往后就把这一年定为伊斯兰教历之纪元。以后雅特里布就改名为麦地那，即“先知之城”。

四

伊斯兰教建筑中的庙宇称清真寺。“清真寺”是中国对它的称呼，始于明代正德年间，意为“清净无染”、“真主之清净”、“真主原有独尊，谓之清真”。清真寺阿拉伯文音译为“麦其吉德”，意谓“礼拜的场所”，也有的叫“礼拜寺”。伊斯兰教徒举行宗教仪式，传授宗教知识的场所之通称。初为做礼拜用的、周围有廊的露天大院，后来才出现有院子、房子和讲台组成的朴素的礼拜场所。以后各伊斯兰教地区，结合各自的建筑传统，建成具有地域特征的寺庙。比较常见的建筑形式是圆形拱顶(形如洋葱头)的正殿和尖塔式的宣礼楼。礼拜正殿和内壁龛背向麦加的方向建造(世界上任何地方)，以示信徒跪拜的朝向面对圣地麦加。壁龛的右方有敏拜楼，入寺礼拜者必须作净、脱鞋。

第二节 伊斯兰建筑文化概述

一

如上所说，伊斯兰建筑主要是其寺庙，即清真寺，其余则是大量的居住性建筑。但从建筑的结构和风格来说，两者是比较相近的。无论是清真寺还是居住性建筑，多在建筑的表面作烦琐的细密装饰。建筑通常用拱券结构，拱券既是结构对象，又是装饰物。各地的伊斯兰建筑形式大同小异，如果要分类，则可以分伊朗和中亚的、印度的、西亚非洲的、中国西北地区的、土耳其的等等。另外，从历史的纵向来说，早期的，古代晚期的，近代的，也有所不同。

下面结合实例来分析。

二

早期的清真寺,最典型的是大马士革的大清真寺,这座建筑建于公元706—715年。这是一个大型的建筑群,总占地约11.7 hm²(385 m×305 m),四周有围墙,墙的内侧是一圈柱廊。清真寺在院子的正中,东西长157.5 m,南北宽100 m,四合院形式,四角建有塔楼。大殿在南侧,甚为高大,进深三间,有两排柱子,纵轴线形式,正中有一个穹隆顶,这是11世纪时加上去的。

伊朗及中亚细亚一带清真寺,其建筑着重在门楼和圆穹大殿。这里的清真寺形式大体有这些特征:首先是围绕着宽敞的中央院落进行布局。其四周都是殿堂,以正面的为主殿、大殿为主体。一般为横向展开,面阔大于进深(有些像中国的做法)。其次,建筑的柱网成正方形的"间",每间覆有一个小穹顶。其三,为了追求端庄性,所以像东正教堂一样,用集中式布局,大殿的正中辟一间正方形的大厅,上面有一个大穹隆顶,下面的鼓座往往做得很高,因此建筑外形显得很突出。但有时为了在结构上解决推力的问题,在穹隆顶的下部四面再做小拱,形成十字形平面,这就更像东正教堂的做法了。

这种清真寺,比较典型的有比比-哈内清真寺、伊斯发罕清真寺等。比比-哈内清真寺位于今乌兹别克的撒马尔罕市内,此寺规模较大,正殿进深九间,两侧殿进深各四间,中央一个大穹隆顶,其他小穹隆顶不计其数,据统计约有400余个。正中是个大院,四周建筑中轴线对称布局,高大辉煌,在伊斯兰的清真寺中称得上是一个规模较大的了。

三

伊斯法罕清真寺建于1612—1646年,即伊朗苏菲王朝时期。这里是当时伊朗的首都,是全国政治、经济的中心,这座清真寺位于城市中心的皇家广场。这是一个四周用围廊围成的巨大庭院式空间,长512 m,宽159 m。皇家清真寺位于广场的南侧,主轴线对着圣地麦加,所以它与皇家广场的偏角几乎是45°,这也说明了宗教的权利与地位。建筑围绕中央院落来布置,正中为方形的礼拜殿,其上是两层连续尖券鼓座,托起一个巨大的穹隆顶,使它离地达54 m,那饱满而有力的穹隆顶形象,形成了建筑的构图中心。朝南内院的礼拜殿立面是一个竖直的高墙,在正中开了一个半边的穹隆顶,深深地凹入门廊(图2-15-1)。高墙的两侧,立着一对高高的尖塔,塔顶上有一小穹隆顶,连接着两翼的尖券回廊。门廊穹隆顶表面砌着钟乳体图案,中央穹隆顶及墙面上布满各色琉璃镶嵌,璀璨华美。这就是伊朗传统艺术:细密画与建筑的结合。其实,这种中央大穹隆顶的形式及凹廊穹隆顶门廊,最早出现在陵墓上。由于它的庄严肃穆的形象,所以为伊斯兰宗教建筑所应用,形成了中亚细亚一带的清真寺建筑形式的一大特征。

图2-15-1 伊斯法罕清真寺

第三节 土耳其的伊斯兰建筑

一

土耳其,从地理上说被称为"欧亚非三洲之桥",称小亚细亚。这里早在古希腊时期就已经很繁荣了,后来建立了东罗马拜占廷帝国,更为不可一世,号称中世纪最强大的国家。当时它与我国已有所交往,称其为"大秦"。东罗马帝国信奉东正教,当时的建筑已如上面第十章所述。1453 年,土耳其奥斯曼帝国灭了东罗马,从此就演变为阿拉伯文化占主要地位。从宗教来说,则东正教也就被伊斯兰教所取代。

土耳其的伊斯兰建筑,其特征摆脱不了东罗马东正教的建筑传统,即为集中式、圆穹顶、帆拱等这些传统特征。

二

土耳其的清真寺,当以蓝色清真寺为最典型,这就是伊斯坦布尔的艾赫米苏丹清真寺,建于 1609—1616 年。由于它用两万多片蓝色的瓦砖装饰,所以有"蓝色清真寺"这一美丽的称呼。这座建筑是根据土耳其苏丹之令,于 17 世纪初开始建造。由于自己年轻,造成了某些过失,这位苏丹欲得到神的宽容,并且在当时他被迫签署一个条约:承认哈布斯堡王朝的统治者与自己享有同等的地位。这也促使他必须以某种形式来重新显示自己的宗教信仰和对伊斯兰教的忠诚。这座清真寺的设计者是一个伊斯兰教的高级神职人员,他花了整整 7 年的时间才完成自己的作品,可以说伊斯兰教的主要特征和精神,都在这座建筑中体现出来了。但这座清真寺与其他清真寺的不同之处在于它拥有 6 个高大的尖塔,其中 4 个耸立于清真寺外周的四角,另外两座位于庭院之边。

这座清真寺有三个入口,它们都通往一条露天长廊。长廊的圆柱由花岗岩凿成,长廊之顶由 30 个圆顶排列而成,长廊的外侧是一个位于庭院中央的六边形的喷水池(这类喷水池是清真寺的特征,有宗教功能。信徒在入寺前要在此洗手)。清真寺的东面是"麦斯德",即伊斯兰教学院。

蓝色清真寺的圆顶组合,形成一组和谐而有生气的图案:一个大的中心圆顶,由 4 个半圆顶环绕,再向外又是 4 个小圆顶。这些圆顶不但外形美,而且其内部也很神奇。这些圆顶组成一个大的拱形结构,由 4 根大柱支撑着。宽敞的空间和从窗户射入的光线,大大缓和了由数万块蓝色的瓦砖所发出的炫光感。

三

土耳其的另一座著名的清真寺是苏里曼清真寺,如图 2-15-2 所示。这座建筑的平面

图 2-15-2 苏里曼清真寺

布局也像东罗马时期的东正教堂，即圣索非亚大教堂，集中式布局。中央穹隆顶，形成建筑的构图中心，四周各设一个半穹顶，它们的高度低于中央穹顶的底部，故从结构上说起不到抵抗推力的作用。抵抗推力是由4根粗大的墩柱来承托，左右各有三个小顶。从其外形来说，尚为匀称，比例也比较协调。苏里曼清真寺建于1550—1556年。

第四节　印度的中世纪建筑

一

古代的印度，它的文化是从古代婆罗门教文化转换过来的，其建筑也是如此。后来的佛教文化，也基本上是这个格局。直到公元6世纪，在文化上可谓同一个脉络。后来婆罗门教经过佛教的改造，便形成了一种新的宗教，即印度教。

公元9世纪以后，印度教占了优势。印度教建筑也很有特征，一般的印度教庙宇，其外形做得十分厚重，有层层叠叠的山峰形象之效果。纵向高耸的形象和密密层层的水平线脚，四周有平台、台阶，有的有围廊。窗子较小，故室内光线较暗，充满宗教神秘感。平面多为方形，中轴线对称，有的大型庙宇也是将建筑四周用围墙围起来，总平面外形呈方或长方，好似一座皇宫。在印度的中部，最典型的印度教寺庙是松纳特普尔的卡撒伐寺。此寺建于1268年。寺的主殿大门朝东，平面呈十字形，东西长26.5 m，南北宽25 m，入室是一个长方形的大殿，中间有十二根柱子，在大殿的西端，有一正方形小厅，是神位之所在，在它的左、右、后，各有一个星形小殿，殿的上部各设一个塔状屋顶，增加宗教色彩。整座建筑置于一个与殿宇平面相同但比它大的平台上，平台东（正面）有台阶上下。整座庙宇被一个长方形的围廊围着，里面形成内院。围廊内共有64间小室。

二

在印度南部，印度教势力也相当大，这里的印度教庙宇，最著名的是马都拉大庙。这座神奇的庙宇称米纳克西，始建于1550年。相传米纳克西是一位公主，她出生时有三个乳房，曾向各方求救，有人说第三个乳房若遇到丈夫会消失的。后来此话果然为真，于是二人就在马都拉结婚了。庙内有祭祀米纳克西和湿婆的圣坛。寺庙的周围，围成一块长方形的场地，长约259 m，宽约223 m，其上有9座刻满神像的塔门，高达61 m，外围墙上有四座塔。庙内的许多建筑均建于17世纪中叶，但圣坛是12世纪建造的。庙内的一座奇特的建筑"千柱殿"建于16世纪中叶，实际的柱子为997根。这里的每根石柱都不相同，其上的图案烦琐而精美。千柱殿今已改为博物馆。寺庙的建筑布局严格遵守印度教建筑型制。建筑群的轴心是东西向的，这里有供奉主神湿婆的神龛，朝东布置。再往内的神坛为施行印度教的礼拜所在。信徒们按顺时针方向绕神像环行。据说信徒觐见神这种礼仪可以增福聚德，这和中国人朝圣寺庙之意相近。

三

古代印度佛教是在古代婆罗门教式微的基础上兴起的。但到了公元5世纪，随着印度

封建社会的发展，婆罗门教又重新抬头，排斥佛教，但又吸收了佛教中的一些教义，则成了印度教。婆罗门教的庙宇，多用石材，也有许多岩凿庙。马哈巴利普兰岩凿庙是印度婆罗门教建筑的代表，建于5世纪下半叶。这座寺庙建筑是印度南方达罗毗荼人在整块天然岩石上开凿成的。建筑的平面近正方形，约12 m见方，中间为殿。屋顶很高，呈方锥形，面上布满雕刻，其内容是描述早期婆罗门教的内容。在这个岩凿的顶上，凿出4层，下面3层即为整齐地排列起来的石凿茅篷，最下面一层每边凿5座茅篷，上面第二层每边凿4座茅篷，再上面第三层每边3座，这样共凿30座。最顶上一层凿出一个大茅篷，整个屋顶形象很完整(图2-15-3)。下部为庙宇的墙身，正面有门廊。三跨四柱。从整体来看，这座岩凿庙并不因为有了这许多形象而支离零乱，而是保持了清晰而简洁的轮廓：上部呈四棱锥，下部近乎立方体，很有庄重之感。

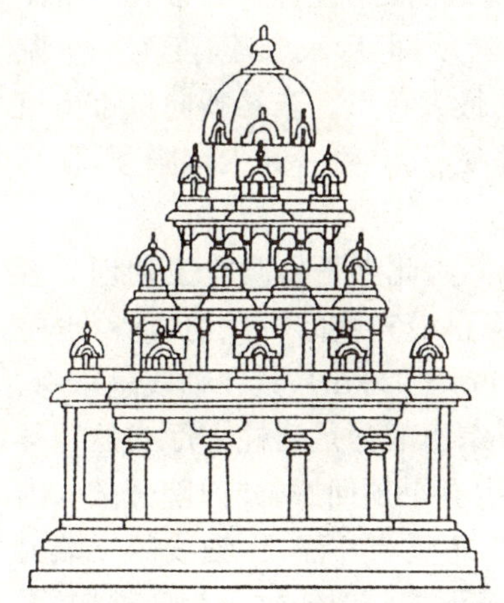

图2-15-3　马哈巴利普兰岩凿庙

图2-15-4　泰姬·玛哈尔陵

四

大约从13世纪开始，印度的伊斯兰势力强大起来，到了16世纪莫卧尔帝国时期就相当强大了。印度北部和中部，大量的文化是伊斯兰文化，其建筑亦然。

这里说一座著名的印度伊斯兰建筑：泰姬·玛哈尔陵，如图2-15-4所示。这座建筑建于1631—1653年，此陵墓是印度莫卧尔王朝第5代皇帝沙杰罕为他的爱妻泰姬·玛哈尔造的。美丽的泰姬得到沙杰罕的宠爱，两人形影不离。皇帝每次出征也要把她带在身边。一次，泰姬已身怀六甲，在与皇帝出征时不幸因难产而去世。皇帝决定为泰姬修造一座华贵的陵墓。此建筑耗资巨大，历时达22年才建成。这座陵墓是一个集中式的建筑，中间是一个直径达17 m的大穹隆顶，从顶端到地面的高度为58 m，四角各设一座塔，高41 m，每个塔的顶端都有小穹隆顶，建筑很有整体感。陵墓用洁白纯净的大理石筑成，上面还镶有48种宝石。陵墓大门是银制的。当时为了修建这座陵墓，花了许多人力物力；但不久却被异族入侵者一扫而空，只有这座大理石筑成的建筑仍留至今。

泰姬·玛哈尔陵称得上是一座完美的建筑。这座建筑是泰姬·玛哈尔陵园的主体，位于中轴线的末端，前面是一块空阔地，遍布芳草，间以水池，主体形象十分突出，也是一座优秀的陵园。这座建筑被称为“印度的珍珠”，它又被认为是“中世纪七大奇迹”之一。

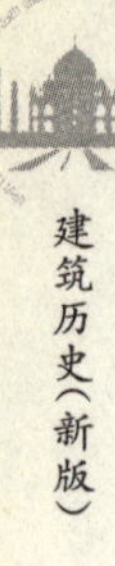

第五节　北非、西班牙等地的古代建筑

一

公元7世纪逐渐强大起来的阿拉伯帝国，不断扩张其疆土，向东渐入印度，北方达小亚细亚和中亚细亚，向西则经过北非一直到西班牙、葡萄牙等地。伊斯兰文化也就广达亚、非、欧三洲。

埃及开罗的苏丹·哈桑礼拜寺，建于1356—1362年。此建筑的形式为集中式，大穹隆顶，并有高而细的尖塔。这座建筑还重视装饰，高大的半穹隆式的凹廊，墙面上布满细密图案。寺的平面为十字形，在十字交叉处，原拟建一个中央穹隆顶，但后来未建，变为一个院落。十字的四翼为四个大厅，全部向院落敞开，这就是此寺的最大特点。东端朝向城市街道处，建有一座28 m见方的墓堂，立方体是一多边形鼓座的过渡，其上覆一圆尖穹隆顶，顶高55 m。

埃及的另一座伊斯兰建筑是位于开罗的伊本·杜伦礼拜寺，此寺是由渡轮王朝创立者阿弗玛德·伊本·杜伦于公元876—878年创立的，是埃及保存最完整的古代清真寺，也是世界上早期伊斯兰教建筑的宝贵遗物。平面略为长方形（140 m×120 m），其在轴线呈东南、西北向。礼拜殿虽高达20 m，但由于门面较宽而显得较低。东南部分是列柱大厅式的礼拜殿，后墙中央为拜龛，代表着麦加克尔白的方向，其余三面是尖券平顶回廊，向内院开敞。内院呈正方形，每边长达95 m，中央置泉亭，四周绕高墙。在西北侧墙外面，在轴线的一端另设平面为方形的螺旋形光塔，似乎继承了两河流域早期的建筑形式。建筑物全为砖结构，平顶，木梁，外涂灰泥。此建筑局部为13世纪时改建的。

二

西班牙在中世纪也被阿拉伯帝国所占。其中科尔多瓦大礼拜寺最有代表性。此寺建于公元786年，并先后三次扩建。扩建后的礼拜殿南北宽126 m，东西长112 m。殿前有一个不大的围廊内院。大殿内共有18排大理石柱，每排柱36根，引向纵深处的圣龛。柱子是罗马式圆柱，高仅3 m，柱头上直承着两层叠放的马蹄形券，用红砖和白云石交替砌成。圣龛前柱顶上发券特别华美，为重叠的花瓣形。扇形复合券，表面有琉璃镶嵌。大殿空间高度不到10 m，殿内密布柱子，显得空间隐隐约约，神奇非凡。这座清真寺体现了多柱式礼拜寺的典型布局，它与东方的大穹隆空间形式很不相同，这里所显示的是丰富多变的结构。这座寺在13世纪阿拉伯人被逐后改为基督教堂，16世纪加建了高达百米的钟楼，以及中心祭坛、十字形歌坛和许多祈祷室，以符合基督教的要求，但可惜的是原来的建筑已被改去许多，如今已看不到原形了。

三

西班牙的中世纪建筑，除了宗教建筑外，其他建筑也具有阿拉伯伊斯兰风格，这是由于它在中世纪的较长一段时期里被阿拉伯帝国所占领，强制性地接受东方文化的缘故。这里

分析一个非宗教的建筑，即阿尔汗布拉宫，又叫“红宫”，是入侵者摩尔人所建。它在9世纪时本是一个城堡，14世纪扩建成为宫殿。宫殿具有典型的伊斯兰建筑风格。建筑坐落在一座小山上，周围环绕着蜿蜒起伏的红石围墙。宫殿以两个相互垂直的矩形院子为中心，包括周围的建筑组成一个整体，这就是典型的西班牙传统内院式建筑。其中南北向的院子叫石榴院，用于朝圣仪式，布局很规整。院子23 m×36 m，两侧是平整光洁的墙面，两端设券柱柱廊，具有波斯建筑艺术特征。北端券廊后面是接见使节的方形正殿，也属波斯风格。院内有一纵贯轴线的长条形水池，池边植石榴树，故名石榴院。另一东西向的院子叫狮子院。这个院子及其建筑为后妃们的居住场所，共有124根洁白的大理石柱，它们或单个或三个合起来排列，支撑起四面马蹄形券的廊子，东西两端各突出一抱厦。柱头上、券表面等，都做出石膏雕饰，这种大面积满饰也是伊斯兰建筑的风格。狮子院北侧是后妃卧宫。盛夏，从山中引入泉水，再分别流经各卧室，以降低温度。水池上有喷泉，其造型如狮子，所以叫狮子院。

四

西班牙毕竟是欧洲国家，因此在16世纪前后，也受西方古典传统建筑的影响。16世纪初，西班牙在查理五世执政时期，国家渐渐强大，地中海和大西洋都有它的势力。1526年，在格林纳达建造起查理五世的宫殿，如图2-15-5所示。这个宫殿规模较大，是内院式的，正面用金黄色的石块砌筑，在大门口还用了彩色大理石，并放有许多浮雕，所以显得格外华贵。但这一建筑过分地仿照古罗马形式，从而失去了西班牙自己的特色。

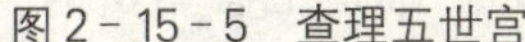

图2-15-5 查理五世宫

图2-15-6 圣格里高利大学大门

西班牙建筑的明显的传统特征是外形富于装饰。例如圣格里高利大学的大门(College of San Gregorio, Valladolid)建成于1496年，就是一个典型的例子，如图2-15-6所示。这种建筑形式装饰相当繁琐，被称作“银匠式”。

第十六章
东亚的古代建筑

第一节　日本的古代建筑

一

日本的古代建筑，其材料多用木、竹、树皮、泥土、石及草料等。早期的建筑造得较为原始、简陋，后来从中国带来许多建筑技术经验，房子越造越考究，而且有了定式。下面，结合具体的实例来分析。

伊势神宫：这是日本古代神社中最有代表性的一个，位于三重县，一名皇大神宫，神社建筑坐落在海滨的密林中，其环境很有神启之感。此神社分内外两个宫，都用木柱，用木板围起来，正殿在最里面。内宫正殿最有典型性，形式简洁而有秩序。凡是木制的，一律用木本色，木纹清晰。此神社创建于平安末期(12 世纪)。日本古代建筑有规定，每隔 20 年必须重新建造，形式不变，但建筑如新。神宫正殿不大，但形式精致。草顶和板墙形成一个十分深厚，有体积感的形态。在屋脊处，把结构强调出来，成为装饰，也反映出日本民族的个性和文化特征。

二

严岛神社：这个建筑创建于 12 世纪，传为日本最美的神社建筑。严岛神社位于广岛县严岛，这里风光秀美。神社建造在一个朝向西北的海湾处，陆地上有繁密的丛林，正面是海。正殿长方形，约为宽 24 m，长 12 m，前面有拜殿及舞台等，形成一个自西北向东南的中轴线。在最东南的海面上，是一个牌坊似的东西，称“鸟居”，这是他们象征海神之所在。此鸟居建于 1875 年，神社建造得比它早得多。神社所在的整个海岛，被人们视为“圣地”。这个神社的主殿中，供奉着三位神道女神，是本地的主要神祇之一的暴风雨神的女儿。神社中有各式建筑，但只有一部分向公众开放。

三

日本古代的另一类建筑是佛寺。日本的佛教最早是通过百济国(朝鲜)自中国传入日本

的，大约到7世纪，日本就直接到中国来学佛，并且也学习中国的佛教建筑。最初的主要佛教建筑是奈良的法隆寺和大阪的四天王寺等。我们在这里主要说两座佛教建筑：奈良的法隆寺五重塔和唐招提寺。

四

奈良的法隆寺五重塔（图2－16－1）是一座典型的中国隋唐时期的木构楼阁式塔，只不过它的出檐甚大，强调了横线条。塔顶上置有高达9 m的塔刹（塔总高32 m），塔共五层，底层特别大，上面四层做法相同，这是中国传统的做法。这座佛塔比例和谐得体，又富有个性，高耸中显得平稳而文静，反映着佛教思想。当时人们说它象征着一个巨大的飞鸟，好像刚从中国飞来，双爪已落到地上，翅膀尚未收起。这个形象可谓动人而确切，也增添了建筑美学上的魅力。

图2－16－1 法隆寺五重塔

图2－16－2 唐招提寺金堂

五

日本奈良的唐招提寺中的金堂，如图2－16－2所示，与中国古代一位名僧鉴真和尚有关。这位著名僧人为了传播佛教，历经千难万险，乃至双目失明，终于完成了他的宏愿大业，将佛教传到了日本。从公元759年起，他协助日本奈良建造唐招提寺，同时他还带去了许多建筑技术工人，去帮助他们建造。当时，建造了包括金堂、讲堂、佛塔等建筑物。其中金堂至今保存完好。从这个建筑形象中可以看出，它与中国五台山的佛光寺大殿十分相似。屋顶均为庑殿顶，面阔都为七间，进深亦均为四间，檐口也出挑深远，斗拱硕大。当然其体量不及佛光寺大殿，有些细部也不完全相同，如斗拱等，但总体上说两者出于同一体系。

第二节 朝鲜半岛的古代建筑

一

朝鲜的文化，早期也多自中国传入。但朝鲜自身的文化发展得也很早，相传公元前5世

纪左右，朝鲜就有青铜器了，后来又出现了铁器。古时候朝鲜也是个农业国，其北部的国家是高句丽，南部有百济、新罗等国。7世纪中叶，新罗国联合中国（唐代）把百济和高句丽打败，于公元676年统一起来。朝鲜的文化，也从此时大量地从中国移入，因此朝鲜的建筑，无论是宫殿、庙宇或民居，也均与中国古代的相近。

二

下面说几个朝鲜半岛的古代建筑。

佛国寺。公元7世纪中叶，新罗国统一了朝鲜半岛，建都于庆州。当时佛教由中国传入，因此大兴佛寺。佛国寺便是其中之一。此寺建于庆州附近的一个高阜上，寺院建筑由两个并列的院子组成，院子的周围有廊。东院的正中是金堂（我国称大雄宝殿），堂前左右对称地置一对佛塔，中间是金堂。院子的南面为山门，山门内左右各建一楼，东为钟楼，西为经楼。如今大多数建筑已毁。在金堂的基址上，18世纪中叶建起了一座雄伟的建筑：大雄殿，为佛国寺的主体建筑。佛国寺的山门叫紫霞门，立于高台的南端。高台分两层，用毛石驳坝墙，高高的建筑，气势雄伟，如图2-16-3所示。

图2-16-3 佛国寺

佛国寺钟楼又叫涵影楼，屋顶形式为歇山顶，但方向却与山门成垂直（歇山方向面南）。整座建筑统一而有变化，显得别致。

佛国寺环境清幽，有好多名胜古迹，如青云桥、白云桥、紫霞门等等，又苍松翠柏，景观甚佳。朝鲜佛教建筑中的塔，很有特征，石构的较多，如佛国寺金堂前的多宝塔，高约10 m，以花岗石砌筑，基本上是中轴线对称的。塔顶和塔刹表现出朝鲜建筑的风格。另一座佛塔是原州的法泉寺智光国师玄妙塔，建于11世纪，今已迁建至汉城。此塔也是石构的，但要比佛国寺多宝塔丰富而华丽。

三

位于今韩国首都首尔的昌德宫是李朝王宫中保存得最完整的一个宫殿。1405年，李朝第三代国王建为离宫，后因兵燹被毁。1611年重修作为王宫。宫内为中国式建筑，入正门后就是处理朝政的仁政殿，殿内设有帝王御座。殿后的大造殿是寝殿。还有宣政殿、乐善斋等。乐善斋则是典型的朝鲜式木造建筑，殿内陈列着王冠、王服以及墨宝、武器和其他手工艺品。院内陈列着王室用过的轿子、马车和末代国王所使用过的老式汽车。仁政殿后的秘苑建于17世纪，是一座依山而建的御花园，苑内有亭台楼阁、峡谷溪流等。

四

古代朝鲜的宫廷建筑，也与中国古代相近，从形式来说，大体一致。由于它是仿唐的建筑形式，例如屋顶坡度比较平（中国古代到了明清，屋顶坡度明显变陡）。

朝鲜古代宫廷，城门也做得很考究。平壤的普通门建于1473年。下面是城墙，中有单孔拱形城门,边上设台级。拾级可登城楼。城楼为三开间,歇山二重檐屋顶。其他与中国古代建筑也很相似。但屋顶的脊部和檐部多用白色,显得很有特色。朝鲜宫殿总体布局也与中国的相近,用中轴线多进式布局,如汉城的景福宫,则是比较典型的一个。这座宫殿始建于 14 世纪末,后毁。今所见的建筑是 19 世纪 70 年代在原址重建的。景福宫的布局向中国学习,南北轴线分中、左、右三条,中间的为主轴。设前朝后宫,宫后是御花园,与北京明清故宫十分相近。图 2-16-4 就是普通门的形象。

图 2-16-4 平壤普通门

五

朝鲜传统的居住建筑也与中国的相仿,特别是东北一带的。一般说,城市中的住宅多用四合院形式,也有的是几个四合院合成的大宅。农村的住宅与中国东北的朝鲜族住宅很相似,多用一条数开间的形式,中间正屋,两端有卧室,端部为灶间。也有的灶间在边部,形成曲尺形的平面。多数的农村民居,往往在屋前有月台,冬天可以晒太阳,也可以做农活等。室内多设暖炕。其屋顶多用两坡顶。考究一点的上面铺瓦,比较次一点的则用草屋顶。

第三节 中南半岛及南洋诸地的古代建筑

一

中南半岛包括越南、老挝、柬埔寨、泰国、缅甸等,这里的古建筑也很多,在此择几个具有代表性的作一些论述。

图 2-16-5 泰国皇宫

先说泰国的大王宫。这是一座典型的泰国传统建筑,如图 2-16-5 所示,泰国从前称暹罗国,首都为曼谷。这个建筑是曼谷王朝一世至八世国王的王宫,又称“故宫”。此建筑始建于 1782 年。1784 年第一座宫殿“阿玛林宫”建成。大王宫主要由三座宫殿和一座寺院组成,四周筑有白色宫墙,高约 5 m。此建筑色调以白为主,风格称暹罗式。宫中园林绿草如茵,鲜花盛开,树影婆裟。阿玛林宫殿顶呈三角形,分三层相叠,层层低垂,从远处看乃是一片金色和绿色鱼鳞状琉璃瓦拼成长方形图的屋顶。此宫如今仍是国王登基加冕时举行仪式和庆典的场所。

另一座是拉玛五世国王于1876年修建的查基宫，是大王宫中最大的一座宫殿，其形式有点仿意大利文艺复兴建筑形式。查基宫由正殿和左右偏殿组成，正殿前面还有一座楼台。白色的殿身雕刻出各种西方形式的图案。殿顶则是典型的泰国的三座锥状尖塔。这里是国王接受来使、递交国书的地方，现在只是给贵宾开放参观，已无实际用途。在查基宫右方有一个院子，院子门口有一对石狮，院内有大王宫最早建造的一座宫殿，但1789年遭雷击而毁，后来在原址上重建，命名为律实宫。宫顶部分为四层，也用层层相叠的做法。中央有一座七层的尖塔。尖塔基部四周分别饰有四个大力神，半立半蹲，双手高举。另外还有拉玛八世王兴建的宝隆皮曼宫，这是招待外国元首的宾馆。九世王即位后，把王公迁到如今的集拉达宫；但枢密院、财政部、宫务处都设在大王宫。这座古老的宫殿不但具有某种中国传统的建筑风格，而且宫内装饰也有好多仿制，内有彩绘《三国演义》故事，还有好多中国送去的摆设。大王宫的寺院，称玉佛寺，1784年始建。

二

图2-16-6　仰光大金塔

缅甸仰光大金塔也很有名。此塔建在仰光北茵雅湖边上的圣山上。大金塔，缅甸人称“瑞大光塔”。今之塔建于1768—1773年(图2-16-6)。相传缅甸人科迦达普陀兄弟从印度带回8根释迦牟尼佛发献给缅王奥加拉巴，从而建塔，将佛发藏于塔内，从而成了东南亚的一处佛教圣地。今之塔高99 m，塔顶安装金伞。塔基周长433 m，塔身像一口扣在地上的巨钟，整体贴满纯金箔，所用黄金达7 t多。此塔在阳光照射下金光闪闪，无比辉煌。塔顶有风向标。下有宝伞，挂有1 065个金铃，420个银铃，风吹铃响，悦耳动听。塔有4个门，门前各有一对石狮。四条长廊式的阶梯直通十几米高的平台，平台正中是主塔，周围环绕着64座小塔及4座中塔，其壁龛里藏有许多大小不一的玉佛。塔下四角均有缅甸式的狮身人面像。塔的东北有一大钟，是1841年由缅王孟坑所捐赠。塔的东南方有一颗巨大的菩提树，相传此树是从印度释迦牟尼金刚宝座的圣树苗中移植的。缅甸一带的佛教称南传佛教，其建筑形式就是如此。

三

柬埔寨的吴哥古迹，在世界文化古迹中是很有地位的，其中的吴哥窟，亦称吴哥寺，是其主体。图2-16-7是吴哥窟的形象。这个窟寺，也是创造者苏利耶跋摩二世的陵墓。由于它是由五座塔作为主体的，所以又叫塔城。此建筑建于1112—1201年。寺的基地长800 m，总面积4万余m^2。全部用砂岩石砌成。四周有沟渠，内有石围墙，西墙有门，里面有庭院。向东300余m又有围墙，有豁口，墙内在一座十字形平台的后面，经由三道门可达主殿。主殿有一座三层截顶金字塔式的台基，其底面积为4万余m^2。台上有5座如莲花蓓蕾形的圣坛。中间的特别高，达65 m。三层台阶，每层四边均有石砌回廊，最低一层的浮雕回廊共长

800 m。浮雕取材于印度史诗《摩诃婆罗多》和《罗摩衍那》中的神话故事，人物千姿百态。第二层台阶四角各有一小塔。各层的四边都有石雕门楼。上下层台阶以阶磴相连。塔身、塔尖、门楼等都饰以莲花蓓蕾形的石刻尖形装饰，数量达万个。这种佛教建筑属南传佛教，但又有自己的特点，与缅甸、马来西亚等地的有区别。

图 2-16-7 吴哥窟

四

婆罗浮屠在今印度尼西亚的爪哇岛中部马吉冷婆罗浮屠村，其东南约 30 km 就是日惹。此建筑平面长达 123 m，宽达 113 m，近正方形。“婆罗浮屠”是梵文音译，其意思是“山丘上的佛塔”。此建筑约建于 8 世纪后半期至 9 世纪的夏连特王朝时期，据传是由几十万农民和奴隶用 15 年时间建成的。15 世纪伊斯兰教传入印度尼西亚后，佛教衰微，婆罗浮屠也遭湮没。直到 19 世纪才重见天日。此塔用附近河流中的安山岩和玄武岩砌成，共计达 200 万块石头。底层巨石每块重约 1 t，总体积达 55 000 m^3。塔基地面部分占地 1 万余 m^2。塔原高 42 m，据传塔顶因触雷而毁，今之高为 35 m。塔的建筑形式体现大乘教及密宗结合之教义，整个建筑物好似一个巨大的曼陀罗(坛的意思)。塔共有九层：最下的方形塔基，上面有四层围廊的方形平台，再上面三层是圆台，顶层即主塔：窣堵坡。在建筑布局上，按照佛教“三界”之说，塔基代表“欲界”，四层回廊的方形平台代表“色界”，三层圆台和窣堵坡代表无色界。方形台基每边长 120 m。四层回廊自下至上每边长为 89 m、82 m、69 m、61 m。各层佛龛共有 432 个，每座佛龛内有一莲座及盘足趺坐的佛像。台基之间以石阶连接，石阶上以牌楼覆盖，上有构想奇特的浮雕。平台上面的三层圆台直径，自下而上为 51 m、38 m、26 m，通道宽分别为6.4 m、5.8 m。每个圆台上都有一圈钟形小塔。主塔气势雄伟，直冲云霄，旁有 72 座小塔，每个小塔内供奉一尊与人一样大的盘足佛像。佛像按东南西北方向分别作出“指地”、“施与”、“禅定”、“无畏”、“转法轮”等各种手势。在回廊壁和栏杆上有 2 500 幅佛本生故事浮雕，还有人物、习俗、花草、动物等。主塔为钟形尖塔，是佛陀坐禅处，高 7 m，直径 16 m。这座建筑被称为“爪哇佛篓”，也被称为是“中世纪七大奇迹”之一，在世界建筑文化史上享有重要的地位。

第十七章
美洲的古代建筑

第一节　美洲的古代建筑

一

如上所说，美洲古代文化发展得也比较早；但这种文化后来被西欧殖民者中断了，并且以后再也无法延续了。美洲国家后来的文化，包括建筑文化，几乎都是欧洲古代文化的继续。然而美洲的本土文化，包括建筑在内，也是相当有价值的，特别是中、南美洲的古代文化。在这里，通过一些中、南美洲的古代建筑，对这里的古代建筑文化作简要分析。

在古代美洲的建筑中，最主要的要算印第安人所建的太阳神庙、月亮神庙和羽蛇神庙，位于墨西哥城东北约40 km处，波卡特佩尔火山和依斯塔西瓦特尔火山的山坡谷底之间，面积达 20 余万 km^2。“特奥蒂瓦坎”在印第安语中意思为“神之地”。公元 1 世纪，特奥蒂瓦坎人在这里建造了拥有 5 万人的城市，为中美洲的第一城市了。公元 450 年，城市达到全盛时期，兴建起大量宏伟的建筑，其中就包括著名的太阳神庙（金字塔）和月亮神庙（金字塔），图 2－17－5 就是太阳神庙的形象。这里有一条纵贯南北的大街，叫“逝者街”，长达约 2.5 km，路宽达 40 m。太阳神庙金字塔在大街的东侧，金字塔前大道两侧有大大小小的寺庙、神坛和宫殿，构成规模巨大的古建筑群。

图 2－17－5　太阳神庙金字塔

二

这两座梯形金字塔很像古埃及的金字塔，但它不是“法老墓”，而是太阳神庙金字塔。塔坐东朝西，正面有数百级台阶，直上顶部。塔的基址长 225 m，宽 222 m，几乎与埃及的大金

字塔一样，不过它的高度只有 66 m，而且它是台级式的，其体积达 100 万m^3。太阳神庙金字塔顶上原有一座太阳神殿，如今早已倒塌。当年曾在此杀活人祭太阳神，这种祭典看起来是很残酷的，但这也是人类文明早期的历史。

三

另一座是月亮神庙金字塔，它比太阳神庙金字塔要小，建造年代也比太阳神庙要晚。据考古学家研究，它要比太阳神庙金字塔约晚 200 余年。塔位于城的北端，坐北朝南，基址长 150 m，宽 120 m，也近似正方形。塔高 46 m，也分五层，体积约 38 万m^3。两座金字塔均用泥土和沙土建造，外面全部砌以石块，并在上面刻绘许多鲜艳夺目的壁画。城的南端是当年的商场，如今建有博物馆、停车场、商场和行政中心等。这两座金字塔如今均保存完好，供人们观光。

在城南，有古老的城堡，面积约 6.7 万m^2，是当年祭司和官员的住地。

城堡中有羽蛇神庙，如今只有庙基及部分残迹了。庙基斜坡上所遗的羽蛇神形象及其他一些雕刻，可谓生动非凡。图 2－17－6 是羽蛇神庙的雕刻形象；图 2－17－7 是其细部形象，可以看出他们的想象力和栩栩如生的形象。

图 2－17－6　羽蛇神庙

图 2－17－7　羽蛇神庙细部

月亮神庙金字塔的南面有蝴蝶宫，是宗教上层人物和达官贵人们的住所。宫殿的圆柱上刻着很多精美的蝶翅鸟身的浮雕，至今仍色彩鲜艳。宫殿下面，又发掘出饰有美丽羽毛的海螺神的庙宇，这种神，可以说是很富有想象力的。这种神庙的下面，有整齐排列着的地下排水系统，可见当时的工程技术也已相当发达。

四

位于墨西哥湾尤卡坦半岛北部的马雅人，大约在 5 至 6 世纪时，建立了奇钦·伊查城，12 世纪开始，托尔特克人占据该城 200 年之久。奇钦·伊查融合了两种民族文化。其中战士金字塔庙是该城宗教中心的主体建筑。此塔庙建造在一个比较低平的四级的金字塔式基座上，塔前广场上呈一定规则排列着上千根柱子，据推断可能本来是一个规模甚大的回廊。塔顶庙宇入口面向广场，门洞间立有两根张口龇牙的羽蛇像柱，蛇头俯卧在地，作为柱础。墙面上也有类似的高浮雕。这种装饰母题，为托尔特克人所喜爱。

图 2-17-8 卡斯蒂略金字塔庙

战士金字塔庙的南侧是卡斯蒂略金字塔庙,如图 2-17-8 所示。此塔高 24 m,底边正方形,每边长 75 m,共分 9 级,四面各有通向塔顶的阶梯,共 365 级,寓意为一年 365 天。塔顶上有一座平顶庙宇,入口向北,门前也有两根羽蛇像柱,檐额处有两圈水平装饰带。整座金字塔庙造型简洁、稳定而明快。马雅人的宗教仪式十分隆重,大都在塔庙前的广场上举行。仪式开始时鼓乐齐鸣,祭祀队伍登上金字塔顶祭坛,且行且舞,又唱歌。这些遗址反映出他们的宗教观念、仪典等,可以想象其规模是相当大的,这些形象,对于研究每周古代文化很有价值。

五

美洲的古代文化,包括建筑在内,由于西欧殖民者的入侵,在 16 世纪以后终结了,只留下这些珍贵的遗址古迹;然而在今天,人们带着一种文化上的连续的含义,会把古代文化、欧洲殖民地文化和现代文化三者联系起来,并且用建筑形态表达出来。在今天的墨西哥城中,就有一个"三种文化广场"(图 2-17-9),这里有古印第安人居住的遗址,有西班牙殖民者统治时期的欧洲中世纪形式的教堂,还有现代建造的住宅建筑。它们各自代表着墨西哥的不同历史时期的文化。不同的建筑风格在这里既矛盾又协调,人类文明的历程,也正是在这种矛盾统一中前行。可以说,建筑最真实、最形象地表述着这种文化现实。建筑是可贵的,它不仅是一种实用对象,更是一种文化,而且后者要比前者更可贵、更持久。

图 2-17-9 三种文化广场

第二节 美国早期的建筑

一

美洲文化发展得也较早，但到了中世纪后，它的文明进程却大大地落后于欧洲，这个原因在于欧洲殖民者的入侵。西班牙人哥伦布于1492年在一次航海中发现“新大陆”。这一事件轰动了欧洲。人们感到新奇之余，也就纷纷前往美洲，去开拓殖民地。但人们所到之处，荒芜人烟，简直无法生存，所以后来就渐渐消除了这个念头。当时英国还将定了死罪或无期徒刑囚犯去到那里流放。也有的穷困者实在无法活下去了，于是去那里冒风险去开发。在如今美国东北的新英格兰地区，就有好多这种人，他们飘洋过海，白手起家，在这片新大陆艰难地生存下来，并渐渐地发展起来了。当然大批的人活不下去，客死他乡。所以后来这些活下来的人从宗教出发，在每年十一月第四个星期四，定为感恩节，他们认为由于上帝的佑护才生存下来。这些人白手起家，利用当地的木材建造房屋。这些建筑形式，后来也便成了美国民居的基本形式。

在美国的马萨诸塞一带，17世纪中叶建造了许多木板条的墙和木板条屋面的住宅。这种住宅是在原来英国民居形式的基础上，外墙面用水平的木板条钉成，以防止冬天的寒风侵袭。如弗厄本克住宅（图2－17－1）、索格斯住宅（图2－17－2）等，就是典型实例。

图2－17－1　弗厄本克住宅

图2－17－2　索格斯住宅

这种建筑不但适应当地的气候条件，而且也与当地的环境协调。从美学上说，也很有形式感。若在阳光明媚的日子里，水平的木板条造成一条条的光影。形态和谐生动，又有人情味。房屋周围是树木花草。屋前有大片空地，形成自然的院子，院子周围用低矮的木栅栏围护起来，形成一个很有人情味的居住环境。

二

美国最早是英国的殖民地，后来经过独立战争才摆脱英国的殖民统治，建立独立的国家，称美利坚合众国。1776年美国独立，定华盛顿为首都，在这里建造国会大厦。

美国国会大厦始建于1793年，但在19世纪初毁于英美战争的战火。现在的这座建筑是1819—1850年重建的。重建的建筑两边的两翼和中间为那高高的穹隆顶。这个穹隆顶

图 2-17-3　美国国会大厦

很巨大，分为四层，下面是圆环形的柱廊，上面一层设有倚柱和窗子，比下层略为矮小。在这之上，就是带拱肋的大圆穹顶，与下部产生尺度与形状的对比。在最高的顶上，还设有一座高达 6 m 的自由神像。从地面至自由神像建筑总高达 87 m。图 2-17-3 是这座建筑的外形。

这个大圆穹顶的形象，可以说成是美国独立的“纪念碑”。这个建筑属罗马复兴式。它不但取自古罗马的万神庙和意大利文艺复兴时期的佛罗伦萨主教堂、罗马圣彼得大教堂，同时也取自 18 世纪法国巴黎的万神庙和恩瓦立德教堂。这其实就代表了欧美文化的三个时期。

三

美国是个新兴的国家，不保守、求进取，他们的文化，吸收了西方古希腊古罗马文化，上面说的国会大厦，基本上属罗马复兴式。当时美国还有一座重要的建筑，即美国纽约的海关大厦(图 2-17-4)，则属希腊复兴风格。这座建筑在功能上虽是海关，但在建筑形式上却如同庙宇，它与古希腊的帕提农神庙的形象十分相似，只是简化了许多细节。

图 2-17-4　纽约海关大厦

第三篇
近现代建筑史

第十八章
早期西方近代建筑

第一节　社会的变革与建筑

一

18世纪60年代,英国科学家詹姆斯·瓦特(1736—1819)发明蒸汽机;到了1769年,他又研制成功大功率的蒸汽机,1784年,进入应用阶段,建成蒸汽机的纺织厂。不久蒸汽机被广泛推广,如织布业、冶金业等等。新的动力,使工业生产突飞猛进地发展,以后益发不可收拾。这就影响到交通运输、铁路、航海等等,从而,使西方一些国家的经济迅速发展。如此,就带来了前所未料的经济大发展。恩格斯在《英国工人阶级状况》一书的"导言"中,首先使用"工业革命"这个词。工业革命的概念,包含技术革命和社会变革两方面。技术变革是生产力的发展和社会的结构性变革的最活性的部分。经济的发展则成了主体部分。由此而引发的,则是社会形态、文化和文学艺术等变革。

二

文化、观念形态等方面的变革,往往要晚于技术的发展和经济的发展。从建筑来说,19世纪的思潮,19世纪的建筑动态,基本上仍停留在古代,甚至当时复古主义思潮反而显得更强烈,如巴黎歌剧院、圣心教堂、伦敦的国会大厦、柏林宫廷剧院等等,那种古典的建筑形态,可谓有过之而无不及,真可谓"霜叶红于二月花"。直到19世纪晚期,才有一些新的建筑形式出现(如伦敦的第一届世界工业博览会展览馆,即"水晶宫")。

工业革命其实共有两次,第一次产生于18世纪60年代,是以蒸汽机的发明并走向应用为标志的;第二次工业革命产生于19世纪末,是以电的应用为标志的。从此以后,世界整个地走向工业社会。也就在这个时期,建筑作为技术和艺术的整体来说,也就走到了近现代阶段。

三

除了建筑,城市也值得注意。城市,也在这世纪之交走向近现代。马克思和恩格斯在

《德意志意识形态》中说:“城市是‘由获得自由的农奴重新建立起来的’”。12 世纪以后,欧洲内部的商品交换日益频繁,地方市场逐渐形成,与东方的贸易也显著扩大。这种商品交换,主要通过地方集市。集市一般在城市内的广场上或教堂附近进行。如法国的香槟市集。香槟一带为地中海与北方主要商路的交叉点,从 12 世纪至 14 世纪,形成一个巨大的国际市场。后来就产生了以意大利为中心的文艺复兴运动,城市进一步向近代形态迈进。如威尼斯、佛罗伦萨等,新的城市形态渐渐形成。可是,真正的近代城市的出现,也是在工业革命之后。

四

随着社会的变革,新的哲学思潮、新的思想也就不断地涌现。其中最有代表性的,当为理想主义的种种思潮,这种思潮,则大大地影响了 12 世纪设想的城市形态,如花园城市、工业城市、方格城市等等。但这些设想毕竟是“理想化”的,其实,当时的城市现实,却是一幅可怕的图画。我们可以从几个数据中看出:以英国伦敦和法国巴黎为例,在下表中就可见一斑。①

城市 \ 人口 \ 年代	1 800	1 850	1 900	1 920
伦敦	865 000	2 363 000	4 536 000	4 483 000
巴黎	547 000	1 053 000	2 714 000	2 806 000

城市人口的迅速增长,导致了建筑需求的增长,而建筑的无规律的盲目建造,则形成了城市的混乱。更甚的是工业和交通的迅速发展,给城市带来了好处,但更带来灾难性的另一面:污染,城市交通及设施、组织系统的混乱,等等。从城市到建筑,从技术到艺术。这一切的变革,都反映到建筑上来了。新的建筑,从功能到技术,从对城市的协调到它的自身形态等等,都是那么的令人激动,又令人关注和忧患,这就是从 19 世纪末到 20 世纪初的城市和建筑情况。

第二节　近代建筑的早期阶段

一

1851 年在伦敦建成的“水晶宫”(图 3 - 18 - 1),标志着近代建筑的开端。是年,在英国伦敦举行了第一届世界工业博览会。由于要陈展许多展品,所以必须建造一座特大空间的建筑,以满足陈展的需要。在此以前,谁也不知道博览性的大型建筑,因此它应当是个什么

① 此表引自《外国近现代建筑史》,同济大学等四校合编,北京:中国建筑工业出版社,1982 年。

样子也说不上来。但这也是件好事，可以不受形式的束缚，可以进行大胆的创新。另外，当时的工业技术已较发达，给建筑技术(结构、材料等)提供了可能性。这座博览建筑的设计人帕克斯顿很有创新精神，他大胆地使用了铸铁(当时还没有钢)作骨架，其墙和顶棚则大量地用玻璃做成。新奇的博览会建筑本身也成了一个展品。由于它用大量的玻璃作围护物，看上去晶莹透亮，尤其在夜晚，室内灯火辉煌，看上去美不胜收。所以人们给它起了个雅号："水晶宫"。当然，也有一些思想保守者认为它是个"怪物"，它使伦敦文化不伦不类。但时代总是发展的，新建筑浪潮毕竟出现了。在此之后，新的建筑形式也就渐渐地多起来了。这就是不可阻挡的历史潮流。这座博览建筑坐落在伦敦最著名的公园：海德公园内。此建筑的宽度为408英尺(1英尺=0.304 8 m)，长度为1 851英尺，据说是故意做成这个长度，为的是标志着"划时代的1851年"。可是从建筑形象来说，这种象征是无力的，因为人们看不到，感受不到这层意义。

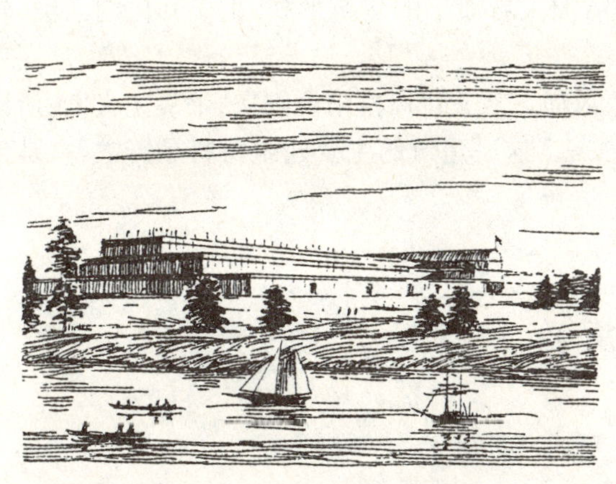

图3-18-1 伦敦"水晶宫"

图3-18-2 埃菲尔铁塔

二

另一座新建筑是巴黎的埃菲尔铁塔，如图3-18-2所示，建于1889年，一是为了纪念法国大革命100周年；二是为了巴黎世界博览会造一个标志性的建筑，所以在此建造一座高塔。此塔由工程师埃菲尔设计，后来就以他的名字命名，所以后来人们只知道它叫埃菲尔铁塔，不知道它的那两个原意了。铁塔高328 m，这在当时是全世界最高的建筑了。

埃菲尔铁塔为巴黎世界博览会增色不少，它不但高，而且人们还可以乘自动梯登上这座高高的铁塔，去观览美丽的巴黎全貌。

三

还有一座建筑是巴黎的世界博览会机械展览馆，也建成于1889年。这座建筑的特点就是大。巨大的空间展览陈列各种机械。里面不设柱子，其长度为400 m，宽度为115 m。这

图 3-18-3　巴黎世界博览会机械馆

么巨大的建筑物对当时来说是不可思议的。这个建筑是利用新的结构技术:三铰拱。用两榀铁架,顶上一个铰,两边地面各一个铰。由于它的接地点是个铰,只有一个点着地,使人们十分惊奇,有人誉它是在跳芭蕾(足尖着地)。这座建筑虽然于1910年被拆除(由于城市总体规划的原因),但它的影响是很大的,它也同样标志着新建筑的开端。图 3-18-3 是这座建筑的未建成时的形象。

四

最后,还要说建成于1823年的布赖顿皇家别墅,设计者是著名的建筑师纳施。由于他和威尔士亲王(即后来的乔治四世)有深厚的友谊,所以得到不少皇家工程的设计委托,这个布赖顿皇家别墅就是其中之一。这个建筑的形式仿照印度莫卧儿王朝的清真寺形式,迎合了当时对于异国情调的追求,也体现了英王因拥有远方殖民地而沾沾自喜的心情。它以阿拉伯式的穹隆顶和高塔为母题,它回避于欧洲人看惯了的建筑形式,由于其构图活泼,轮廓优美动人,可谓令人耳目一新。

当时追求“东方情调”和传奇色彩形成风尚。从文化风格来说则属“浪漫主义”。所以布赖顿皇家别墅也是浪漫主义建筑的代表之一。这一建筑的主要建筑材料是铸铁,它是建筑历史上的一座重要的铁构建筑例证。

第三节　建筑的革新及其理论

一

19世纪末,新的建筑和建筑理论越来越多,如工艺美术运动、新艺术运动、维也纳分离派、德意志制造联盟,等等,这些新思潮,称得上是新建筑及其理论的先驱了。19世纪下半叶,在整个文化上说,都在走向新的文化,在绘画、雕塑和音乐诸方面,产生了印象主义,后来便走向后期印象主义,又产生了野兽主义、立体主义等等。另外还有象征主义、拉斐尔前派等等。在文学上,也有象征主义,此后在戏剧等领域也相继出现这种流派。后来又由象征主义发展为意象派及超现实主义。

在建筑上,首先要说维也纳分离派的作品:维也纳分离派展览馆。此建筑建成于1898年,由维也纳分离派的代表人物奥布雷克设计。在新艺术运动的影响下,以瓦格纳为首的维也纳学派形成于奥地利,后来,其中的一部分人另立山头,建立“分离派”(不只是建筑),宣称要与过去的传统决裂。1898年在维也纳建造的分离派展览馆,就是这一学派的代表作。他们主张要造型简洁,集中装饰;但与“新艺术运动”不同的是装饰主题用直线和大片光墙面以及简单的立方体。

这座建筑在造型上可以明显地看出它的范学院派思想。建筑的外墙略微向内倾斜,故看上去显得比较稳重。平面采用明显的轴线形式。最特别的是那个献给阿波罗神的桂冠主

题。由奥布雷克做成金属空花的半圆球形屋顶，置于4个柱墩之间的实体上。

作为展览馆、俱乐部性质的分离派展览馆建筑，曾被人所称是一座“异教神庙”。二次大战接近尾声的时候，此建筑遭到严重破坏，后来修复，于1969年重新开放。

二

这一时期，我们更要说美国的芝加哥学派极其作品。18世纪70年代美国独立后，包括建筑在内的艺术文化，还是传统的，如前面(第一篇第十七章)说过的美国国会大厦、纽约海关大厦等，多是从古典形式中去寻找美国的人文概念，即民主、自由、平等之类的形象。然而这是难以发展的一种思路。停滞的、与工业革命思想无关。美国的新建筑的真正出现，要归功于一个偶然的、灾难性的机遇，这就是1873年美国芝加哥的一场大火。这场大火，大半个芝加哥城被烧掉了。但正是这场灾难，却给美国的建筑带来转机。重建芝加哥！因为芝加哥这个地方是美国经济系统的要冲地带，是“黄金宝地”，所以应当重建。如何重建芝加哥？首先是建筑应当按怎样思路去设计和建造的问题。芝加哥要发展，必须要使城市有更多的空间容量，住更多的人，建筑密度(容积率)如何更高？这个理论是由一位著名的建筑师沙利文提出的。他的基本论点就是“形式服从功能”，“功能不变，形式也不变”。芝加哥新建筑的设计思想，遵循这个原则，因此产生了两个明显的建筑特征：一是建筑物尽量造得高，在有限的地皮上，开拓更多的空间，建造十几层甚至几十层的高层建筑；二是形式新奇，一切从实用出发，没有什么多余的装饰，用有限的投资建造更多的建筑(空间)。当然这种建筑形式也要用新的结构技术和设备(如电梯等)来保证。

三

下面，通过一些实例来论述这种建筑理论。

先说芝加哥的蒙纳诺克大厦，见图3-18-4。此建筑建成于1891年，高16层，砖墙承重，但在外形上不作任何装饰，没有倚柱，不作窗饰，墙面简洁，既经济又反映出新建筑的形式感。这完全是沙利文的理论，也是美国近代建筑形式的开端。

图3-18-4　蒙纳诺克大厦

图3-18-5　瑞莱斯大厦

四

另一座建筑是芝加哥的瑞莱斯大厦，建成于1894年，层数也是16层，(图3-18-5)但

这座建筑不用砖墙承重，而是用框架结构。由于用框架结构，所以能开比较大的窗子，既增加房间的亮度，又增加外部造型的明快感。大型玻璃窗具有强烈的时代气息。

还要说一座比较有代表性的建筑：布法罗信托银行大厦(一名保证大厦)，设计者就是芝加哥学派的代表者路易斯沙利文。此建筑于 1895 年建成。此建筑的形式严谨、精美典雅，也是美国早期高层建筑中的精品，是沙利文的代表作之一。特别是此建筑的立面处理，更体现了他的"形式服从功能"的建筑思想，并创立了高层建筑立面的三段处理的基本构图。

此建筑位于布法罗市的教会街和珍珠街的转角处。底层平面为矩形，上部呈"凹"字形，以争取更多的房间有良好的自然通风和采光条件。建筑师根据不同的使用性质，将大厦竖向地分为三个不同的部分。底层和二层组成了用于对外服务的基座层。为突出其公共性，基座层的立面较为开敞通透；底层几乎全部采用玻璃，使人们在街道上即可了解建筑内部的活动，可以说起到了"广告"的作用。二层的开窗面积虽然由于建筑层高的降低而减小，但矩形的大窗仍然具有明确的开敞性格。另一方面底层的墙墩和柱子较为粗壮厚重，中部的圆拱门廊高大突出，这些都表现出公共建筑物所应有的尺度和气氛。同时，也与整幢建筑的巨大形体协调一致。基座层之上是共达 10 层的办公用房。相同矩形房间的重复对应排列组成了形象和高度统一的标准层：一律的窄长窗，凸出的窗间墙墩和窗下墙构成了连续的凹形体量，上部以窗间墙墩与呈拱形的窗相汇合而终止，从而使建筑具有完整性而又有蓬勃生长感的形象(图 3-18-6)。建筑顶层的圆形窗不仅表示出内部不同性质的空间(即设备层)，而且在形式上与其他部分联系起到呼应的效果，将底部呈弧形的檐口和下部的标准层及基座层结合为一个气势连贯、生动而富于变化的整体。

图 3-18-6　布法罗信托银行大厦

五

芝加哥的卡宋百货大楼，又名斯莱辛格·梅耶百货公司，如图 3-18-7 所示。此建筑建成于 1904 年，高 12 层，设计者就是芝加哥学派的主要代表者沙利文。这座建筑最能体现他的理论了。即形式服从于功能，同时也基本上确立了美国近代高层建筑形式。这座建筑后来被誉为"芝加哥之窗"。沙利文自己认为，高层的办公、商业建筑的基本形式应当是：要有地下层，这是结构的需要，同时也可以放置锅炉间、动力、采暖、照明设施的空间；底层主要用作商店、银行及其他大众性的服务设施。空间宜宽敞，光线充足，交通方便，二层楼要有宽敞的楼梯与底层联系，以增加对顾客的吸引力；更上面则是办公。形式要统一，便于使用和经济兼顾；顶层要有设备用房，如水箱、电梯机房及其他设备空间。这些原则至今仍然适用。

图 3-18-7　卡宋百货大楼

六

最后说纽约的渥尔华斯大厦。芝加哥学派的作品除了芝加哥之外，美国其他地方也有出现。纽约的渥尔华斯大厦是最有代表性的一个，如图 3－18－8 所示。这座建筑建成于 1913 年，高度达 241 m，层数增至 52 层。这在当时也是十分轰动的。除了巴黎埃菲尔铁塔外，从房屋来说（铁塔只能说是建筑物，不能算是房屋），它是世界第一了。这个纪录直到 1930 年纽约的帝国大厦建成才被打破。

这座建筑虽说是近代高层建筑，但在形式上仍摆脱不了传统的高直式建筑形象，在最高处加了一个方锥形的尖塔顶，似有哥特式之嫌。所以当时就有人说它是“商业教堂”。

图 3－18－8　渥尔华斯大厦

第四节　早期的新建筑及流派

一

20 世纪，在人类文化发展上是个十分重要的时期，它摆脱了古典形态的羁绊，真正地进入了现代。人类刚刚踏进 20 世纪，在科学技术和文化艺术的许多方面，便立即显示出许多新精神，产生许多新成就。

在科学技术上，如飞机和汽车的发明和应用，镭的发现，相对论的产生，等等，这些新现象都令人激动不已。在文化艺术上，许多新的流派、理论和作品，令人耳目一新。例如文学，继象征主义之后，又出现了意象派和超现实主义、表现主义，等等。在绘画上，继后期印象主义之后，又出现了野兽派、立体派、表现主义和风格派等等。可以说，20 世纪头两个十年，新的事物不断涌现，琳琅满目，令人应接不暇。

二

在建筑上，新的理论和作品，新的流派和新的建筑造型，也令人眼花缭乱。在此，我们列举一些实例作分析。

一是居住建筑。住宅的形式直接关系到人们的生活方式，而生活方式又与社会形态密切地联系在一起。可以说，居住建筑与社会文化关系十分密切。当时出现了许多很有个性特征的住宅，这标志着新的社会文化和生活方式的多姿多彩。

图 3－18－9　斯坦纳住宅

维也纳的斯坦纳住宅，建成于 1910 年（图 3－18－9），这座建筑不加任何装饰，只是光光的墙面，很简单的窗子，平屋顶。设计者路斯认为，“不是依靠装饰，而是以形体自身之美为美”。甚至提出“装

饰是罪恶”。这就是世纪之初的维也纳分离派的论点。在这座建筑上，作者所追求的正是建筑本身的美。建筑构图，比例和尺度，窗与墙的虚实、位置关系，节奏感，等等，他把传统的建筑艺术手法抽象出来，用建筑本身来表现建筑的美，这就是现代派所遵循的最主要的建筑形式美法则。

三

其次说美国芝加哥的罗比住宅，建成于 1908 年。设计者就是著名的美国建筑师赖特。这种建筑形式所表现出来的思潮与前者略有不同。作者赖特的观点是追求自然，与自然结合，提出“草原式”的建筑理论。罗比住宅不像前面说的斯坦纳住宅那样光光的墙面，简而又简的外形，而是以建筑的高低错落，变化多端而又统一、又实用的精神来处理，特别是它位于林木花草的环境之中，总能使人联系到大自然，给人有一种生命之感，欣欣向荣的美感。图 3－18－10 就是罗比住宅的外形。

图 3－18－10　罗比住宅

赖特原来在沙利文（芝加哥学派的代表者）事务所工作，但后来觉得他们的理论与自己的观点不一致，所以便离开了事务所，自己开业，开创自己的“草原风格”的建筑流派。后来他便以“有机建筑”著称。

四

第三说布鲁塞尔的斯图克来特住宅。此建筑坐落在布鲁塞尔市，建成于 1911 年。该住宅是一座追求几何形体，略加装饰，优雅动人的住宅建筑。这座住宅体量很大，共有 50 个房间，其设计独具匠心，被认为是“田园式住宅”的典型。它摆脱了古典主义的束缚，做成不对称的形态，并力图将功能、材料和造型紧密结合起来。大理石墙面、铜条镶嵌，手工艺效果与自然材料的美相结合。大胆地改造了传统形式。平整的大理石墙，其实是后来的现代主义风格的预演。在大片光光的墙面上，饰以直线型的方窗，建筑形体高低错落，不拘一格。尤其是檐口的处理，很有创意：顶层的窗子高出屋面，打破了墙体和屋面相交线的单调感。看上去整幢建筑似乎具有再生的能力，也富有动感。在入口处，那高高立起的塔状体和边侧凸出墙面的半圆柱体，使用了一些古典主义的符号，使整幢建筑成为一个温馨而优雅的“家庭”。简洁的线条，交代得当的转角，入口通廊的处理，都映现了现代主义建筑的特征。这座建筑也属分离派建筑风格。它追求形体的几何特征。简洁的造型，集中的装饰，是这座建筑最大的造型特征。

五

德国通用电气公司透平机车间（图 3－18－11）。这座建筑建成于 1909 年，坐落在柏林市内，它的意义远远超越它的应用上的价值。这须从这座建筑的作者贝伦斯的观点和一个学术团体即德意志制造联盟说起。这个团体的观点是新颖的，但它不同于芝加哥学派的观点。这个学术团体的主要代表人物就是贝伦斯，他以工业建筑为基地来创作，表现他的观点。这种观点，强调功能与结构的合理性，强调建筑的“真实性”。如这座建筑，非常符合功能要求，结构合理而新颖。从这一建筑形象来说，充分表现出作者的理性精神。后来所创作的一系列建筑，渐渐地使现代建筑进入成熟的阶段。后来德意志制造联盟渐渐走向一个标志着现代建筑成熟的团体：鲍豪斯。

图 3-18-11 德国通用电气公司透平机车间

时代进入到了 20 世纪的第二个十年，一切都在迅速地步入现代，但可惜的是社会被战争拖向深渊，接着就是长达 4 年之久的第一次世界大战(1914—1918 年)。从 20 世纪 20 年代末大战结束，现代建筑又有了新的更辉煌的成就。

第十九章
近现代建筑及其流派

第一节　两次大战之间的文化和建筑

一

从1918年第一次世界大战结束到1939年第二次世界大战爆发这20年，是世界性的近现代文化的高峰。在这一时期，可以说是现代主义运动最为飞黄腾达的时期了。

从哲学和美学来说，这一时期的理论相当活跃。西方学术界在这一时期出现了诸多的非理性主义思潮。法国哲学家柏格森的直觉主义在当时盛极一时，美国的实用主义哲学已趋成熟，以奥地利为中心的新实证主义、弗洛伊德的精神分析以及德国胡塞尔的现象学等等，对社会的影响都不小。

由此影响到文学艺术。两次大战之间这20年的文化总格局，大多数的欧美国家，都沿着这种非理性的思想，产生出许多流派。在美术上，继后期印象主义、立体主义和野兽主义之后，受影响最大的是超现实主义美术。米罗、达利、马格利特、克利等画家的作品，在画面形象上是那样的离奇和不可思议，但其内涵却是很深刻的。在文学上，也有超现实主义，等等。

二

这一时期的建筑，它的辉煌之处却与上面说的文学艺术略有不同，现代建筑却提倡理性。继美国芝加哥学派和奥地利维也纳分离派之后，建筑则是越来越走向理性，强调建筑的“真实”、“合理”，强调科学性和实用性。这也许因为建筑有“不是艺术”的另一面，即它更具有工程技术性和实用性。但如果说建筑也跟上这一时期的时代潮流，那么它在艺术上的立足点是搞抽象艺术，抛弃古典建筑的秩序和法则。也许只能这样来理解了。

当时的建筑现实及其理论，真可谓令人眼花缭乱，构成派、风格派、未来派、表现主义，以及“鲍豪斯”等等。各个流派都有自己的代表作，如风格派的荷兰乌德勒支的施劳德住宅，构成派的第三国际纪念塔（后来未建成），表现主义的爱因斯坦天文台，鲍豪斯则是自己的新校

舍。他们都以作品来说明自己的理论。只有未来派没有自己的作品。

三

在20世纪20年代至30年代所形成的整个西方的文化格局,虽然流派众多,各执己见,但在整体上看还具有明显的共同特征:对民族和地域这种文化概念都采取否定、抛弃的态度。形成于20年代末的建筑思潮,总的精神就是时代性和国际化,认为文化将来将越来越趋同,走向国际性。建筑形式不再需要去强调什么民族特征和地方风格,也不再需要追求历史文化。人们在衣、食、住、行上,最时尚的最美的就是"国际化"。

建筑的国际化,著名建筑师勒·柯布西耶还列出了五个基本原则(后面详述)。民族形式和地方风格的危机出现了。社会现实影响了建筑,但建筑作为一种文化,以它的形式,反过来也影响着社会文化。这就是从19世纪中叶开始的建筑变革以后的图景。

第二节 新流派的统一,国际化的口号

一

从20世纪20年代末开始,新的建筑流派大批出现,反过来又影响到整个社会潮流。在这里,说一些主要的建筑流派及其作品。

首先说风格派,又叫"斯提尔"派(荷兰文:De Stijl)。这一建筑流派产生于20世纪的第二个十年(second decade)。当时荷兰有一批青年艺术家(包括建筑师),组成一个以"风格派"命名的造型艺术团体,其主要成员有蒙特利安、凡杜斯柏、莱特维德等。所谓"风格",就在于突出自己的个性。无论绘画、雕塑或建筑,都喜欢简单的几何形体、简单的色彩,形成"作品"。如蒙特利安的绘画作品,几乎都是用很粗的黑色直线,划分出大小不等的格子,按照均衡等原则填上红、黄、蓝等鲜艳的色彩,形成很有个性的但又是抽象的绘画作品。在建筑上,最有代表性的就是荷兰乌德勒支的施劳德住宅,如图3-19-1所示。这个建筑形象是用简洁的几何块体组成的,作者并不把墙、门、窗、阳台等这些构件视为这些对象名称的概念,而是从"构图"出发的,旨在完成一个类似于现代抽象雕塑的作品。1924年,这个建筑建成后,引起艺术文化界的关注,作者莱特维德认为,他试图用这些单元体创造一个使内外延伸的、时间与空间相结合的东西,以示他的艺术观和建筑观。

图3-19-1 施劳德住宅

二

其次说构成派。这一建筑流派形成于20世纪20年代。当时有一批俄罗斯的青年,志同道合,在绘画、雕塑、建筑等方面有共同的观点,认为这些造型艺术应当有结构性,把艺术作品视为是由一些单纯的几何元件,按照一定的组合原则组合起来的。这一流派的代表人物有塔特林、马莱维奇特等。但他们的作品很少,"第三国际纪念碑"也只是个设计,没有建造。

三

第三说表现主义。这个流派在其他文学艺术领域中作品不少,特别是在绘画上。表现主义产生于德国,后来影响到其他国家。

表现主义建筑的作品不多,其代表作有两个,一是爱因斯坦天文台,另一是李卜克纳西-卢森堡纪念碑。

爱因斯坦天文台建成于1920年,是为爱因斯坦的广义相对论的建立而建。图3-19-2就是其外形。这座建筑的设计者是著名建筑师孟德尔松。这座建筑的功能是天文观测,但实际上是要用建筑来表述广义相对论。如此抽象的理论怎样用建筑形象来表述呢?建筑师抓住相对论的这个现象,即高速度之下,时间和空间都不是常态下的那种情形,都会起变化。空间要收缩,时间要弯曲,于是他就抓住这种变形,设计成这样的门、窗、墙等都变了形的形象来表述广义相对论的精神。这座建筑后来得到了爱因斯坦的肯定。

图3-19-2　爱因斯坦天文台

图3-19-3　李卜克纳西-卢森堡纪念碑

另一个代表作李卜克纳西-卢森堡纪念碑(图3-19-3)。这座建筑的设计者是著名的现代主义建筑大师密斯·凡·德·罗。这座纪念碑建于1926年,坐落在柏林,后被希特勒纳粹拆毁。这座纪念碑以砖墙组成,分凹凸几个块体,寓意着这两位革命先烈是在墙脚下倒下的,牺牲时心潮激荡,用表现主义手法刻画主题。

未来派，人们说它雷声大雨点小，当时曾发表“未来主义宣言”，做了好多未来的城市和建筑的方案，但实际作品几乎没有。未来派的思潮，直到如今仍有不少人追求着。他们认为未来的城市将是高楼林立，道路立体交叉，路上车水马龙，令人眼花缭乱。其实这是一种误导，但它一直被一些对现代派一知半解的媒体和领导者视为经典，这实在是一种不可思议。

从以上这些流派的观点以及作品中可以看出，它们都有一些共同的特点：一是提倡革新，提倡时代性，强调这些观点的时代意义；二是反对建筑本来所强调的民族性和地方性，也反对建筑的历史性。建筑与传统无关，建筑与民族、地方均无关。因此，虽然流派众多，观点不一，但在国际化这一点上能找到共同性。因此，到 20 世纪 20 年代末，这许多流派便渐渐地汇成一个统一体，而且后来建立起一个统一的组织：“现代建筑国际协会”。

第三节 建筑的国际化

一

关于建筑国际化运动，还须从“鲍豪斯”(Bauhaus)说起。鲍豪斯是德国的一所学校，专门培养造型艺术人才的高等学校。当时有好多著名的艺术家都在那里执教，如康定斯基、克利、费林格等等，校长是德国著名建筑师格罗皮乌斯。这些人艺术观点一致，都主张创新，不保守。其中一些实用美术家还提倡理性与造型相结合，提出要与适用、经济结合来考虑产品的美观；同时还提出应当着眼于构成物本身的美，金属的、木的、油漆的、砖石的等等，就应当在加工工艺上力求发挥其质地和加工的美，而反对附加上去的装饰。1926 年，在德国的德骚，由格罗比乌斯亲自设计的鲍豪斯新校舍建成(图 3－19－4)，这座建筑本身就贯彻了鲍豪斯的基本精神。这是一座不对称的建筑。形成这种形式，完全出于功能的需要，它的各部分的布局，包括位置、形状、大小、高低等等，都首先出于使用。在此基础上，也注意造型上的比例和均衡，形态上则着眼于各种材料本身的美，以及材料的相互比较与和谐性。这座建筑，可以说一方面代表了鲍豪斯的学术精神，另一方面也标志着 20 世纪 20 年代末各现代建筑流派的走向统一。

图 3－19－4　鲍豪斯校舍

二

这样,现代派就以“国际化”的口号统一起来。当时就以法国著名建筑师勒·柯布西耶为首,着手建立一个国际性的组织,即成立于1928年的“现代建筑国际协会”,简称C·I·A·M。1933年,他们又在希腊首都雅典集会,起草并通过了一个有关建筑和城市问题的宪章,即《雅典宪章》,其基本精神就是强调“国际化”,强调时代性。自此,现代主义的建筑思潮也就达到了最高峰。但就在这一年,德国纳粹首领希特勒登台,使一个和平的环境一步步地拖向战争深渊,1939年爆发了第二次世界大战。现代建筑的命运也就可向而知了。

三

关于当时的现代派建筑,我们通过一些实例来分析。

首先说巴塞罗那的德国展览馆。这座建筑是现代派建筑大师密斯·凡·德·罗的作品,1929年建成(图3-19-5)。这是一座不大的建筑,但影响很大。这座建筑存在时间不长,展览会结束就拆除了,如今已按原样建造起来。这座建筑长不过50 m,宽只有25 m,但其材料用得很讲究,施工也相当精细。这个建筑最精彩之处,在于它的空间。如图3-19-5所示,他自己认为,在这里他努力使结构逻辑性,自由分隔空间与建筑造型密切相关联。其实,这个展览馆并不是为了展出什么东西,它本身才是一个展品,即表现现代建筑的技术和艺术,以及他的建筑观。有一本书:《建筑的今天和明天》(作者克兰斯顿·琼斯),认为这座建筑虽小,却是一座“能够象征壮丽并足以接待王公贵族的高级建筑”。

图3-19-5 巴塞罗那德国馆

四

另一座建筑是由芬兰著名建筑师阿尔托设计的潘妙肺病疗养院,建成于1933年。建筑师的设计出发点是对人的关怀,所以他一方面在建筑上下功夫,另一方面在环境上下功夫。这里的环境可以说四季宜人,让病人们的身心得到快慰,身体得到康复。这是现代派建筑的另一支脉了,即讲究人情味,强调对人的关怀。这一流派到二次大战之后演变为“新方言派”,重新提出地方性,强调建筑的“方言”性。“新方言派”主要集中在北欧一带。

五

英国伦敦的海波因特公寓,这座建筑由泰克顿建筑师小组设计,于1935年建成,其平面是两个连在一起的十字,每个十字的长边为内廊式公寓单元,在底层的外侧,外墙退到柱子的里面,这是现代派建筑经常运用的细部手法。这座建筑比例优美,虚实得体,外形简洁轻巧,基本上不加装饰,依靠体形本身来表达造型美,它讲究的是建筑的比例、尺度、层次、虚实等建筑的造型效果,这也是典型的现代主义建筑的美学原则。

六

最后说美国著名建筑师赖特设计的约翰逊制蜡公司(图 3－19－6)。这座建筑建成于 1936 年。建筑形态高低错落,很讲究现代派建筑的造型美。如前所说,赖特的建筑观是“有机建筑”,强调建筑的自然性,所以他在这座建筑的一个大型办公室中用了玻璃屋顶,屋顶用柱网支撑,这些撑柱的造型非同一般,是做成如同蘑菇形状的圆柱,令人有置身于丛林的感觉(图 3－19－7),使人产生某种生机勃勃之感。有人形容这个空间有“未来世界”的联想。

图 3－19－6　约翰逊制蜡公司

图 3－19－7　约翰逊制蜡公司室内

这座建筑的外墙用的是红砖,但建筑结构是框架式的,所以这些墙不是承重墙。这些墙的造型特征是变化与统一。变化,是在其高低、大小、宽窄、前后;统一,是在材料,整体性很强,都用红砖,墙上端都用白线条收头。这座建筑充分表现出作者娴熟的现代建筑艺术手法,运用变化与统一、比例与尺度等法则,塑造出优秀的建筑艺术精品。这里还可以说明,现代建筑并不都像有些人所说的,凡是现代建筑都是“冷冰冰的方盒子”。

第二十章
现代建筑之精粹

第一节　现代文化和建筑的基本精神

一

现代文化在整体上说都是对古代文化的否定。在绘画上，现代绘画摒弃了传统绘画的写实手法：抽象派，不求形似而是力求形和色本身的美；超现实主义尽管在局部形象上很写实，但整体构思却是十分离奇，主题也很荒诞；达达派更是玩世不恭，竟在文艺复兴名作上滥加笔墨，给美丽的蒙娜丽莎(复制品)添加胡子。

在文学上，继象征派和意象派之后，有表现主义文学。紧张、恐怖、离奇，是这一文学流派的特点。后来还有意识流小说和超现实主义等等。这些文学作品，都与古典文学不同。这就是社会文化潮流。这种潮流是建立在观念之变革的基础上的，主要是哲学上的非理性主义思潮。至此，也许我们能初步感受到现代文化的实质及其形态了。

二

但是，现代建筑与以上种种现代文学艺术有所不同，现代建筑在形态上固然也是对古典建筑形态的否定，如反对古典柱式、古典构图、古典装饰，应用各种新材料等等；可是现代派建筑本质上却是理性的，不是非理性的。现代派建筑中成为好作品的，都是经得起理性分析的。什么理性？就是它在应用上的合理性，技术上(结构、构造、设备、施工等等)的合理性，以及重视经济等。现代建筑美学，也同样以这种合理性为主要准则，只有在这个准则的基础上，才能讨论它的造型美，或者说它的造型美如何巧妙地与上面这些理性原则相结合。因此，在这里我们通过一些现代派建筑的代表作来做一些分析。

三

早在20世纪20年代，德国著名建筑师格罗皮乌斯提出对新建筑的基本态度。他认为，建筑要随着时代向前发展，必须创造这个时代的新建筑。他说："我们处在一个生活大变动

的时期。旧社会在机器的冲击之下破碎了，新社会正在形成之中。在我们的设计工作中，重要的是不断地发展，随着生活的变化而变化表现方式，决不是形式地追求风格特征。”在新的社会条件之中，格罗皮乌斯特别强调现代工业的发展对建筑的影响。在建筑设计原则和方法上，格罗皮乌斯在20世纪30年代比较明显地强调把功能因素和经济因素放在最重要的位置上。格罗皮乌斯不但在理论上和设计作品上表现出崭新的面貌，而且还在建筑教育上创造出全新的建筑教育体系。这一点很重要，因为以后的建筑事业，必然要下一代以及以后许多代的建筑师去实现的。

第二节　狂飙突进式的建筑思潮

一

现代主义建筑，我们不能不说法国著名建筑师勒·柯布西耶。勒·柯布西耶原为瑞士人（1887年出生于瑞士），后来到巴黎从事建筑活动，1917年移居巴黎。他的思想是激进的，其可贵之处是在于他十分关心社会。他说“建筑是居住的机器”。这是因为当时一个突出的社会问题是住房的紧张，他提出要大量地造房子，首先要满足人们能有空间住下来。他认为，我们应当让人们住得更好些，否则社会就得不到安宁。

勒·柯布西耶的建筑理论，他自己总结出五点，即它在1926年提出的“新建筑五点”：

(1) 立柱。房屋底层透空，下设立柱。立柱把房屋像一个雕像似地举离地面，把地面留给行人。

(2) 屋顶花园。房屋的屋顶处理应当把房屋看成为一个中间空心的立方体，即屋顶是平的，上面做花园。

(3) 自由平面。采用骨架结构，上下墙无需重叠，内部空间完全可以按空间的使用要求自由分隔。

(4) 横向长窗。承重结构与围护结构分开，墙不承重，窗也就可以自由开设。最好是采用横向的可以从房间的一边向另一边开足的长窗。

(5) 自由立面。承重的柱子退到外墙后面，外墙成为一片可供自由处理的透明或不透明的薄壁。

勒·柯布西耶的作品萨伏伊别墅（图3-20-1）可以说成是“新建筑五点”的“注疏”。这座别墅建成于1931年，共三层，底层只设楼梯、杂房和车库，其他都是透空的。二层有宽大的起居室、卧室及其他用房。三层除了少量的房间外，大多是开敞的屋顶花园。这座建筑看上去开敞、舒展，可谓现代派建筑的精品。

图3-20-1　萨伏依别墅

二

勒·柯布西耶最可贵的精神就在于他对人和社会的关怀。但是有时却做得有些过分,反而适得其反。这在他的作品马赛公寓上表现得最充分。马赛公寓是他的后期作品,此建筑建成于 1957 年,共 18 层,长 165 m,宽 24 m,高 56 m,如图 3-20-2 所示。底层透空,上面除了住房外,还有一些楼内的公共性用房。顶层除了设备性用房外,大量的是室外的公共性用地。住房类型很多,从单身住房一直到多达 8 个孩子的家庭居住的大户型。户型多达 23 种。在这个楼中,可容 337 户人家,大约可住 1 600 人。在大楼中,还设有许多公共设施,如食品座、餐馆、酒吧、商店、洗衣房、理发室、邮电所乃至旅馆等;在屋顶上还有幼儿园、托儿所、游乐场、游泳池、电影院、舞厅等等。总之,楼内什么都有,甚至人们几乎可以一辈子不出去。作者开始满以为能理想地解决人们的居住问题了,而且可能将成为一个“样板”,将来世界各地的公寓类建筑都会仿效这种形式。但事与愿违,马赛公寓中的住户们却对楼内的这些公共设施不怎么感兴趣,商店、酒吧、餐馆、理发室等,多是冷冷清清,少有光顾者。这是因为,现代社会对于物质生活的满足只是一种基本的满足,他们更多地需要人际交往,而且要求不断更新这些活动的内涵,把人们关在大楼里,仅仅满足他们的物质生活需求是不够的。因此人们不喜欢这种形式,后来很少有人效法这种形式。

图 3-20-2　马赛公寓

三

在勒·柯布西耶的作品中,最精彩的要算朗香教堂了。郎香教堂坐落在法国风景秀丽的浮日山,这里的村庄名为朗香,故教堂也以此为名。这座建筑建成于 1953 年,它既不同于古代传统的哥特式教堂,也不同于现代派建筑形态。在朗香教堂建造以前,这里原有一座小教堂,二次大战时被毁。战后,当勒·柯布西耶接受了这一设计委托后,他便独自上山,察视环境,丈量地形,心中有了底,于是回到工作室,便着手设计这座建筑了。教堂不大,只能容纳 200 人。教堂由许多弯曲的墙面组成空间,东西长 25 m,南北宽 13 m。除了几间小房间外,基本上没有明确的房间分隔。教堂的立面外形也好像没有什么规律,如图 3-20-3 所示。在倾斜而弯曲的墙面上杂乱地开了许多大小不一、形状各不相同的窗子。这些窗子外小内大,都有配以各种色彩的玻璃,看起来好似碉堡上的枪孔。教堂内有一个讲堂和三个半圆形的壁龛。讲堂东端是圣坛。来教堂做礼拜的人多了,就在外面露天广场上做礼拜。

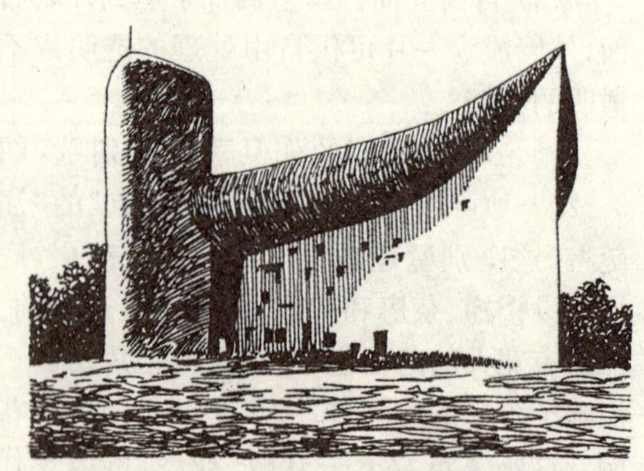

图 3-20-3　朗香教堂

朗香教堂的屋顶是由两片卷曲状的钢筋混凝土板相叠而成的，在边缘交汇处又向上翻起，并自东向西倾斜，雨水沿着斜坡流入后面的一个水池中。三个由神龛形成的高高的塔楼伸出屋顶。屋顶色调较深，墙面是白色的。所以色彩显得素雅静穆。教堂的钟楼建在教堂后面的丛林之中，是用一些木条架设起来的。

评论朗香教堂这座建筑的人很多，几乎都说它是成功的。有的人说，这个建筑所用的手法不是“象征”，而是“隐喻”。如图 3－20－4 所示，这座建筑的外形能使人联想起许多与基督教有关的形象，但又都不像。太似则失去了建筑，太不似则无意义，所以这座建筑在造型上应当说是很成功的。

图 3－20－4　朗香教堂的四种隐喻

第三节　玻璃和钢铁的魅力

一

现代派建筑中，另一位著名的建筑大师是密斯·凡·德·罗。他出生于德国，后来定居美国。也许只有这位著名的建筑大师不是科班出身的，而是自学成材的。15 岁的密斯，便开始在阿亨德建筑事务所当学徒。从此，他刻苦自学，19 岁时他到柏林，后来就到著名的贝伦斯事务所工作了。密斯的真正建筑事业，开始于第一次世界大战后，当时他在柏林设计了好些现代风格的建筑。1929 年建成的巴塞罗那国际博览会德国馆，则是最成功的一个。

密斯·凡·德·罗的建筑观，称得上是最彻底的现代主义了。他有一句名言：“少就是

多”。这就意味着建筑完全是一种实用的、技术的对象，而它的美和艺术，就是如何最精彩地表达实用和技术的合理性、结构和材料的逻辑性和精确性。从上世纪 20 年代至 1969 年他去世的这几十年的创作生涯中，大大小小的作品不胜枚举，而每个作品都体现出它的这种精神。有明确的观点，又始终如一，这也就是他作为一位杰出的建筑大师的基本精神和风格。在这里，通过一些实例来分析他的建筑观。

首先说 1927 年建的德国魏森霍夫的多层公寓，这种住宅的整体是多单元式的，如图 3－20－5 所示，平面长条形，被认为是最合理、最经济的住宅形式。其实在今天，这种形式也还在大量地建造，可见它的价值了。图中的形式是每条四个单元，每个单元一梯二户，共四层，平屋顶。建筑的特点是钢结构，构架简单，支点少，柱子截面小。楼梯与紧贴着楼梯的各种管理与服务性设施都是经过精打细算确定的，使之能在此轻盈的结构中起着稳定与加固的作用。由于用钢构架，墙不承重，住户可以按照自己的居住要求随意用胶合板隔墙来自由划分空间，甚至这幢公寓可在同一结构布置下产生 16 种不同平面布局的居住单元。密斯·凡·德·罗在这里初步显示了他在次年提出的以精简结构为基础的“少就是多”的见解。这种建筑形式，后来就形成了所谓的“国际式”，还被说成是“方盒子”。

图 3－20－5　魏森霍夫住宅

二

第二个例子是芝加哥的湖滨公寓（图 3－20－6）。这座建筑也许成了“方盒子”的典型。后来被批判称为“火柴盒子”，光秃秃的钢铁和玻璃，“冷酷无情”。可是现代派建筑却从理性出发，科学地分析建筑形式，特别是密斯·凡·德·罗的“以结构的不变来应功能的万变”的观点。由此被认为是为美国高层建筑创造了一个新的形象。湖滨公寓是两幢形式相同，位置和方位有变的高层公寓，高 26 层。在建筑内，除了中间集中的公用性设施外，从进门到卧室，均用片段的矮墙或家具来分隔房间，而且好多是隔而不断的“流通空间”。虽然这些房间能按不同的使用功能自由地划分，但另一方面则是视线和噪音难以隔挡，而且外面除了钢架外，都是玻璃，住在里面的人在冬、夏季节，必然难以忍受，或者说要消耗许多能量，用空调的办法来解决。但这座建筑却获得了美国建筑师协会（AIA）的“25 周年奖”，因为它对美国现代高层建筑的影响很大，在形式上起到样板的作用。

图 3－20－6　湖滨公寓

三

第三个例子是纽约的西格拉姆大厦,如图3-20-7所示。这是一座高级的办公大楼,建成于1958年,共38层。这座建筑要比湖滨公寓考究得多,虽然也是钢架结构,但钢架外包青铜板,支柱之间加装琥珀色玻璃板和玻璃窗。造价之高使公司由于拥有如此名贵的不动产而年缴比估报的房产税多数倍。这也许是二次大战后现代派方盒子高层建筑最辉煌的一座了。但从此以后,这种风格也就渐渐走下坡路,到上世纪60年代,这种辉煌不再有了。尽管高层建筑还在继续发展,但"方盒子"这种形式已不是"登峰造极"了。

图3-20-7 西格拉姆大厦

四

在众多的密斯·凡·德·罗的作品中,我们不能不说伊利诺工学院建筑馆。这座建筑又名克朗楼(Crown Hall I.I.T.),1956年建成,此建筑被誉为密斯主持该校园规划工作的巅峰之作。这是一座大玻璃房子,屋顶悬挂在4块巨大的横板梁上,板梁与钢柱构成刚性框架,地面与屋面之间是玻璃幕墙。馆的内部是一个既无柱子又无承重墙的大空间,只有两道管槽(暖气管和水管)将室内空间加以划分。另外,在中央有一小部分用墙隔开,作为办公室和通向地下教室的楼梯间,大空间用作学生的设计室以及管理、图书、展览等,仅有个别地方,用不到顶的隔断略加遮挡。对此,米斯解释为:一幢建筑在使用上会发生变化,不可能限定它只作什么用,因此现代建筑应当是通用的,当使用发生变化时,用一些临时性的活动隔板即可调节。这幢建筑充分体现出密斯采用和表现现代化工业新技术,以求"通用空间"、"纯净形式"、"模数构图"的建筑设计手法。然而,克朗楼虽提供了灵活使用的平面,但有些学生们对于要在这么一个毫无阻拦的、偌大的空间里工作学习很不满意,宁可跑到地下室去。

在密斯·凡·德·罗的所有的作品中,像这样巨大尺度的玻璃盒子,同时又具有相当精美的构造细部,克朗楼是个典范。自此以后,取消建筑内部的墙和柱,用一个很大的无阻挡的空间来容纳不同的活动,成了密斯常用的设计手法。

五

最后说美国芝加哥的伊利诺工学院内的小教堂。这座教堂与众不同,它是用砖墙和大玻璃门窗构成的一座小型的平屋顶的方形建筑,外形"貌不惊人",从而被人们非难。可是,这是一座很精美的建筑,也和巴塞罗那德国馆一样,其用料之高贵、施工之精细,也许称得上无与伦比了。设计者密斯·凡·德·罗坚决认为,他之所以把教堂选择为这种"净化"形式,正是因为它是教堂,所以不用虚浮的形式。他说即使给他更多的钱,他仍然选择这个设计。同时,他遵循理性主义原则,他说:"当技术实现了它的真正使命,它就升华为建筑艺术。"

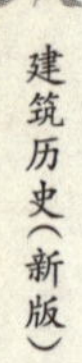

(1950年,伊利诺工学院设计学院成立大会上的讲话)这可见他的观点之一贯性。他的创作精神是可贵的。

第四节　现代情态

一

现代建筑都是冷冰冰的"方盒子"吗?其实现代建筑形式还是很多样的,也是很有情趣的。美国的现代建筑大师赖特的作品,就很有情趣。他强调,人应当有自己的理想环境,他最歆羡的是人与大自然的结合。他提出"有机建筑"理论,并且将它贯彻在自己的作品中。

赖特最重要的作品,流水别墅,如图3-20-8所示,这是一座建造在岩石、丛林和流泉之上的最理想的人居环境中的独立式住宅。流水别墅位于宾夕法尼亚州匹茨堡市郊,是为百货公司巨贾考夫曼设计的,所以又叫考夫曼别墅。此建筑建成于1936年。但如今它已不再作为住宅,而是以旅游参观为目的,并已成了文物。每年参观者达7万人之多。游人凡到匹茨堡,总要前去看看这座著名的现代建筑,一睹为快。

图3-20-8　流水别墅

这座建筑跨建于瀑布之上,建筑与岩石、瀑布、泉水以及林木有机地结合在一起,有人形容他不是由人建造的,而是从山中"长出来的"。此建筑共三层,第一层直接临水,包括起居室、餐室、厨房等。起居室的阳台上有梯子下达水面。阳台是横向的,悬挑在水面上。第二层是卧室,出挑的阳台部分纵向,部分横向,跨越于下面的阳台之上。第三层也是卧室,每间卧室都有阳台。起居室的形式是不规则的,从主体空间向周围伸出好几个空间块体,使室内感到自由自在,符合人们的起居活动要求,不是工整、拘束的长方形空间。室内部分墙面是用与外墙一样的粗毛石片做成的,具有自然感,室内外一体感。另外,壁炉前面的地面是一大片磨光的天然岩石,也形成很自然的感觉。总之,这座建筑从外形到室内,都使人感到"有机",感到与自然浑为一体。建筑外形既统一又有变化,它的形象是统一的,方正如同石材,表面肌理用毛和光两种对比处理。在块体的方向上,前与后,上与下,左与右,各有不同的方向感,从而使形象自然而生动,在树林和流泉中,显得格外有情趣。

二

再说罗伯茨住宅,见图3-20-9,这是赖特的一个较早的作品。建成于1907年,位于美国伊利诺州的乡村。这是他的"草原式"住宅理论的典型代表之一,也是"有机建筑"理论的一个部分。他认为人应当居住在一个理想的大自然的环境之中。这种建筑思潮既浪漫又富

有田园牧歌式的情调。这座建筑的平面是“十”字形的，为是向自然伸展、结合。中间是一个大壁炉，既是取暖的需要，也是它之“精神”，形成中心。室内采用了不同的层高，起居室空间很高，占二层，周围还设置一圈陈列墙，使室内空间产生很多情趣。建筑的外形高低错落，很有节奏感。另外，用四坡顶，大挑檐，使房子明快。这也是赖特惯用的建筑造型手法。这种独立式别墅形态，直到今天，人们仍然对他情有独钟。

图 3-20-9 罗伯茨住宅

三

第三说西塔里埃森冬季别墅。这座住宅位于亚利桑那州的斯科茨代尔，建成于 1938 年，是他为自己设计建造的一座冬季别墅兼工作室。这里靠近沙漠，在麦克道尔山的山脚下，因此其造型以火山岩接近的风格，与环境保持风格上的一致性。建筑结合地形，分为三部分，即居住、工作、劳作。空间水平展开，用直角系统结合 45°转向，形成很活泼多变而又有规律的感觉。在《美国建筑》一书中，说它在建筑上用了精细和粗野相协调的手法，“加强了自然景色的特征”。赖特原来有一处住宅，即威斯康星州的斯普林格林，叫塔里埃森，建成于 1911 年。上面说的一座“冬季别墅”在其西，故称“西塔里埃森”。

四

最后说赖特最后的也是最精彩的一个作品，古根海姆美术馆，如图 3-20-10 所示，于 1959 年建成。这个建筑分两个部分：一是对外的陈列部分，高 6 层，有电梯及斜坡上下；另一是 4 层的办公楼。陈列空间是圆形的，直径 30.5 m，是由螺旋形的陈列廊组成，中间是中庭，直通到顶，上面为玻璃顶。这个陈列廊若展开来，是一条长达 431 m 的长廊。人们要看完这些美术作品是很累的，因此赖特想了一条妙计：让参观者先从底层乘电梯到顶层，然后顺着斜坡的廊子一面看一面下坡，毫不费力地参观，直到看完，正好下楼。这座建筑外形简洁，很有形式力度，比例匀称，虚实得体，据说参观美术作品的人反而把注意力集中到建筑上，对其中的美术作品有所轻视。这也许是这个建筑的“缺点”(反意的形容)。

图 3-20-10 古根海姆美术馆

赖特的“有机建筑”的观点是现代建筑的另一个倾向。他很有哲学见解，他认为人不能受社会潮流(工业时代)的影响而失去自我，人应当有人应有的环境、生活方式。他甚至强调，建筑是人的栖息之所，人们可以在里面放松地蜷伏。“我敢说这是一个逃避；但是，假若能够的话，让我们都逃避吧！”(转引自《建筑师》(五)罗小未文“莱特”)

第二十一章
中国近代建筑

第一节　古代建筑的终结

一

宋代的《营造法式》不仅是建筑技术上的，更是中国古代建筑的顶峰的标志。可是，也正是《营造法式》，使中国古代建筑达到顶峰，然后走向晚期。宋代以后，元、明、清，就再也没有更大的发展了。到了清代，又出现了一部《清工部工程做法则例》，此书与《营造法式》相比，仅在技术规范上属一类，至于社会文化意义，则难以相比。刘敦桢在《中国古代建筑史》(中国建筑工业出版社，1981 年)中说："……中国木构架结构体系经过 3 000 年的发展，由简陋到成熟、复杂，再进而趋向简练的过程是很明显的。明代的官式建筑已经高度标准化、定型化，而清代雍正年间颁布的《工部工程做法则例》则进一步予以制度化。"

建筑的标准化，标志着结构体系的成熟，但同时也不可避免地使结构僵化。如《工部工程做法则例》就把所有的建筑固定为 27 种具体的房屋，每一种房屋的大小、尺寸、比例都是绝对的；构件也是一样。如此绝对化势必导致另一极端。

二

著名建筑师梁思成的力作《清式营造则例》，可谓简单扼要地把这种程式系统表述出来。下面，就以此书的结构系统来看看中国古代建筑的系统。

此书分为六章。第一章绪论(由林徽音所写)，叙述了中国古代建筑的来龙去脉及意义。第二章平面，则是建筑布局的定型化，它的基本结构就是内向空间的四合院。第三章大木，这种规范其斗拱和构架。第四章瓦石，着重在屋架既成的基础上的其他部件：台基、墙壁、屋顶等等。第五章装修及第六章色彩，均属细部，可见此书详细、全面。详见梁思成著《清式营造则例》，中国建筑工业出版社，1981 年。

三

中国古代建筑到了明清时期，一方面走向完整，另一方面也在“客观地”寻找出路。正值此时(19世纪末)，西方文化东渐，这便揭开了中国近代建筑的历史一页。在这里，首先要说的是利玛窦(1552—1610)，他是一位意大利传教士，精通哲学、数学、天文、物理、法学、文学。1582年在神学院学习结业后，奉耶稣会之旨，来到中国传教，先后在华南、华东等地居住、传教达19年之久。1601年到北京定居，并向神宗皇帝献了耶稣像、万国图、自鸣钟、铁丝琴等礼品。神宗对这些礼品很感兴趣，把自鸣钟放在自己的御几上，还下令让内臣学习铁丝琴的弹法。为此，利玛窦特意翻译了八首西洋乐曲。神宗本来要对他“钦赐官职”，但利玛窦固辞不受，于是便赐给他一套住宅，地址在宣武门内。后来利玛窦在宅旁建起一座天主堂，这就是现存教堂的前身。明代的书籍中，记载了当时教堂的情景，还描述了教堂内利玛窦带来的宗教油画，这是西洋油画传入中国的先声。他在科学技术的中西交往上也很有贡献。他在北京期间，与科技方面的学者来往甚密。太仆寺少卿李之藻向利玛窦学习了天文、地理、数学诸方面的科学知识。两人合作，译著了《同文算指》、《圜容较义》等书。与利玛窦关系最密切的是东阁大学士徐光启。徐与利玛窦在南京时就相识。万历三十三年(1604年)，徐光启考中进士，来到北京翰林院任职，故友重逢，分外高兴。徐光启与利玛窦促膝谈心，从天文到地理，远古到近世，东方到西方，广泛地交流各科知识。

四

对于建筑，当时也多有交往。西方建筑之东渐，首先是造教堂，以上海为例，1640年建的天主教堂，还是中国传统庙宇式的。到19世纪中叶，就出现了西方建筑形式的教堂了，如1847年建的上海徐家汇天主堂，是罗马式的；1853年建的上海董家渡天主堂，是巴洛克式的；1869年建的上海江西路圣三一堂，是哥特式的；1873年的佘山天主堂，是折衷主义的；1911年的徐家汇天主堂(图3-21-1)是哥特式的，等等。另外北京也建有好多基督教堂，如1775年的宣武门南堂，1884年的八面糟东堂，以及1887年的西什库北堂等。在广州，最有代表性的是圣心教堂(俗称石室)，建于1863年，为典型的哥特式教堂。可以说，从19世纪中叶开始，在中国大地上，大量地出现了西方建筑(形式)。西方文化东渐，最形象化的表现就是建筑。

图3-21-1 徐家汇天主堂

图3-21-2 长春园大水法

可是这些建筑基本上是西方主动地流传到中国的。当时中国是否接受,是否有兴趣,是否有抵触呢? 上面提到的利玛窦来中国的情况,我们也许已能知道当时中国对西方文化还是比较感兴趣的。统治者出于新奇、好玩,学术家觉得西方文化有自己的系统而出于求知、探索,因此不但对这些文化抵触不多,而且还主动地引进西方文化。最有代表性的就是北京长春园中的西洋建筑了,图 3 - 21 - 2 是其中的一些残迹。这些西式建筑包括谐奇趣、养雀笼、方外观、远瀛观、海宴堂、蓄水楼、线法桥及大门等。这些建筑大多为西方 17 世纪巴洛克和 18 世纪古典主义的形式。从乾隆十年到二十四年(1745—1759),用了 14 年的时间建成。

第二节　西方文化东渐与中国近代建筑

一

北京圆明园(包括万春园、长春园、圆明园)在 1860 年被英法联军烧掉了,所留下来的残迹,正说明了中国古代文化到此终结,中国要想主动引进西方文化的设想也受挫。这时,西方文化东渐采取了另一种方式,即强行灌输。1840 年鸦片战争,便开始了这种局面。当时西方文化东渐的最典型的表现就是“门户开放”政策的实行和租界的出现。租界的出现也就是西方近代城市在中国的出现。在此说一说上海这座城市。

上海在古代仅是个小镇,直到元代至元二十九年(1292 年)才建县,即上海县。因此上海真正成为城市,至今也仅 700 余年的历史;上海发迹成为大城市,便与“门户开放”有关。但“开埠”以后,上海还只有今旧城区(县城)和其北的黄浦江沿岸 80 余亩(1 亩$=666.\dot{6}$m^2)地,即英国的租界(Settlement)。后来到了 20 世纪初,才大规模开发。

二

上海一地,在 19 世纪的《虎门条约》(1843 年)后,英国与清政府订立了《上海土地章程》。这个章程同意划黄浦江以西、界路(今河南中路)以东,李家庄(今北京东路)以南,洋泾浜(今延安东路)以北约 820 亩土地为英国人居留地,这就是租界的开端。1848 年,英国又强迫清政府将租界扩大到 2 828 亩,北抵苏州河,西至泥城浜(今西藏中路)。不久,法国和美国也来了,于是将苏州河的虹口一带划给美国人做居留地。将护城河及潮州会馆以北,洋泾浜以南,黄浦江以西,关帝庙褚家桥(今西藏南路)一带 986 亩土地划给法国人做居留地。1861 年,清政府又允许法国将居留地的东南方界线推至小东门外城河,从而法国的居留地超过 1 100 亩。1863 年,清政府又确定了虹口一带美国人居留地的范围:西从泥城浜与苏州河的交汇处,向东沿苏州河及黄浦江到杨树浦,顺杨树浦向北三里之点,向西划一直线,又回到泥城浜与苏州河交汇处。

1873 年美国领事利用 1863 年划定虹口一带的居留地未立界限为由,又将原来的泥城浜向东连一直线至靶子场(今武进路河南北路),再折向杨树浦以北三里处,这条线称“熙华德线”,并且多处越界筑路,然后再渐渐扩大。1914 年至 1915 年又进一步扩张。总之,从 19 世纪中叶到 20 世纪初,随着租界的出现和扩大,上海的城市也就发展、扩大,并迅速地形成了西方式的大城市性质和特征。

三

城市经济和文化的发展，反映在建筑上，就是各种新类型的建筑相继出现，如工业建筑、金融建筑、商业建筑、交通建筑、文教建筑、医卫建筑、文娱体育建筑，以及饭店酒楼等。从建筑技术上说，也一改原来的传统做法，出现了钢结构及钢筋混凝土结构。从城市建设来说，则开始着眼于城市的区域功能、路网设置，以及诸城市设施的建设，如供水、排水、电力、电话、电报，还有火车、汽车、轮船等。总之，到了 20 世纪 20 年代，上海基本上已形成了国际化的近代大城市格局。

西方列强入侵中国；但另一方面却使中国走向近代，终结古代。在这里以上海为例，分析一些近代建筑。

上海的近代建筑，最先出现的是在外滩和南京路，当时最先造的是两个跑马场，这两个跑马场如今已没有了，后来造的第三个跑马场，就是今天的人民公园和人民广场的所在地。

南京路上的近代建筑，留至如今的还很多，在这里重点地说几座。当时南京路上有“四大公司”。先施公司（今时装公司）于 1915 年始建，高七层。底层沿马路设廊，主入口上部做三层塔楼，叫“摩星塔”。永安公司大楼位于南京路浙江路口，先施公司的对面，建于 1918 年。此建筑形式为西方古典式。1933 年，在它的东面又建造了新永安大楼，现代派建筑风格，高 20 层。在新老两座建筑之间造了 2 座天桥，跨越浙江路，见图 3－21－3。1926 年，在南京路先施公司之西，建造起一座七层高楼，形式简洁，有近代建筑风味，这就是新新公司，今第一食品商店。在南京路西藏路口，1934 年又建造一座 13 层的大楼，即大新公司，如今的中百一店，其形式中西结合，别具一格。这“四大公司”确立了中国近代商业建筑的模式。图 3－21－4 是先施公司的形象。

图 3－21－3　新永安公司天桥

图 3－21－4　先施公司

四

除了商业建筑,上海近代还建造了许多文教医卫、文娱体育及饭店酒楼等建筑,在此略说几个典型的建筑。

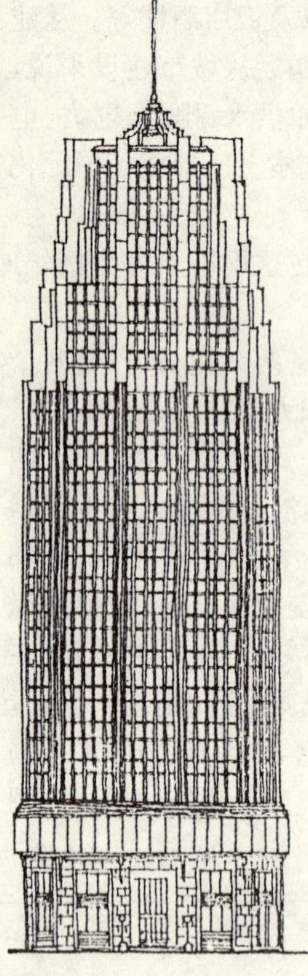

图 3-21-5　国际饭店

国际饭店(图 3-21-5)。这座建筑建成于 1934 年,由匈牙利著名建筑师乌达克设计。建筑地上 22 层,地下 2 层,号称 24 层,总高86 m。国际饭店英文叫 International Hotel,但外国人叫它 Park Hotel。这座建筑当时为"远东第一高楼",其形式为当时国际流行的摩天大楼形式,强调垂直线,14 层以上层层内收,产生很好的轮廓线。

汇丰银行,位于上海外滩,即今之浦东发展银行,如图 3-21-6所示,今之建筑建成于 1923 年。建筑为西方古典主义形式,三段式处理,比例匀称,檐部、柱廊及基座三部分的高度比例为 1∶3∶2,被认为是最标准的比例,当然也是很美的。

江湾体育场,建成于 1935 年。这是个比较标准的体育场。在这里举行过第六届全国运动会(1935 年)。运动场内有标准的 400 m 跑道。看台可容 6 万观众,4 万坐席,2 万立位。

上海大世界,这是个著名的大型游乐场所。今之建筑建成于 1925 年。大世界为一座四层曲尺形建筑,一面靠延安东路,一面靠西藏南路,主入口设在马路交界处,顶上设四层空塔,一则作为自来水的水箱,二也是使建筑醒目之物,可以招徕顾客。大世界里面有京剧、越剧、沪剧及其他地方戏,还有电影、滑稽、魔术及其他游戏。里面空地上表现大型杂技,如飞车走壁等,内容丰富。从下午到晚上,买票进场,爱看什么玩什么,就看什么玩什么,很受市民欢迎。图 3-21-7 是上海大世界的平面图。

图 3-21-6　汇丰银行

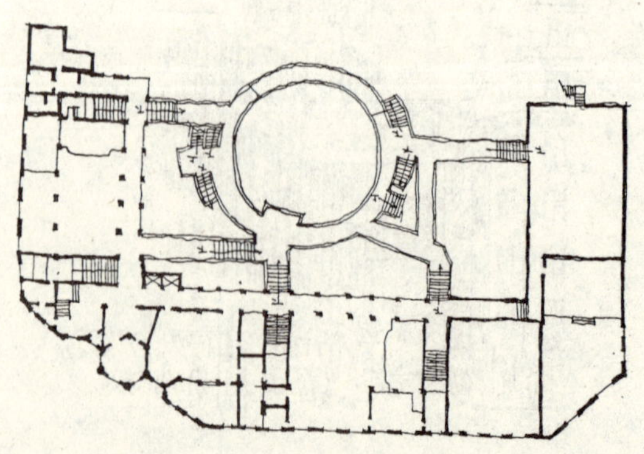

图 3-21-7　上海大世界平面图

北火车站。上海的铁路，南北通达，北可到南京、北京，南可达杭州、广州。上海本来有东、南、西、北诸站，其中最大的是北站（总站）。这座建筑最早建于1907年，1909年又进行了改建。建筑面积达5 000 m²，平面呈长方形，顶层（五层）有一对高塔，正中第三层处有大半圆拱窗。屋顶为四坡顶。此建筑在"一・二八"事变中被日机炸损，修复后的车站形式已远不如前，大为简化，以实用为主。1987年上海新客站建成，此建筑"光荣退役"。

公济医院，位于外滩苏州河北，即今之上海市第一人民医院。此医院最早于1864年由法国天主教会所创办，原在金陵东路外滩。1877年迁至北苏州河路北四川路今址。医院的门诊部为二层砖木结构房屋。主楼（病房）为钢筋混凝土框架结构，前面五层后面六层，内设3部电梯。东部大楼和修女院都是混合结构，五层。公济医院1940年被日军占领，在此关押英美"病囚"。抗战胜利后改为公立医院。新中国成立后为市第一人民医院。

中法学堂，位于今西藏南路金陵东路，此建筑建于1913年（1923年加建东部校舍），今为光明中学。这座建筑形式属折衷主义，三层，清水红砖墙，形式很有个性，如今被列为上海市优秀近代建筑并加以保护。

五

最后，我们还要说一座近代的台湾建筑：台湾总督府。此建筑建成于1915年。其形式是日本的"样式建筑"（当时台湾被日本占领）。所谓样式，即摹仿西洋古典建筑风格。为了表现殖民统治，不但在其外形上，而且也在空间上表现出来。首先，其位置选择在北门街、南门街、西门街的交汇点上，朝向采用坐西朝东，迎向旭日东升的日本（寓意）。再将一层的基座用洗石子，明显地表现出西方古典建筑的"三段式"形象。1910年，入口处的建筑高度增高至9层，产生主体突出的作用。另外，在平面上更直接引用"日"字的形象。这座建筑从整体风格来看，中央矗立高塔，两翼水平延伸，再以角塔收头，显示出稳重的对称三角形构图，拱券、柱列，红白相间的横带装饰，以及繁复精致的细部，都有文艺复兴的痕迹。这座建筑本身，从建筑艺术的角度来说，寒食做得比较成功的。它虽然是一座日本统治时期的总督府，但从史学的角度说，还是一座值得保存的历史建筑。按照我国古代史学理论来说，所谓"国可灭，史不可灭。"（见杜维运《中国史学与世界史学》，北京：商务印书馆，2010）我们建筑历史，也应当具有这种态度。

第三节　近代住宅

一

中国近代住宅，大体可以分为别墅、公寓、里弄等几种。上海、天津、广州、青岛等沿海城市较多。在这里通过具体实例作一些分析。

先说别墅。这是近代最豪华的一种居住建筑形式。上海北京西路铜仁路口的吴宅是一座比较典型的别墅，如图3-21-8所示。这座建筑建成于1937年。建筑的外墙贴绿色面砖，建筑面积达4 000 m²，共四层，围墙内有花园。小汽车可以驶进院内，有车库。这座建筑被认为是上海近代最豪华的别墅之一。建筑内部除了有大小起居室、客厅、餐厅、多间卧室、

账房、仆人用房、厨房、洗衣房及日光室外,还设有家庭很少有的舞厅、宴会厅、酒吧、弹子房、棋室、花鸟房等,还有佛堂。建筑外形西方现代派形式,但佛堂内部却是中国古代建筑形式,可谓中西合璧。

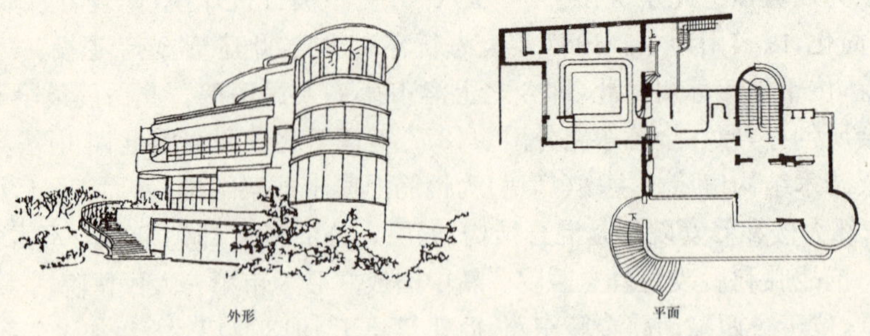

图 3-21-8 吴同文住宅

二

再说里弄住宅,在此举一例:上海厦门路尊德里(图 3-21-9)。这是一座典型的近代里弄住宅。这种住宅相对地说比较经济,又符合上海近代多数居民的居住需求。建筑多为中轴线对称布局,底层有小天井,堂屋在正中,后面是楼梯间和厨房,由后门通向后面一条支弄。天井和堂屋两边有前后厢房。楼上客堂分"前、后楼"。楼梯后面是"亭子间"(一般给子女或仆人住)。厢房楼上仍是厢房,均作为卧室。这种房子本来是独家居住的,后来人口越来越多,变成二三家合住,最后变成七八家甚至十余家合住。一间房间住一家,厨房合用,厨房中全是煤气灶,自来水龙头只有一个,几乎排队使用。这种拥挤的程度,可想而知。

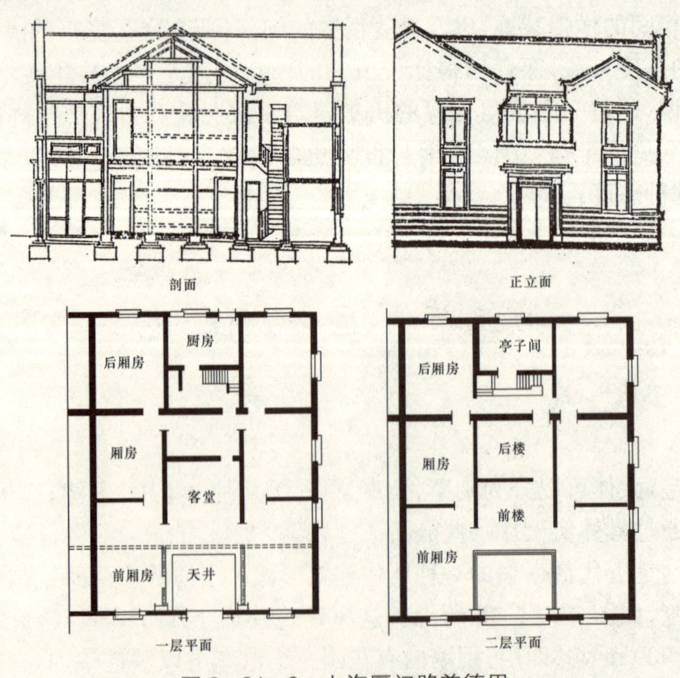

图 3-21-9 上海厦门路尊德里

三

公寓在上海近代居住建筑中也相当多。公寓分高层和多层。高层公寓如上海的百老汇、枕流公寓、毕卡地公寓等。毕卡地公寓位于上海衡山路宛平路，建于 1934 年。建筑主楼 15 层。对称式布局，东西两翼为十三、十二、十、九层，逐层递落，形成稳定而高耸的理想体形，如图 3－21－10 所示。此楼形式为“国际式”，简洁、高耸是它的主要特征。建筑顶部设屋顶花园。

图 3－21－10　毕卡地公寓

图 3－21－11　百老汇大厦

上海大厦，从前称百老汇大厦。这座建筑也建于 1934 年，建筑面积近 25 000 m^2，高 22 层，总高 78 m。建筑外墙用泰山砖贴面，底层外墙面用暗红色花岗石。建筑外形简洁，轮廓线均衡而稳定，如图 3－21－11 所示。这是一座高级公寓，新中国成立后，改为市政府招待所。上世纪 80 年代后改为宾馆。

峻岭公寓，位于淮海中路茂名南路东北角，今称锦江饭店中楼，俗称“锦江饭店十八层楼”。此建筑建于 1934 年。建筑外形仿英国近代高层建筑，形式简洁，以垂直线为主，有高耸感。外墙用棕色面砖，色调和谐。峻岭公寓平面略呈弧形，中轴线对称布局，中间高两侧低。中间十八层，向两侧渐低，分别为十六、十五、十四、十三层，造型稳定。平面布置为：底层除入口外，全部作储藏室等辅助性房间，二层以上为公寓式房间。公寓分若干部，每部有大小八间，分成两套。每套的间数不等，有三间、五间一套的，有四间一套的，也有二间、六间一套的。整幢大楼共有 77 套房间，六部电梯。

四

上海近代的高级里弄住宅，称花园式里弄。这种住宅除了内部条件比较优越外，室外环境也较好，所以叫“花园式”。最典型的要算凡尔登花园，即今之长乐新村。此花园式里弄位于今陕西南路长乐路，建于 1925 年，占地约 2 hm^2，建筑形式为联立式，每家一开间（图 3－21－12）。建筑坐北朝南，宅前是庭院。建筑为上下两层，北面入口，有小过厅与凹廊，接着是厨房和餐室。再前面是起居室，房间宽敞明亮，与室外庭院之间有一个廊式的过渡空间。二层楼南面是大卧室，前部有阳台；后面是小卧室和卫生间。凡尔登花园建筑形式很讲

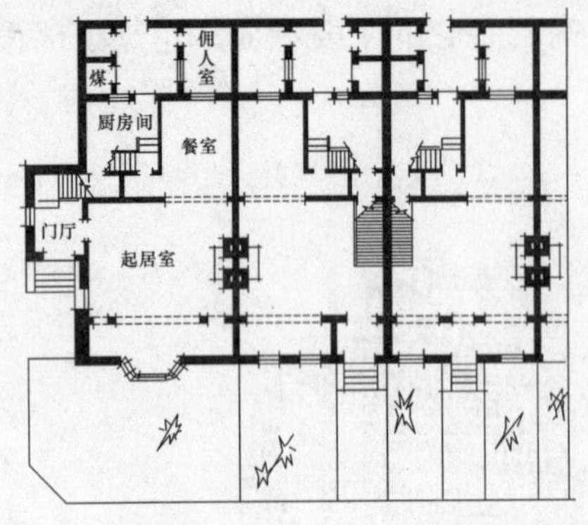

图 3-21-12　凡尔登花园

究,其屋顶用“梦夏式”,即屋顶有两种坡度,顶上坡度平缓,下部坡度陡峭,在陡屋面处开“老虎窗”,形式活泼多变。墙面也分上下两部分,上部混水,下部清水,做得比较花哨。

五

天津也有花园式里弄住宅,比较典型的是桂林里,这个里弄建于 1941 年,共有 29 个居住单元。里弄“品”字形布局,前后错列,使房子紧凑,又能得到良好的日照、通风等条件。住宅以双联式为主,单体以过厅为房间组织核心,边上为起居室、餐厅等,卧室在楼上,顶层设平台,外形显得比较“摩登”(即现代派)。

第四节　中国近现代建筑思潮

一

中国古代建筑,就其系统来说,到了 19 世纪后半叶已经基本上终结了,当时在建筑上兴旺发达的是西方式的建筑(体系),这种新的建筑体系,首先发生在上海、天津、广州等几个沿海的大城市。大体说,当时中国建筑思潮分为两大类,一类是引进西方古代建筑(形式),另一类是引进西方刚刚萌芽的近代建筑(形式)。随着时间的推移,时代的发展,西方近代建筑思潮也便越来越兴盛了,后来也便影响到我国的其他城市。在这里,我们结合几个典型的例子对这两种建筑思潮作一些分析。

首先说上海海关。这座建筑如今坐落在上海外滩汉口路口。1857 年建成的海关大楼,基本上属中国传统建筑形式,飞檐翘角。中间有天井,平面布局为厅堂、厢房形式,当时被人们称为“关帝庙”。1890 年,在外滩今址建成新的大楼,其形式是典型的英国式建筑,两边各设翼楼,对称布局,中间是一个三面封闭的院子式空间,后面正中是一个典型的英国塔楼方形平面,顶层设钟,四面皆有钟面。到了上世纪 20 年代,海关大楼又进行重建,于 1927 年建成,其形式如图 3-21-13 所示。这是一座比较典型的“折中主义”式的建筑,这

图 3-21-13　上海海关

种建筑形式也是中国20世纪二三十年代建筑形式的主流之一，当时在上海建造的建筑中有好多用这种形式。

二

中国近现代建筑的另一种倾向是装饰主义，认为在建筑形象上加饰某些西方传统形式，会产生很好的效果，因此当时这种建筑形式比较流行。装饰主义建筑形式，上世纪二三十年代盛行于上海。

图3－21－14 大光明电影院

大光明大戏院（图3－21－14）建成于1933年（今大光明电影院）。这座建筑的外形做成大玻璃盒子式的塔楼，入口处设大雨篷，墙面上用钢骨水泥装饰出横、竖条纹，看起来十分奇特，曾轰动一时。

装饰主义建筑当时在上海十分盛行，如外滩的沙逊大厦（今和平饭店北楼）、外滩的交通银行大楼（今市总工会）、南京东路上海电力公司大楼及福州路江西中路汉弥登大厦，以及今淮海路上的国泰大戏院等，都属这种流派，代表了这个时期的一种重要的建筑思潮。

国泰大戏院位于淮海中路茂名南路转角的东北隅，是近代上海著名的高档电影院，今为国泰电影院。此建筑建成于1932年，总建筑面积1 100余m^2，观众厅内设1 000余个座席，内部陈设用西方古典主义建筑风格，十分豪华富丽。里面不但座位宽敞，而且设备新颖，每个座席上都装有“译意风”，观看原版电影时观众可听到国语之声，二楼和三楼还有弹子房等。这些在当时均属上流社会所享有的娱乐场所条件。

国泰大戏院的建筑风格属上世纪初流行的装饰主义。建筑立面对称布局，门厅前一个大雨棚，在行人道的上空也可躲雨，当然也就起到了招徕观众的作用。立面上部四层，利用垂直同长线条处理，每个窗户自上而下一条条的垂直线条，显示出建筑的高直感。从两端到中央，作阶梯状升高，看上去形态很稳健，体现出装饰主义风格的特点。

天津也有这类建筑，最有代表性的是中原公司（今为天津市百货公司）坐落在今和平路与多伦路交叉路口。此建筑建成于1927年，钢筋混凝土框架结构，共7层，高30 m，建筑面积9 000余m^2。此建筑由我国著名建筑师杨廷宝设计。从底层到第四层为商场，五层至七层有电影院、剧场等娱乐场所。顶层设“七重天”舞厅，还有屋顶花园。此建筑落成时曾轰动一时，楼中设电梯，这是天津建筑中首家用电梯，当时的确是十分稀奇的，于是报纸上大力宣传。开幕那天，大楼附近马路上人山人海，意欲先睹为快，而且大家都带着无比的自豪之感。当时乐队奏乐、锣鼓喧天、鞭炮声震耳，热闹非凡。欢乐的场面一直持续到深夜。

中原公司建成至今80余年中，经受过两次磨难：1940年的大火和1976年的大地震。1976年7月28日，唐山发生大地震，波及天津诸地，中原公司建筑受到较严重的损坏，可惜的是那个塔楼被震落，后来虽经修复，但其形式已面目全非，甚为可惜。

三

以上说的两种建筑风格，都属西式建筑，但在中国近现代，在上世纪 20 年代前后，中国文化中又出现了一股复古思潮，他们称“国粹派”。在建筑中，这股思潮影响也不小，从 20 年代初开始，在上海、南京、北京、武汉、广州等全国许多城市的好多重要建筑，大量地建造这种复古主义的建筑形式。

广州中山纪念堂，建成于 1933 年，平面八角，大厅内设 4 729 座。屋顶形式为“大屋顶”，八角攒尖顶，四面各建重檐歇山顶门廊入口。表现出强烈的民族形式。

上海江湾的旧市政府，建成于 1933 年，长达 76 m，中间宽 23 m，两翼宽 18.8 m，中间部分屋顶略高，用单檐歇山式，两翼屋顶略低，用单檐庑殿式，这就是比较典型的“大屋顶”形式。但从建筑造型来说，无论比例、尺度以及诸多细部处理，还是很符合建筑形式美法则的。

南京中央博物馆，1936 年始建，抗日战争爆发后停工，直到 1947 年才基本建成。此建筑为钢筋混凝土结构，但外形为宫殿式，屋顶为庑殿顶，上盖紫红色琉璃瓦。此建筑气势宏大，访古形式较规范。

北平图书馆，现称北京图书馆分馆，位于北京文津街北海公园西，建成于 1931 年。主楼形式仿清式宫殿式建筑，面阔 9 间，建筑面积达 13 000 m^2，设须弥座，白石栏杆。建筑为二层，屋顶重檐庑殿顶，上面盖以绿色琉璃瓦。

武汉大学图书馆，位于武昌东湖之滨，此建筑在我国近代建筑史上也享有较高的地位。这座建筑建成于 1933 年。建筑体量庞大，气势磅礴。该馆由目录、检索、阅览、书库和辅助服务等四部分组成。平面略呈“工”字形。地下一层，地上中间两层，并利用中央阅览大厅的周围空间，辟为四个夹层，加上大厅上面的顶层，共为五层，设计得很巧妙，建筑面积达 6 000 m^2。由于新的功能要求，所以在平面布局和空间组织上突破了中国古典建筑的传统程式。屋顶富有变化，主体为歇山顶，上覆绿色琉璃瓦。建筑形式庄重大方。此建筑用现代建筑技术与中国古建筑形式结合而成，体现出中西结合的精神。这也是当时复古主义建筑思潮的具体表现。

南京中山陵，位于南京市东郊紫金山南麓。此建筑于 1926 年始建，1929 年建成，由我国近代著名建筑师吕彦直设计。陵墓占地 8 万余平方米。总平面呈大钟形状，以示警世。但这个形象人们无法看到，只有在飞机上才能看见它，因为它实在太大了。陵墓建有牌坊、甬道、陵门、碑亭、祭堂及墓室。陵墓单体建筑亦基本上采用传统陵墓型制，所不同的是用蓝色琉璃瓦大屋顶。

“大屋顶”式的复古思潮到新中国成立后继续存在，当时在文化上提出“民族的形式、科学的内容、大众的方向”的口号。20 世纪 50 年代后，我国许多新建筑，仍然用“大屋顶”形式，如学校、医院、政府机构，乃至工厂的厂前区建筑，往往在主体建筑的屋顶上加个“大屋顶”。

第二十二章
20 世纪下半叶的建筑

第一节　二战后的建筑概说

一

从全球范围来说，第二次世界大战结束后，大约有 3 年左右的时间是复苏期。社会的安定、经济的复苏以及文化的发展，大约是从上世纪 50 年代中期开始。这个时期的建筑思潮，仍然继承战前的现代主义。大约从上世纪 50 年代后期开始，建筑思潮出现了新动向。这个时期主要的建筑流派是：

讲究技术的精美；

朴野主义；

新古典主义或典雅主义；

人情化和地方化，或称新方言派；

几何图形的追求；

强调个性。

到了上世纪 70 年代，在建筑思潮上又有两个新动向，即高度技术化（或称“高技派”）和后现代主义。这种新思潮一直持续到上世纪末。新的世纪，在建筑（形式）上尚未形成主流，至今仍处于探索阶段。

二

朴野主义又称野性主义、粗野主义，原文 Brutalism，即兽性主义。但在这里的意思还含有朴实、不加修饰、实事求是的意义。这些建筑往往表现为材料和空间表达的真实性。不虚伪，不矫揉造作，该怎样就怎样。所以好多建筑的外形都不加粉刷或用贴面材料，直接将混凝土（墙或柱）暴露在外，甚至模板拆除后不加任何修饰就算完工，上面还有好多模板的木纹也无妨。前面说过的马赛公寓（勒·柯布西耶设计）就是这种建筑，还有英国的亨斯特顿学校、伦敦南岸艺术中心以及日本的仓敷厅舍等，都属朴野主义作品。

英国著名建筑师史密森说:“假如不把粗野主义试图客观地对待现实这回事考虑进去——社会文化的种种目的,其迫切性、技术等——任何关于粗野主义的讨论都是不中要害的。粗野主义者想要面对一个大量生产的社会,并想从目前在存在着的混乱的强大力量中,牵引出一阵粗鲁的诗意来。”(引自《外国近现代建筑史》同济大学等四校合编,中国建筑工业出版社,1982 年,第 242 页)这就说明了这个流派的实质。但是,由于这种建筑的形象实在“太粗野”,有好多业主受不了,因此这个流派在 20 世纪 50 年代中期流行了一阵子以后,就渐渐消失了。

亨斯特顿学校建成于 1954 年,这座建筑用钢结构,设计者就是朴野主义的代表者史密森。这座建筑的形象,直接地、老老实实地表现钢、玻璃和砖,甚至把电线和水落管也暴露在外,不加掩饰。

勒・柯布西耶的作品除了马赛公寓外,其他好多作品也同样用朴野主义手法(但马赛公寓有好多细部也有朴野主义的做法,如底层的大柱,其表面不加修饰,混凝土模板拆去以后留下毛的表面,不加粉饰)。又如印度昌迪加尔法院及行政中心议会大厦等,都是如此。

三

流派的特点往往是从一个极端走向另一个极端。当人们对朴野主义产生厌倦、讨厌这种形态时,便出现了与之相反的流派:典雅主义。典雅主义又称新古典主义,从字面上即可知道这种建筑讲究形式的雅趣,崇尚古典、端庄。这一流派盛行于 20 世纪 50—60 年代的美国。代表人物有 P・约翰逊、E・斯东及 M・雅马萨基等。有人也称这一流派为“新复古主义”。

E・斯东设计的美国驻新德里大使馆和布鲁塞尔的美国馆,是这一流派的代表作。美国驻新德里大使馆由 E・斯东设计,1955 年建成。这座建筑位于两条道路的交叉处,进入大门是一条林荫道,主楼呈长方形,建在一个大平台上,前面有水池。房屋的四周是一圈高二层的建筑,有柱廊。廊后面是白色的漏窗式木枪。中间是院子,有水池、树木。水池上方有网片,用以遮阳。屋顶是中空的双层屋顶,用以隔热。建筑外观端庄典雅,而且意象出印度古建筑泰姬・玛哈尔陵的形态。

图 3-22-1　纽约世界贸易中心底部

布鲁塞尔的美国馆建成于 1958 年,是世界博览会中的美国馆,也由 E・斯东设计。这是一座圆形平面的建筑,圆的直径达 104 m。四周是柱廊,钢柱高达 22 m。这个建筑采用悬索结构。建筑装饰也很精致,充分体现出典雅主义建筑风格。

M・雅马萨基是位美籍日裔建筑师,他的代表作就是在 2001 年“9・11”被毁的世界贸易中心。这座建筑的底部尖拱做得十分精美,如图 3-22-1 所示,被认为是“新复古主义”的典范。

四

现代主义建筑号称国际主义(International),建筑形式全球通用。可是这一提法到二次大战以后不久,便有人提出质疑。他们认为,建筑不应当只是“住人的机器”,它也应当是

一种文化，因此也应当表现出地域上的差别，并强调建筑的人情化。因此，到了上世纪50年代后期，就有人提出建筑的地方化，或者说建筑的“新方言派”。

这一流派在20世纪50年代至60年代盛行于北欧，以芬兰最盛。芬兰建筑师阿尔托是“人情化”的代表人物，他的代表作潘妙肺病疗养院，建成于1933年。他的设计出发点是对人的关怀，所以他一面在建筑上下功夫，另一面又在环境上下功夫。这里的环境可以说四季宜人，让病人们的身心得到快慰，身体得到康复。这座疗养院病房用单面走廊，向林丛伸展(图3－22－2)，人与自然得到最大限度的融合，这对于一座肺病疗养院来说，可谓最确切不过了。另外，如芬兰珊纳特塞罗镇中心主楼(建成于1955年)，卡雷住宅(建成于1959年)以及瑞典的拉普兰体育旅馆(建成于上世纪50年代末)等等，都表现出人情味和地方性。

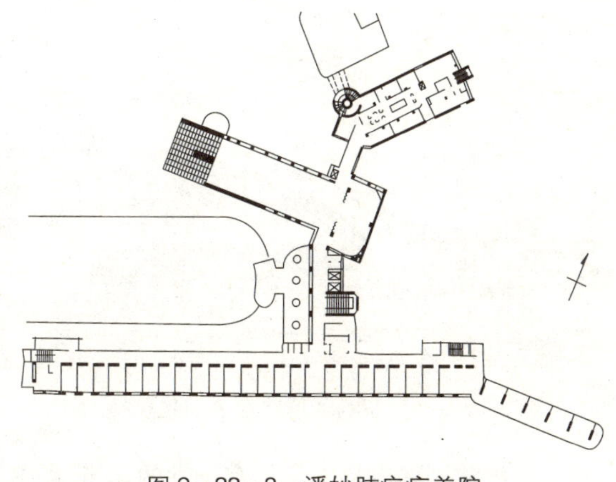

图3－22－2 潘妙肺病疗养院

五

在第二次大战以后的新建筑中，还有一股思潮是不讲什么文化内涵，他们所追求的就是形式本身，所以总是把建筑作为一种纯造型之物来摆弄。这一流派的代表作有：美国华盛顿国家美术馆东馆(1978年)、悉尼歌剧院(1973年)、波士顿肯尼迪图书馆(1979)及美国费城的理查医学研究楼(1960)等等。

美国华盛顿国家美术馆东馆的设计者就是著名的美籍华裔建筑师贝聿铭。这座建筑(图3－22－3)位于一个直角梯形的基地上，东有美国国会大厦，西有老的美术馆，因此这是个十分难做的方案。作者贝聿铭的设计思路与众不同，他在这块基地上放满建筑，形成一个直角梯形的块体，然后把它一分为二，北边形成一个等腰三角形，南边一块则是一个直角三角形。这样就一举三得：一是把基地放得很妥帖。二是与老的美术馆形成轴线的吻合，三是符合功能要求，即北首一块为陈列馆，南首一块为现代艺术研究所。这种构思称得上是天衣无缝了。当然，他的另一个杰作波士顿的肯尼迪图书馆(1979年建成)也很有名，从而使贝聿铭成为美国乃至世界的著名建筑师。

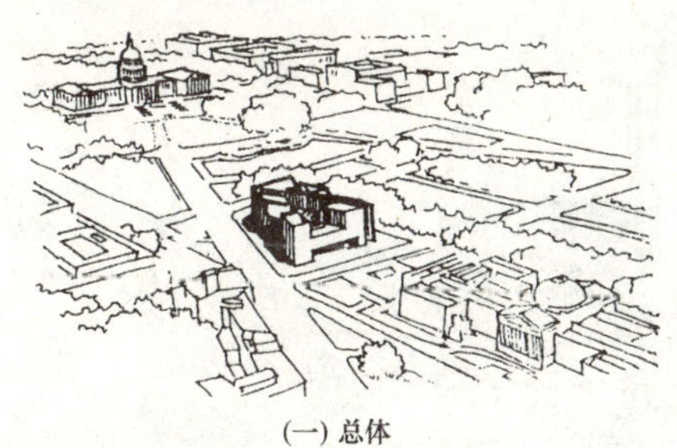

(一) 总体

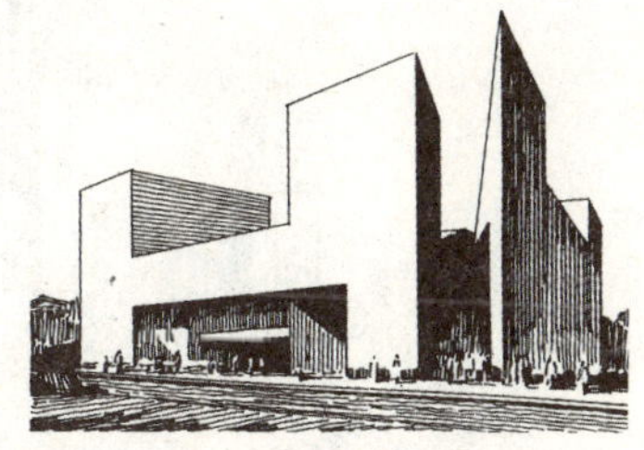

(二) 单体

图3－22－3 美国华盛顿国家美术馆东馆

在二次大战以后的新建筑中，有的建筑师强调作品的个性，当时美国建筑师小沙里宁认为“唯一使我感兴趣的就是作为艺术的建筑。这是我所追求的。我希望我的有些房屋会具有不朽的真理。……”(《外国近现代建筑史》同济大学等四校合编，中国建筑工业出版社，1982年，第293页)他的作品，美国纽约的环球航空公司候机楼(图3-22-4)就是一个典型例子。这座建筑建成于1962年，其形象如同一只展翅欲飞的大鸟，意为“航空”，很有个性。

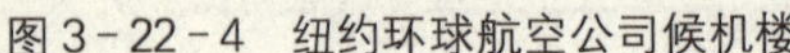

图3-22-4　纽约环球航空公司候机楼

图3-22-5　悉尼歌剧院

悉尼歌剧院也是一座很有个性的建筑(图3-22-5)，在现代建筑中很有地位，有人说到澳大利亚去旅游，多半是想去亲眼看一看这座有名的建筑。但在建筑界认为这并不是一个成功制作，它结构不合理，看来似壳体，其实是个拱肋结构，因此造价昂贵(十几倍于预算)，施工期长(难做)，从1957年开始一直到1973年才建成。这个建筑的美是付出巨大“代价”的。

六

二战以后的建筑，我们还要说苏联的建筑。战后的苏联，在文化上出现了一股不小的民族文化之风，无论绘画、雕塑还是建筑，都强调俄罗斯民族特征，在建筑上，出现了好多高层建筑，这些建筑的屋顶上往往加上尖尖的塔顶，有点像莫斯科克里姆林宫城墙上的斯巴斯基塔，例如斯摩棱斯克大厦，特别是莫斯科大学主楼(图3-22-6)，都是这样的形式。当然这个建筑在比例、尺度、节奏、主次及均衡等建筑造型法则上做得还是很不错的；但这种建筑风格毕竟是古典的。

图3-22-6　莫斯科大学主楼

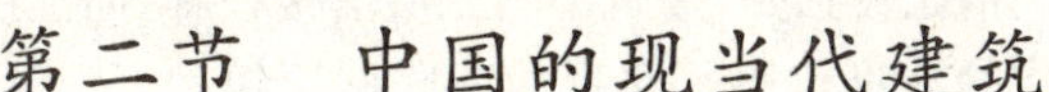

第二节 中国的现当代建筑

一

中国的现当代，我们这里指的是新中国成立至今，大约半个世纪。这个时期又可以分为前30年和后20余年。在这里，着重说的是后20余年。前30年"极左"思潮占主流，经济形势也不甚好，所以重要的建筑不多。

北京人民大会堂(图3-22-7)，建成于1959年。这座建筑，总建筑面积达17万m^2，但连设计带施工，只用了十个月时间，这可谓世界建筑工程上的奇迹了。人民大会堂包括万人大会堂、大宴会厅和人大常委会办公楼三部分，总建筑面积相当于北京故宫建筑面积的总和。大会堂宽76 m，深60 m，高32 m，里面可容万余人开会。人民大会堂造型雄伟壮丽，富有民族特色，主立面朝东，中间柱廊12根，高约35 m的柱子，看起来十分庄严。

图3-22-7 北京人民大会堂

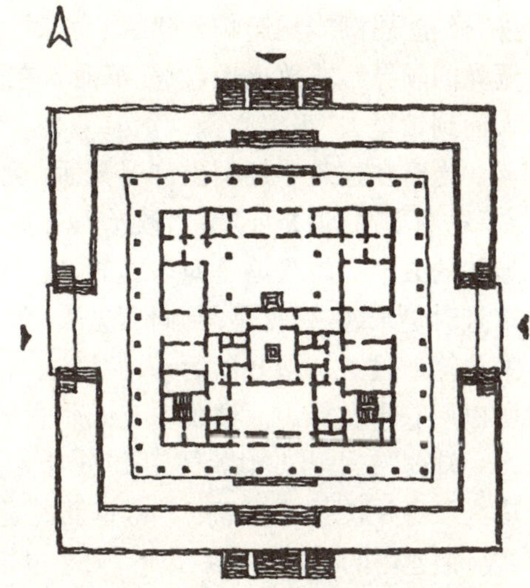

图3-22-8 毛主席纪念堂平面图

毛主席纪念堂位于北京天安门广场的中轴线南端，建成于1977年，平面为正方形，其长和宽均为105.5 m，高33.6 m，正门朝北。纪念堂与人民英雄纪念碑、天安门、人民大会堂及历史博物馆等建筑互相呼应，组成一个完整的建筑群体。纪念堂构图严谨，比例得当，并与其他建筑具有接近的材质和色彩，而且由于它的位置和体型，使它成为天安门广场的视觉中心。纪念堂外形采用柱廊形式，不但使建筑具有层次感，而且又显得庄重而安详。图3-22-8是毛主席纪念堂的平面图。

上海体育馆，此建筑建成于1975年，馆内可容观众18 000人，可供篮球、排球、羽毛球、乒乓球等比赛，也可以进行马戏、杂技等表演。此建筑直径114 m，高33.6 m，为世界超大型体育馆之一。这座建筑的屋顶用空间钢管网架结构。

中苏友好大厦，即今之上海展览中心。此建筑建成于1955年，建筑面积63 000余平方

米。此建筑由当时苏联著名建筑师安德烈耶夫、郭赫曼和吉斯洛娃设计。这座建筑的造型是俄罗斯式的，拜占廷风格比较强烈，建筑中间三层塔楼柱廊，向上层层向内收，正中一个尖塔，这是俄罗斯民族形式的典型代表。北京的苏联展览馆（1954 年）也是这种形式，今改名为北京展览馆。

北京火车站，建成于 1959 年，是为国庆十周年而建的“十大建筑”之一。建筑面积近 9 万m^2。车站正面中间是三个大拱，下面大玻璃窗，两边是钟塔，顶上是攒尖重檐屋顶，有民族形式，钟面直径 4 m，形成北京火车站的标志形象。建筑正面宽 218 m。两个端部顶上也作攒尖顶形式，使建筑形象完整。

二

20 世纪 60 年代初，我国经历了困难时期，自然灾害，加上政策不当等因素，使之经济萧条，生活困难，建设自然就少了。这一时期在建设上提倡“干打垒”精神，即利用“穷办法”，少花钱，多办事。这个时期所建的住宅，没有厕所，大家都用马桶，一个楼层（长廊式）设一个倒便器，在楼梯边上。厨房则几家合用一个。户型多为套间二室户。

困难时期刚过，就来了“文化大革命”，反对讲经济，强调突出政治，“无产阶级专政”。这种“极左”思潮当然影响到建筑。当时，凡是公共建筑，总要在建筑的正立面上放五角星（强调党的领导），或放火炬（象征革命），在两边须由宣传标语。各地还建造“红太阳展览馆”，让人们到馆里去“表忠心”。

当时在建筑中还闹出许多笑话。如长沙火车站，建成于 1977 年（1974 年设计），当时“极左”思潮猖獗，说是要“突出政治”，在屋顶上要放一个火炬，以示“革命”。从这个命题出发，最初的方案火炬火焰是向东飘的，后来被说成是在“刮西风”。于是改为向西飘，为东风。但审查时仍未通过，说是“倒向西方”。怎么办？设计者便灵机一动，把火苗垂直向上，于是方案总算通过了。造好以后，人们说这不像火炬，像个朝天的红辣椒，也许是湖南人爱吃辣椒，所以用它来做标志。这确实有讽刺意义。

郑州“二七”纪念塔，建于 1971 年，为纪念 1923 年二月七日京汉铁路工人大罢工而建。此塔为双身并联形式，全高 63 m，钢筋混凝土结构。每层的角檐均用仿古屋檐形式。塔顶建有钟楼。两座塔的平面均为六边形，大小也相同，每边长 3 m 余。此塔原为双塔七层，意为“二七”。但在设计过程中不知哪一位提出，此塔的高度不够，最好再增加 4 层，后来便加了 4 层，为 11 层。从造型上说固然要比原先的好看，却失去了原先“二・七”的意图，考虑欠妥。

三

敦煌机场航站楼于 1985 年建成。这里地处戈壁滩，自然条件比较恶劣，夏季阳光辐射强烈，干旱而炎热；冬天严寒，风沙大。敦煌又是丝绸之路上的重镇，这里的莫高窟又是重要的名胜古迹，所以其地理位置相当重要。敦煌航站楼设计成旅客大厅、综合楼及塔台三部分。为了适应当地的气候，并表现丰富的文化内涵，设计者借鉴甘肃河西民居院落式布局，将旅客大厅设计成 30 m 见方的平面，把出入港的服务、候机、安检等隔离开来，各种空间都组织在一个大空间中，并围绕中心内的天井来布局，采用可装拆的灵活隔断，分隔出各个房间。综合楼采用直径 30.6 m 的圆形平面，中央为圆形天井的庭院，局部二层，为航空调度管理用房，底层为招待所和内部餐厅。这里用圆形楼梯上塔台（高 16.8 m）。这种布局，对解

决抗风沙、防辐射热等问题都做得比较成功。白色的外墙，减少吸热。玻璃顶的天井内，设置水池、草坪、花架、石凳。西向的窗顶设有滴水帘幕，创造了一个具有当地居民庭院式的廊檐，恬静的意境和凉爽湿润的人工环境。外墙小窗安装各色重彩玻璃，旅客大厅内壁彩绘以东西方交流为题材的仿莫高窟壁画。顶棚下垂吊着航天、祈福等图案的彩幅，使室内光线和色调均暗淡迷离，与明亮的天井、碧绿的庭院、丁冬作响的水帘组成能够排解旅客待机时的烦躁情绪的空间形态。

为了形成敦煌站楼的地域性和个性，设计者还显示出我国古老的空间概念，即“天圆地方”。它以一个土黄色的“方堡”(封闭式的)和一个轻盈“临空”的白色螺旋体形成方圆对比，组成特有的方、圆轮廓，增强了航空及及陆地上的标志性和可识别性，使到敦煌来旅游走空中通道的人，对敦煌的第一印象和临别一瞥都留下深刻难忘的印象，会告诉人们：这就是敦煌，有了不起的莫高窟的敦煌。

四

粉碎“四人帮”，“文化大革命”结束，接着是改革、开放时期。这个时期是新中国成立以后的第二个时期，即后 25 年。当时在南方广州等地发展最快。在建筑方面，开始建造大型、高层的建筑。1984 年建成的广州白天鹅宾馆，于 1985 年被“世界第一流旅馆组织”接纳为成员。此建筑主楼高 100 m，共 34 层。这座建筑的特点是空间组织得很好，特别是中庭空间，被认为是做得很优秀的共享空间。

广州的另一座著名建筑是中国大酒店，被认为是“在有限的土地空间限制下(包括高度，受航空线限制)，得到最大的使用空间，并有相应水准的环境质量”。设计者的手法是“外封闭、内开放”。建筑内外，均采用暖色调，并结合传统形式，形态十分和解。此建筑高 62 m，18 层，总建筑面积 15.9 万 m^2。此建筑于 1985 年建成。

五

拉萨饭店建成于 1986 年。这个建筑的构思是很独特的，它较好地将现代建筑技术、材料，与西藏地区的传统风格有机地结合起来，体现了民族化、地方化，而且又有较强烈的时代感。它采取多层群体布局，高低错落又与周围的群山相协调。建筑的室内设计也表现出藏式风味，讲究细部。其中接待厅特别精彩，具有浓重的民族和地方特点。

饭店的主入口避开了青藏公路主干道，但又使交通便捷。这对此饭店的功能要求是很相称的。沿着青藏公路一面布置了 7 层客房，为主干道创造了很好的街景。高档客房设在靠后一点的南楼和中楼，与门厅和餐厅等很好地相接。总之，其功能是很合理的。饭店的布局还有一个特点是在里面设置很优雅的庭院，在里面布置廊、亭、花墙及山石、树木池水、喷泉、曲桥、水榭，使其景观具有江南园林的特色。这座建筑建成后，得到了专家和使用者的一致好评。

六

新中国成立后 30 年，即 20 世纪 80 年代至 21 世纪初，特别是在世纪之交这段时间，兴起了一个不小的建设高潮。这个时期的建设重心在上海，特别是上海的浦东新区。在这里，我们列举几个具有代表性的建筑。

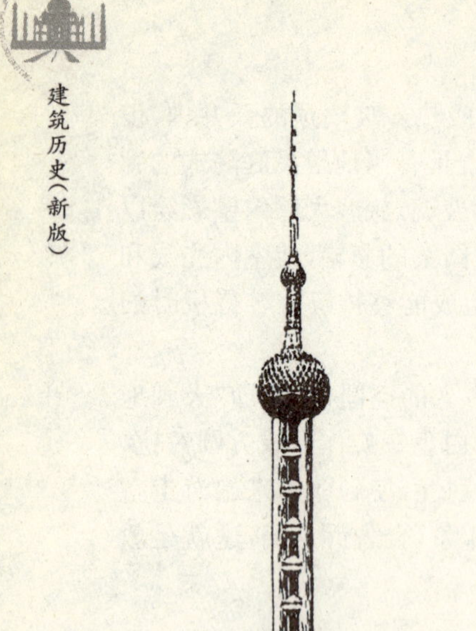

图 3-22-9　东方明珠电视塔

东方明珠广播电视塔(图 3-22-9),位于上海浦东陆家嘴,与浦西的外滩隔江相望。这一建筑建成于 1994 年,高 468 m,是当时全国最高的建筑物。建筑由三条竖塔和三个球体空间组成。下面两个是大球,其直径分别为 50 m(下)和 45 m(上)。最上面的球直径 16 m。三条竖塔中间还有 5 个小球,下面三根斜撑也有球形物,故整座塔共有 11 个球,被誉为"大珠小珠落玉盘"。此建筑已成为上海新的标志性建筑。

上海市博物馆新馆,位于人民广场南侧,此建筑建成于 1995 年。这座建筑的造型很特别,其形象是取中国古代的"天圆地方"之说。在这座建筑的背面,就是新的上海市政府人民大厦,建成于 1995 年,从而形成一条广场的南北向中轴线。

金茂大厦,位于上海浦东陆家嘴,建成于 1998 年,共 88 层,高 421 m。这是一座多功能综合性建筑,其中有办公、旅馆、展览、会议、观演及购物等用途。主楼拔地而起,裙房在边上。主楼下部是办公,直到 52 层,第 53 层为技术层,第 54 层至 87 层为旅馆,即五星级的凯悦大酒店。顶上 88 层为观光层,人们登顶,大上海景物尽收眼底。大酒店中间部分是空的,是个高大的中庭空间,高达 153 m,为世界最高之中庭。金茂大厦的外形像我国古代的宝塔,设计者(美国 SON 公司)匠心独运,可以说又创造出一种现代中国的、不失传统文脉的建筑形式。

上海大剧院,位于人民广场的西北隅,上海市政府大厦(人民大厦)的西侧。此建筑于 1997 年建成,由法国建筑师夏邦杰设计。建筑造型独特,灯光设计也别致,整座建筑好似一块精心雕琢的美玉,又富有音乐感。剧院观众听共有 2 000 座,这座剧院的条件,完全能满足国际一流的歌剧、芭蕾、交响乐等剧种的演出。建筑的屋顶做成反凹曲面,可谓别出心裁。剧院两侧共有 8 片瀑布,水流昼夜不停。

浦东国际机场,建成于 1999 年,可以说是为 20 世纪的上海建筑画上了一个圆满的句号。这个建筑作为机场,除了具备功能分区合理和流程简捷的现代高效率的特点外,还具有一些现代国际大型机场的特点,如具有开发的时序性和可持续性,对周边环境的重视,航站的开放性、明快性、通透性等。浦东国际机场一期工程总建筑面积 28.8 万 m^2,主楼长 402 m,宽 128 m,用前列式布局,年客容量达 2 000 万人次,共有近机位 28 个,远机位 11 个。对这座建筑的艺术造型,则运用了隐喻的手法,那些曲面形的屋盖,蕴含着展翅飞翔的意思;但它又是建筑,是自然而成的,而不是勉强拼凑的。它也能意象出"腾飞"的主题,上海要发展,要腾飞,飞向世界。它的室内也做得很有特色,那些巨大的曲面顶盖,却用了轻巧的支撑杆和拉杆,看上去好像是装饰,其实是结构,色调也很美。

七

最后要说香港的中国银行,这座建筑由著名建筑师贝聿铭设计,于 1989 年建成,共 70

层，高 351 m。设计者从中国古老的谚语“芝麻花开节节高”中受到启迪，以表达欣欣向荣的雄心壮志，采取的是象征主义的手法，把这座大厦设计成四个组合在一起的高度递增的三棱柱形象，类似于一个多面的水晶体。其体型似乎复杂，但其平面却是一个简单的正方形。此正方形用两条对角线划分成四个相等的等腰三角形，而每个三角形上升到不同的高度，并将屋面分别向外倾斜。

大厦的围护结构是铝合金玻璃幕墙，钢空间框架暴露在外，将建筑物的巨大荷载传递到大厦四角的钢筋混凝土筑墩上。从而形成了一种独特建筑体形。由于主要结构工程师列兹罗伯森的出色设计，它的用钢量与建筑的高度及面积基本相同的其他建筑相比，减少了40%，这是一个极为可观的成就。

由于这座大厦地形有高低，南北两面的入口标高相差一层，位于底部的营业大厅及一些附属房间便形成一个基座，其外部以灰色意大利花岗岩饰面，给人以坚定、稳健之感，完全符合银行建筑的性格。营业大厅的上方高耸起一个 15 层楼高的中庭，除了采光之外，还可使顾客看到上部各层办公空间。大厦的正面朝向港湾，具有广阔的视野。

此外，设计者还借鉴了中国古典园林中湖石、树木、流水等构成要素，在一座现代化的建筑环境中再现了中国古典园林的内涵。

第三节　二战后的一些重要建筑

一

二战后不久，人们对现代派“方盒子”建筑已感到有些厌倦了，认为它太单调，在形象上缺乏情趣，所以这时就出现两种倾向：一种是设计出许多富有个性的建筑；另一种是在此基础上提出新的建筑理论，即后现代主义建筑(post modern architecture)。在这里，我们先说第一种，说几座富有个性的建筑。

首先说波拿文彻旅馆。这座建筑的意义不只是在形式，而是在旅馆本身的变革上。时代进入到了上世纪 60 年代，人们对旅馆有了许多新的要求。旅客们对于使用合理、设备齐全、安全方便等要求觉得还不够，因为他们在旅馆里不只是暂时的居住，而是还有其他的许多活动，特别是精神上的要求。

正是在这个时候，美国建筑师约翰·波特曼敏锐地感觉到了这种形势，因此他便进行了崭新形式的旅馆设计。结果可想而知，他的设计做得十分成功。波拿文彻旅馆就是其中的成功之作。

波拿文彻旅馆建成于 1975 年，位于洛杉矶邦克希尔区。这个建筑的外形是圆筒形的，以 5 个圆筒组成。中间的一个是主体，筒高 37 层，周围的四个圆筒高 30 层。圆筒外面全部包裹着青铜色的镜面玻璃，玻璃上映照出周围的景物和天空的云彩，在阳光照射下发出耀眼的光辉，使它成了这个地区的视觉中心。这五个圆筒里面主要是旅客居住的客房，它们共有 1 468 套单间客房，150 套带套间的客房。设计者之所以要采用圆筒形的建筑，有他的许多道理。高层建筑采用圆筒体，对结构受力比较有利，它所受到的风力的影响要比其他形状小。圆筒形的平面，不会受到阳光的大面积照射。同样大小的平面面积，圆形的周长最短，

因此它的外墙面积最少，这就对空调有经济性，也是节约能源的一种举措。设计者波特曼认为，对洛杉矶邦克希尔区这个周围环境相当杂乱的地区来讲，圆筒形是极易使它们相协调的。

在波特曼的设计思想中，还有一个很有意义的是“共享空间”，这在旅馆设计中是其精华所在。在波拿文彻旅馆里，这种思想意图做得十分成功。他在旅馆的入口处有意做得很平淡；但一进到里面，便令人惊讶不已，眼前显示的是一个巨大而豪华的室内庭院。在顶上，是一个玻璃天棚，阳光照射进来，里面有树木、花草、雕塑、水池，四周是层层挑廊，上面是各种商店，琳琅满目，令人目不暇接。人们在这里休息、进餐、交谊、消遣，人来人往，非常热闹。这就是“共享空间”。在这里，“人看人”，频繁的交往，这就是现当代社会和人们的需求。

二

其次说美国耶鲁大学的冰球馆。这座建筑建成于1959年，其形式十分独特如图3-22-10所示，设计者是美国著名建筑师小沙里宁。

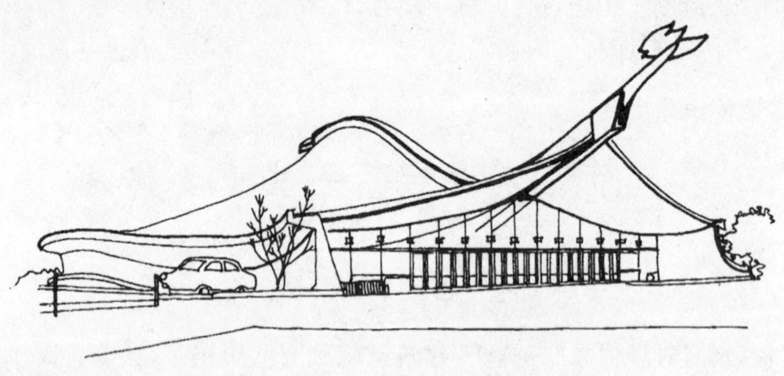

图3-22-10　耶鲁大学冰球馆

此建筑形式新奇，在他的正中用一条巨大的钢筋混凝土脊梁，曲线优美动人(见图)。这根脊梁跨度达85 m。从这根脊梁向两边拉着悬索屋顶，形成一个跨度达57 m，面积为5 000 m^2的空间，可同时容纳3 000人。冰球馆的主要出入口朝南，两侧布置了6个较小的出入口。骤然看去，它好像是一条张着口的大鲸鱼，但又好像一个伏在地上的海龟，总之，其造型既奇特又新颖，造型流畅，如同天生一般。这座建筑的造型，个性强烈。

这个建筑的室内，表现出朴素简洁的特征，悬索结构不加修饰，自然地显露。同时为了满足声学效果，在室内悬挂了纤维挂件：彩旗，这也活跃了空间的气氛，可谓一举两得。这是一座建筑，也是一座运用现代材料和技术搭造起来的帐篷，让人们产生丰富的想象力。

三

第三说肯尼迪图书馆。此建筑位于美国马萨诸塞州波士顿市以南的一个半岛的端部，设计者就是著名的华裔建筑师贝聿铭。此建筑于1979年建成。正是由于这座建筑设计之成功，因此贝聿铭于1981年获得了美国建筑师协会的荣誉奖。

此建筑用地3.8 hm^2，总建筑面积达10 230 m^2。此建筑主要部分分两部分：一是保存肯尼迪在任期间的历史文件、档案；二是向团体和个人提供研究、展览、参观的空间和条件，要

求能够使15至20位研究人员同时工作。同时,每个参观日能接待观众约1 500人次。

整个图书馆是个基本几何形体的合成:九层的3栋拄体内,容纳档案室、接待室、会议室、办公室等属内部使用的空间;由空间网架和玻璃包围而成的巨大立方体,高达31 m,其中悬挂一面高达四层楼的美国国旗,作为一个"默思"大厅,成为参观路线中的高潮之一,又是有意义的结束。当大厅内的国旗在夜间被灯光照亮时,便形成波士顿海湾地区一个重要的景观;圆形的剧场部分包含两个300座的半圆形观众厅;方形展览大厅正好适合功能的要求;把前后联系起来的是一个平行四边形的过渡空间。这些与内容完美地结合的几何形体被建筑师巧妙地组织在一起,最终给参观者的印象则是一个庄严的,但又具有人情味的纪念碑。

由于图书馆所处的地位的开阔以及建筑物外观鲜明的雕塑感,白色的墙面与深灰色的玻璃幕墙形成强烈的对比,更为这一建筑格调增添了造型美,给人以深刻的感受。

四

第四说柏林国际会议中心。此建筑由许勒和许勒威特共同设计。从1973年开始动工建造,到1979年才建成并使用。它是欧洲屈指可数的大型现代化的会议中心之一。

此建筑长320 m,宽80 m,里面有各种厅室80余间,最多可容纳2万余人,会议中心位于"交通岛",乘车十分方便。

为了建成大跨度的会议厅和避免音乐会或其他演出时的声音干扰,在这里采取了一种特殊的"房中房"的做法,即建筑的重量通过顶上的钢桁架传导到半圆形的双楼梯间的支点上(将建筑"吊起来")。铝薄板镶贴的外墙准确地交待出支柱分布的走向,使人通过外表即能清楚地看出中心的构造原理。中心内安装了电子导向系统,出席会议的人们就像在航空港内,通过电子显示,从容地找到自己要去的地点。

会议厅内配置有当时属最先进的高效率的电子设备、扩音器、同声传译装置、电台直播设备,以及便捷、完善的电子问询系统。1980年,没有征得建筑师的赞同,中心前的广场上竖起了法国雕塑家伊普斯泰巨伊的巨型雕塑"埃克巴塔城下的亚历山大大帝",但结果还不错。

从远处看,柏林国际会议中心好像是一架巨型的机器,甚至进到里面,也会产生这样的感觉,仿佛人群正被这架巨型的机器加工着,通过各种管道分流,并排放出来。这正体现了建筑师的设计想象力:"这不是一座建筑,而是一架机器……"。国际会议中心的设计酝酿,产生在20世纪60年代的中叶,当时"科技万能"的思想在欧洲十分流行,后来便演变成一个很有影响力的建筑流派:"高技派"(high tech)。

五

第五说位于日本东京的中银舱体大楼,此建筑的设计者是日本著名建筑师、新陈代谢主义(Me-tabolism)的代表人物之一,黑川纪章。新陈代谢主义兴起于20世纪60年代,他们反对过去的那种把城市和建筑看成是固定的、自然进化的观点,认为城市和建筑不是静止的,而是像生物要新陈代谢那样的动态过程,主张在城市和建筑中引进时间的因素,在周期长的因素上装置可动的周期短的因素。中银舱体大楼即以体现时间序列变化为其基本构思。该建筑将电梯间和楼梯间组合在一起,构成两个供垂直交通用的筒体,各种管线均裸露

图 3-22-11　中银舱体大楼

在筒体的外面,从筒体上不规则地向四周悬挑出钢筋混凝土预制的密封舱式的居住单元,就像是从树干上伸出的树枝那样。居住单元与当时日本住宅公团的标准设计相当。整个大楼共 13 层,地下一层。

这座建筑在预制及装配构件方面也有所创新,并在美学上极力表现新技术、新形式。根据这一特征,该作品可划归战后注重高度工业技术的倾向(后来便演变成"高技派")。黑川纪章在这个作品中还有意追求巴洛克精神,尽管居住单元设计是高度理性的,但其组装确实全凭感性的。图 3-22-11 是中银舱体大楼的外形。

六

第六说美国明尼苏达州的明尼阿波利斯 I·D·S 公司大楼。此楼于 1973 年建成,位于明尼阿波利斯市中心,包括四座建筑:I·D·S 大厦、旅馆、富庶办公楼、商场和服务用房。I·D·S 大厦高 51 层,是在该城市中心出现的第一座摩天大楼。建筑平面为扁长的八边形,其中的四个斜边被设计呈阶梯状。因此每一层平面有 32 个转角房间,而在形体上则出现了四组轻快跃动的书香体量,加上建筑表现镜面玻璃的作用,所以整个形象显得典雅而精细,没有那种雄伟的性格。大厦的顶部设有餐厅和观赏平台。高 19 层的旅馆位于大厦的斜对面,其形体也呈多折状。大多数客房因而都有角窗,为旅客观赏城市景色创造了有利条件。富庶办公楼高八层,底部设有地下车库入口,其平面为矩形,但在两转角处做了阶梯状处理。多折的形体显然成了中心的一个突出的主题和明显的特征。不过,四座建筑物所围绕的中心空间更能体现出中心的独特性,这个中心院落因其透明性而被称为水晶院,它不仅使其周围的四座建筑形成一个紧密的有机整体,而且还是市中心步行道路网的重要组成部分,中心周围的建筑物通过天桥与院落相连。除了作为组织人流的中心空间之外,院落本身还是一个充满运动活力和具有戏剧性色彩的空间,图 3-22-12 为明尼阿波利斯的天桥形象。

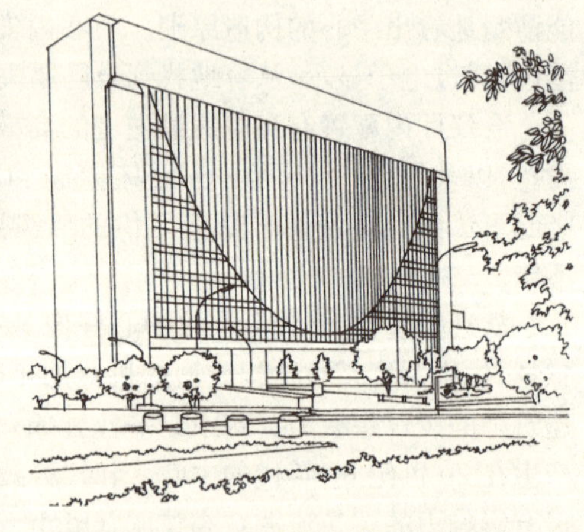

图 3-22-12　明尼阿波利斯的天桥

我们还要说亚特兰大的高级艺术博物馆,此建筑位于美国亚特兰大市距商业区约 2 km,其东面朝向桃树街,南面毗邻亚特兰大纪念艺术中心,北面隔街与第一长老会教堂相对。

整座建筑由四个立方体和一个四分之一圆柱体组成。四分之一圆柱体是中心展厅,内设一个天然采光的多层中庭。中庭沿周边三面布置展廊,并沿四分之一圆环设两条长坡道,作为垂直交通。三个立方体与中厅相连。第四个立方体与主体建筑脱开,并在平面上旋转 45°,成为与展览部分既有联系又相对独立的一个多功能讲堂。此讲堂与中庭之间形成一个过渡性的空间,这个空间丰富多变,是参观者从城市街道进入艺术馆的外部空间序列的高

潮。当人们从桃树街沿长长的引桥缓步而上，穿过具有“凯旋”意义的一座独立的“门”，再经过讲堂的侧墙来到这里时，能体会到一种“受欢迎”的感觉。从这里再向右转，经过一个平面呈曲线的接待厅，步入中庭时，那种置身于艺术殿堂之中的欣喜之感就会油然而生。

亚特兰大高级艺术馆的中庭，从某种角度讲，或可以看作是美国建筑大师赖特设计的古根海姆美术馆的“注释”：流线型的陈列馆环绕着中央大厅，这个中央大厅既是博物馆的“序幕”，也是整个建筑的“控制中心”。斜道，在这里的意义只是一个停顿，或者可以说是参观作品中的“逗号”，是提供所有参观者在新的角度上对所看到的展品的一个回顾，并对将要参观的展品的一个情绪上的酝酿。这也就是设计者在空间处理上的精彩之处。

著名的“白色派”建筑师迈耶的这一作品之总体意图，在于缔造一种思想驰骋的氛围，使参观者在参观时，更能激活他的审美发现，而且也可以说，这个建筑也属于展品。

此艺术馆的外墙饰面，也是白色派的，白色的搪瓷板在反映太阳和云彩的不断变化中似乎变得半透明了，使得整座建筑具有轻盈飘逸之感。同时，外部体型的塑造又体现了立体主义的构图，具有极强的表现力。它在尺度上也控制得很好，与附近的亚特兰大纪念艺术中心在尺度上非常协调。

七

最后说加拿大国家美术馆，此建筑坐落在首都渥太华，建成于1980年。由于它的建成，使渥太华成为世界上少数几个文化与政治并重的首都，并因此获得了“民族骄傲的象征”之美誉。这座美术馆建造在渥太华河的入海口处，南为麦加山公园，与国会大厦、国会图书馆遥遥相对。此建筑的总体布局呈“L”形，共有2万余m^2的建筑面积，包括两层的展览空间、研究室、讲堂以及餐厅、书店、视听室、小教堂等一系列辅助用房，是一座大型的综合艺术中心。自正式对公众开放以来，一直为人们所称道。它的又一个特点是用多变的空间组合以及与环境完美呼应的形态，也令人喜闻乐见。

在加拿大国家美术馆的设计中，设计者打破了美术馆建筑的惯例，封闭式的模式，而是运用极富吸引力的手法，来表现“开放并邀请参与”的新思路。设计者把整个美术馆看成是城市的缩影来反映，具体做法是用柱廊和大厅代表街道和广场。美术馆的内部，绝大部分的展室都围绕着三个不同的风格、不同布局的庭院组织。庭院内部阳光充足，和展室形成的对比就像城市花园和建筑群的关系一样，宁静而安祥。美术馆外部面向国会图书馆的一侧，设计者精心布置了整个建筑的高潮。从入口门厅起，设计了一条长85 m，高20 m的全玻璃柱廊坡道。所有的参观者都可以在这条明亮、开敞的“艺术之途”中欣赏到窗外展现的“历史美景”。坡道的终端是一座辉煌的多功能玻璃大厅，它从八角形平面“母题”衍生出来的独特外形，和谐地照应了远处高耸的国会图书馆哥特式的屋顶轮廓。在这里，整个城市的自然景观都成了美术馆收藏的一部分。在夜间，玻璃柱廊和大厅中璀璨的灯光，把这座国家美术馆辉映成渥太华河口最壮丽的标志性建筑。

加拿大政府于1983年通过竞赛征集国家美术馆的方案。面对和国会大厦、国会图书馆并列的问题，设计者萨夫迪以“透明与接纳”立意的“外向规划”方案获得了一致赞许。在委托人吉英·鲍格斯和皮端尔·特鲁多领导的联合内阁的支出下，用了五年的时间，最终使这一建筑的卓越气质得以完美地呈现出来。它被看作是加拿大政府尊重艺术的很好的见证。

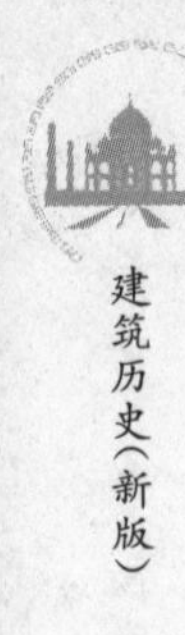

第四节　20世纪末的建筑

一

20世纪60年代,出现了一个颇有影响的建筑流派:高技派,以建筑形象来标榜新技术、高科技。在这里,我们略举两个有代表性的实例:美国科罗拉多空军学校教堂和法国巴黎的蓬皮杜国家艺术文化中心。

科罗拉多空军学校教堂建于1962年,图3-22-13是这座建筑的外形。新材料和新技术在这座建筑上得到了最大的发挥,而且它利用尖三角形的造型,来表现新式的飞机形象(三角形机翼),同时又体现了教堂(高直式的)形象,可谓一箭双雕。

图3-22-13　科罗拉多空军学校教堂

图3-22-14　蓬皮杜国家艺术文化中心

另一座高技派的代表性建筑是巴黎的蓬皮杜国家艺术文化中心(图3-22-14)。这是一座体量相当庞大的建筑,总建筑面积达10万 m^2,地面上6层,地下4层。此建筑设有工业设计中心、音乐与声学研究所、现代艺术博物馆、公共情报知识图书馆以及相应的服务设施。地下停车场可停小轿车700辆。地上建筑层高达7 m,宽48 m,长168 m。建筑物的前后立面各挑出6 m,作为观众使用的水平和垂直交通,各种管道和机械设备也都设在前后挑出的部分。整个建筑为纵横交错的管道和钢架所包围,根本不像我们习见的博物馆的形象,倒像是一座化工厂或炼油厂。因此当时巴黎有好多有一定文化素养的市民感到十分反感。但好多青年人则拍手称快,认为这才是我们时代的文化建筑形象。从建筑造型来说,它确实太新颖了,同时这也是“高技派”建筑的典型代表。

二

20世纪60年代后半期,在建筑中又出现了一股新思潮,即后现代主义。这股思潮波及整个文化领域,如绘画、音乐、文学、戏剧等,都或多或少地受到影响。在建筑中,有一位英国建筑理论家詹克斯曾说:“现代建筑已经死了,死于1972年7月15日下午3点32分。”这个骇人听闻的说法,原来是指在美国圣·路易斯,用定向爆破拆毁了一大批多层住宅。这些建

筑多为现代主义的“方盒子”形式。这本来是一件不值得大惊小怪的事，但经文章如此渲染，引起了人们的关注。詹克斯在《后现代建筑语言》一书中说，现代建筑已经“过时”，已进入“后现代建筑”时期，但从此以后也确实出现了许多后现代建筑。在此，说一些实例。

图 3－22－15　栗子山住宅

美国宾夕法尼亚州的栗子山住宅，建于1962年，如图3－22－15所示，在这个看似简单的形象中，却包含着丰富的建筑文化内涵，如文艺复兴、巴洛克及现当代的文化。这个建筑由美国著名的后现代建筑师文丘里设计，也是它的作品中的代表作。

三

美国新奥尔良的意大利广场。建成于1978年3月，其形象表现出许多古罗马和文艺复兴文化，如图3－22－16所示。设计者摩尔认为，这里居住着许多意大利移民，应当让他们享受到自己祖国的历史文化。据说这里的人们对这个建筑形象确实相当喜欢。这个广场建成后，每天都有许许多多的市民前来这里欣赏、逗留、休息，都觉得很亲切。

图 3－22－16　新奥尔良意大利广场

图 3－22－17　波特兰公共服务大楼

另一座代表性的后现代建筑是美国俄勒冈州的波特兰公共服务大楼，又名波特兰大厦，高15层，建成于1982年10月。从外形看，它既不同于现代办公大楼，又有别于古典的市政建筑。立面处理采用基座、墙身、顶部三段式做法。墙上用小方窗、中间用强烈的竖线条，顶上作了一个大的出奇的拱心石，形态十分奇特。设计者是美国著名建筑师格雷夫斯，很有文化艺术修养。这个建筑形象，是用“文脉”(context)构成的，有很多文化内涵，可惜人们(甚至包括一般的建筑师)无法“读懂”。图3－22－17就是波特兰公共服务大楼的外型。

美国纽约的电话电报公司总部大楼，这是一座高层建筑，总高97 m，36层，如图3－22－18所示，此建筑建成于1984年，由著名建筑师P.约翰逊设计。这座建筑外形分上、中、下三部分，顶部是用17世纪意大利惯用的断山花形式；底部用的是15世纪意大利文艺复兴早期作品佛罗伦萨的伯齐小教堂的立面(意象)。中间则是美国现代派建筑惯用的竖线条形式。

这就是所谓“建筑语言”,它推崇人文主义思想,又重现现代文明。

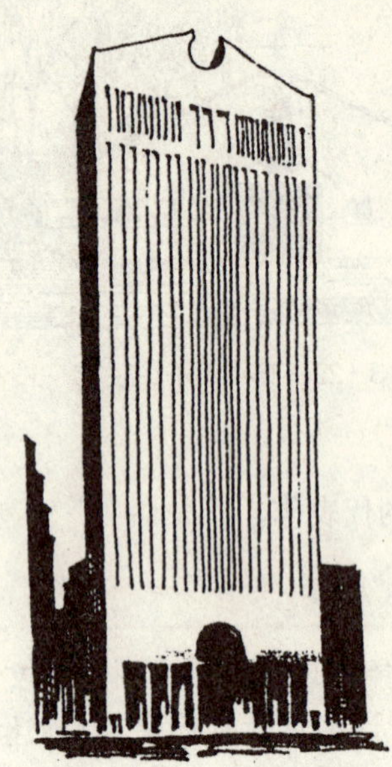

图 3-22-18 纽约电话电报公司总部大楼

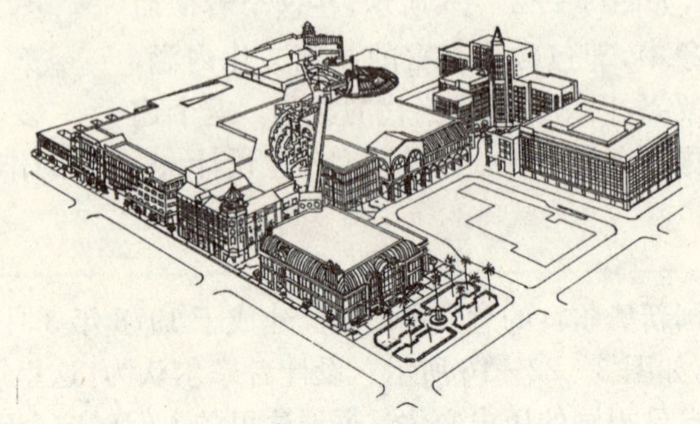

图 3-22-19 霍顿广场

美国圣地亚哥市的霍顿广场,可以说是当今美国的一个较为典型的运用后现代主义手法的中心商业区。图 3-22-19 是其鸟瞰图。这个商业区有大量的零售场地,有四个大型百货公司,150 个富有特色的商店和饭店,一个拥有 450 间客房的旅馆,一个拥有 7 屏幕的电影院和 500 座的表演艺术剧院。停车场地有 2499 个停车位。设计者用“历史主义”的手法,通过建筑造型、色彩及其他细节,引起人们对历史文化的联想。它以一个斜穿街坊、地势变化较大的步行街等,创造出一个生动活泼的商业空间。在建筑色彩上,共选用了大约 28 种色彩,整座大楼,好似一幅色彩绚丽的水粉画,显示出一种热烈的节日气氛。其中的楼梯、电梯和台阶等组合巧妙,地下室空间也处理得很有情趣。

最后说美国费城的基尔特老人公寓。此建筑建成于 1963 年,由文丘里设计。公寓内有 91 套不同规格的住房及一个公共活动空间。设计者认为,人到老年最恐惧的是孤独,所以,面向春天花园大街的南立面以入口为中心向后,对称式退缩,以便尽可能多地争取公寓以一定的角度朝向大街,从而最大限度地保证老年人从视觉上参与街道的都市生活,减少他们的孤独之感。

春天花园大街被认为是一条视觉形象很不错的街道。所以此建筑的另一个出发点就是使此公寓楼处于这一环境之中,成为其有机成员。从建筑形式来说,其外形和尺度都参照了其环境文脉(context)。此公寓共有六层,主入口设在其南立面对称的轴线上。入口中间设一个粗大的抛光花岗石圆柱。它与两边白色瓷砖墙面形成对照,又加上其上方二层阳台上醒目的字体“GUILD HOUSE”,明确地指出所在的入口。顶层设一公共活动空间,外观上是个巨大的半月形圆窗。这些因素综合到一起,使这个近乎方形的入口,其立面具有某种“宫殿”的气质,它与其环境起到既和谐又突出的效果。

公寓在六层楼高的立面中,上下划分三段。基部用白色瓷砖贴面,以区别上部,而上部

又以一条同样材质的束带，又将它分为上下两段，暗喻了传统的做法，这也就是后现代主义的典型做法。按照后现代主义的理论，这就是既大众化又有文脉。图 3－22－20 就是基尔特老人公寓的外形。

图 3－22－20　基尔特老人公寓立面

四

20 世纪 80 年代后，在建筑上又出现了"解构主义"(Deconstructionism)。所谓解构主义，其实是个当代哲学上的概念，是从结构主义(哲学)那里转换过来的。这一思想在建筑上也有所表现。但解构主义是个抽象的概念，难以具象化，所以建筑上的作品不多，最有代表性的作品是 1989 年建成的巴黎拉·维莱特公园。这个公园位于巴黎东北，占地达 55 hm^2，主要建筑物包括科学与工业城、球形电影院、天象馆、音乐城等。园的总体是由三个互不关联的独立系统组成，所谓点、线、面结合。"点"是指在一个 120 m×120 m 的方格网的 30 多个交点上，每个交点都有一个红色的小建筑，10 m 见方的立方体，并附加上各种构件，其功能是茶室、儿童室、电子游戏室、观景楼等。"线"是两条互相垂直的长廊及一条弯曲得如同彩带似的曲径。"面"是小块空间，分别作为游戏、野餐等用途。此园主要是由建筑师屈米设计，他强调各个空间的"叠合"。几种不同系统存在于同一个空间，被认为是"解构主义"的做法。

解构主义也在一些室内设计中表现出来，但无论如何，如此抽象、深奥的哲学思想，难以用建筑形象来表达，所以这个流派在上世纪末流行了一阵子，也没有怎样的轰轰烈烈，渐渐地"淡出"了。后来人们又对美国的一些建筑师提倡的"K. P. F"(这是三个建筑师名字的首个字母)；但"K. P. F"也只是讲究一些手法，一些做法，没有更多的文化和思想深度。如在圆筒形屋顶上做一环放射形的东西，说这是美国纽约自由女神像头上的帽子等等。新的世纪开始至今，建筑还没有形成新的有影响力的思潮，人们似乎正在等待着什么。

第五节　世纪之交的建筑

一

所谓世纪之交，在这里是指 20 世纪 90 年代至 21 世纪的头十年。这一时期的建筑，又

出现了新的动向和新作品。在这里我们说几个具有代表性的建筑。

首先说上海浦东国际机场。此建筑建成于1999年。它除了具备功能分区合理和流程简捷的高效率的特点外，还具有一些现代国际大型机场的特点，如具有开发的时序性和可持续性，对周边环境的重视，航站的开放性、明快性、通透性等。浦东国际机场主楼长402 m，宽128 m，用前列式布局。共有近机位28个，远机位11个。

对这座建筑的艺术造型，我们要从现代流行的观点来分析，它运用隐喻的手法，那些曲面形的屋盖，蕴含着展翅飞翔的意念；但它毕竟是建筑，不是雕塑，所以不能太像一只鸟，只能是一种想象，所谓"似与不似之间"，能令人感到"飞翔"这个主题就够了。同时，它的室内处理也很精彩。最令人感兴趣的是那巨大的顶盖，却用了轻巧的支撑杆，看上去好像是装饰，其实是结构构件。

其次说上海证券大厦。这座建筑位于浦东新区陆家嘴，建成于1996年。建筑总面积为10万 m^2，建筑的高度为110 m。这座大厦不仅很好地满足证券交易的功能，而且以各种现代科技设施，成为名副其实的跨世纪建筑。但更令人注意到的是其外形，形若凯旋门，而且十分高大，可与巴黎的"新凯旋门"德方斯大门相媲美。从建筑风格来说，以其外形的结构物外现的形态，表现出高度的科学技术性，这也正是当代国际上流行的一种流派，即"高技派"。这种风格和流派在沪上出现，也许标志着上海建筑风格的新动向：新的"万国建筑博览会"已在形成，这又标志着上海的建筑在艺术文化思潮上呈现出繁华缤纷的景象。

第三说世界金融大厦。此建筑位于浦东新区东方大道，建于1997年，地上43层，高170 m，地下3层。建筑总面积8.8万 m^2。这座大厦乃是上海及亚洲地区最重要的金融信息中心之一。这是一座多功能的建筑，由中国人民建设银行与新世界集团合资建造，在此可办理基建贷款及从事国内外的有关各种证券投资管理。大厦除了设置建设银行办公及各种证券投资交易场所外，还设有金库、保险库、银行营业大厅、服务大厅、展览厅及可供租售的办公及餐饮、商场、娱乐等设施。这座建筑造型比例得当，很有个性。塔楼部分平面呈梭形。塔楼第30层为技术层，在外形上也表现出它的特征。而这一层又将塔楼分为上下两段，其分割点就在塔楼的"腰"上，上下两段的比例近乎黄金比。

有人说塔式高层建筑造型的关键在于其屋顶，建筑造型的个性也就从它的屋顶形象上表现出来。现代主义建筑之所以渐渐冷落，其中一个原因是它的造型太单调，平屋顶，被说成是"火柴盒子"。这座建筑的屋顶采用扇形的造型，不但具有个性，而且与它的梭形平面的弧形曲线取得了呼应，所以看上去建筑造型很和谐。

二

世纪之交，北京也有好几座精彩的建筑。首先说2008年北京奥运会主体育场。此建筑规模甚大，可容近10万名观众。从造型来说，这个体育场的建筑形式真可谓别出心裁。外观所表现出来的这个形象，既是造型，又是结构，形象十分奇特。人们形容它为"鸟巢"。这个设计在方案阶段曾引起好多争论，后来终于定下来并建造成功。有人说这一届奥运会举办得很成功，但它的主体育场更为这届奥运会锦上添花。直到现在，四年过去了，但还非常受人青睐，有许多国内外游客，专门为了看一看这座建筑而来。北京奥运会另一个优秀建筑是"水立方"，它的外形是四四方方的一大块，有透光不透形的塑料薄膜作墙面，里面有充气层。不但造型别致，而且"环保"，节约能源。

本世纪初，北京还有一座形式很奇特的建筑，即新的中央电视大楼。此建筑由荷兰著名建筑师库哈斯设计。这座建筑位于北京新中央商务区(建国门外)。大楼共55层，高230 m，其形象也十分特别，它由两个塔楼组成。这是两个反折形(每个均呈“Z”字形，对称)，相互联结起来，看起来好像要倾覆，很惊险的样子。但这只是“显得惊险”，其实在结构上是绝对没有问题的，因为它内部的钢结构做得相当稳定、牢固；而且在地下有三层与高空的垂直位置相对应，保证它的重心在基地之中。只是视觉上的惊险。现在这座建筑早已建成，让人刮目相看。这也许称得上是“新表现主义建筑”吧。当然有些人不理解，说它“怪里怪气”，真可为各人各看了。

三

最后说2010年上海世博会的建筑。这次世界博览会，是一次成功、精彩、难忘的盛会。从2010年5月1日开幕到10月31日闭幕，这84天中，观众达73 084 400人，是历届世博会参观人数最多的一届；参展的国家、地区和国际组织的数量达243个，也是历届最多的。世博会有许许多多的展馆，我们在这里择几个具有代表性的、优秀的展馆作一些分析。

首先当然要说中国馆。这个建筑的造型，表现出中国文化的精神气质。它的主色调是红色的，用的是“中国红”。其造型给人以强烈的视觉冲击力。这个建筑形象，以向上发散、伸展的形态，有令人振奋之感。设计者充分发挥了建筑艺术的意象效果，所谓“似与不似之间”。我们看到这一形象，会令人联想到我国古建筑中的斗拱、檐柱结构，以及色彩等；但又不像，是“神似”，不是“形似”。这就像画家齐白石所说的：“画在似与不似之间，太似则媚俗，不似则欺世。”其实建筑与绘画在艺术上是相通的。

其次说西班牙馆。这个设计别具匠心，它借鉴西班牙的传统工艺：藤编。而且又用拼图的方式把西班牙不同地区的藤编手艺汇合起来，构成很好的造型效果。西班牙的造型艺术形象，总能让人耳目一新，无论是20世纪初著名建筑师高迪设计的米拉公寓，还是1992年巴塞罗纳奥运会的会徽，都是那么令人惊叹。建筑造型也包括色彩和质感，西班牙馆在这两方面都做得很精彩。这种别出心裁的形象效果，确实让人耳目一新。

第三说英国馆。这个建筑被人们形容为“种子的圣殿”、“开放的公园”和“户外的城市”。这座建筑做得十分夸张。夸张得简直让人看不懂。有人说，与其说它是一个建筑，还不如说它是一个超大型的现代抽象雕塑。但作为世博会的展馆，也未尝不可。

第四说俄罗斯馆。这座建筑给人的第一印象就是“童话世界”。此建筑由12个塔楼和“悬浮在空中”的立方体组成。其外形设计类似于古代斯拉夫人的小村落，象征着生命之花、太阳以及世界树(斯拉夫地方枝叶繁茂的橡树)的根。这些塔楼由白、金、红三种颜色构成。白色和金色塑造了俄罗斯建筑的历史形象。红色作为底色，加上富有俄罗斯各民族元素的图案，就赋予了塔楼顶部镂空部分以生命力。

第五说沙特阿拉伯馆。此馆又叫“月亮船”，它的造型是一个卵圆的，像一个贝壳形的形象，它不是蒸半球体，而且是“腾空”的，用一根根的细圆柱支撑起来(所以叫它“月亮船”)。这座建筑由中国建筑师设计，据说是沙特国家组织了全球设计者的“海选”，在许许多多的方案中选出的。第一轮淘汰到剩下40个，第二轮筛选后留下9个方案，最终我国的方案中标。这也是中国建筑界的骄傲。这个建筑除了入口外，见不到任何门和窗；但里面光线十足，空气流通舒适。它是利用太阳能转化为光能的节能技术；由利用冷热空气对流原理来送新风、

换浊风。因此被誉为是最了不起的“绿色建筑”。有了这样的高科技关系，才有这样的形象，所以这也就说明，建筑艺术是难的。建筑艺术之难，就难在它不是单一的造型，不能只盯住所谓的建筑艺术，还须注意许多功能和技术方面的问题。这也许就是当代建筑艺术的特征之一吧。

第六说非洲联合馆。此馆是上海世博会 11 个联合馆中面积最大的，有 26 000 余平方米，42 个非洲国家和非盟在这里展示非洲的城市文明。每个国家或国际组织都有一个独立的展区，但综合起来可以看到非洲人对城市发展的共同关注：平等与可持续的城市主题，而切入点较多的是城市与乡村的互动。比如莱索托馆提出“农村实现有序管理的最终受益者是城市”的观点；加蓬馆则突出表达“城市和乡村间的均衡互补流动，有助于保证两者之间的紧密联系和各自的再生能力”。“留住农业人口战略”，是几内亚馆的一大特色，因为有效地遏制农村人口向城市盲目流动，才能确保城市的有序发展。

联合馆的特点是既有个性化，又有多样化。如埃塞俄比亚，它以“城市的综合遗产——埃塞俄比亚经验”为主题。这是一个非洲的古老国家，此馆展示的重点是哈勒尔古城。此城位于埃塞俄比亚首都亚的斯亚贝巴东部 500 km 处，7 世纪时由阿拉伯人所建。哈勒尔是至今保存完好的为数不多的工业革命(18 世纪)前的几座古城之一。2006 年被列入“世界遗产名录”。在这里我们可以看到，埃塞俄比亚是如何以包容的态度来保护文化传统和遗产，并应对城市化的挑战的。

最后说世博文化中心。设计者本人对这个中心主场馆的形容是“超级变变变”。这个主场馆不但能举行超大型的庆典、演唱会、各类演出等，还能迅速“变身”，适应国际篮球赛、冰球赛及冰上表演等。演艺中心主场馆的屋顶内，有一套机械升降隔断系统，它可以根据需要，将主场馆分隔成 18 000 座、12 000 座、8 000 座或 4 000 座等的剧场空间。同时，舞台本身还可以根据演出的内容，在大小、形状，甚至在 360°空间中进行三维组合，或从中心转换到末端，或形成中心与末端的组合形式，从而给演出带来无限的艺术创意空间。

四

世纪之交，在建筑上产生了一种“求高”的思想，好像建筑造得越高越光荣。“我们的城市里建造的某某建筑高度全国第一”，“世界第一”。1995 年，吉隆坡造起了高度为 452 m 的双塔大楼，是当时的世界最高建筑；过不了多久，台北建造的“101 大楼”，其高度达 508 m，大大超过双塔大楼；到了 2008 年，阿联酋的大城市迪拜，建造起高达 828 m 的哈利法塔，有 160 层，也许是极限了；不过人们还想建造高达 1 000 m 的建筑，也许要不了多少年会实现的。然而，我们毕竟要问，建筑造得高是在比试呢，还是确实有功能需要？如果是后者，那也无话可说；但如果只是为了比高，这种思想值得考虑。建筑要造得多高、多大，都是为了需要(功能)，而不是在比高、比大。另外，如果从建筑艺术的角度来考虑，那就更不是越高越漂亮。建筑，总是应当从功能、坚固、经济及造型这几方面来考虑，百世不斩。

除了比高之外，还在比空间之大。1962 年华盛顿杜勒斯国际机场候机厅(图 3 - 22 - 21)，其宽度为 45.6 m；长度为 182.5 m。1966 年建成的美国休斯敦体育馆(图 3 - 22 - 22)是圆形的，其直径为 193 m。1976 年美国新奥尔良体育馆直径达 207 m。我国也有超大型空间的建筑，1976 年建成的上海体育馆(俗称“万体馆”)，直径 114 m，可容纳 18 000 名观众)。然而与比高一样，建筑空间的大小，也是为了需要，不能只为“比大”而大。

图3-22-21 华盛顿杜勒斯国际机场候机厅

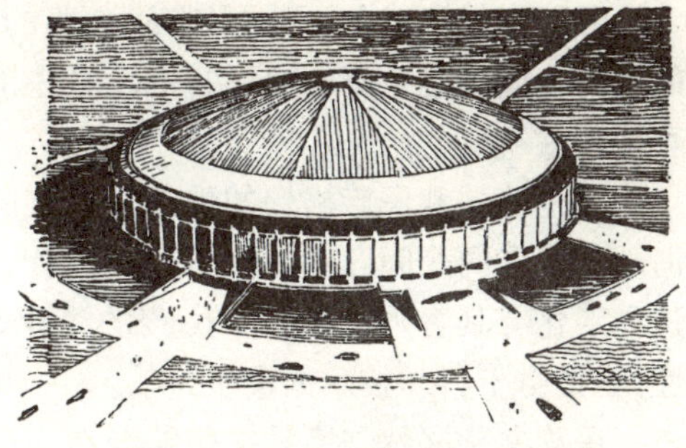

图3-22-22 休斯敦体育馆

五

如果我们总结一下现当代的社会和文化特点，也许又能发现些什么。在此，我们引用《世界建筑》1994年第二期中的文章《“大趋势”与建筑的十大趋势》，其中的十个建筑动向值得注意。如今，近20年过去了，但这是个方面，还仍然值得我们重视。在此，我们摘述这篇文章中的一些主要内容。

一是建筑功能的变化和类型调整。现代剧场不像以前的那样，专门为了看一种戏而设，法国巴士底歌剧院是典型的走向多元化的一例。它公然表明，要超越世界上所有的歌剧院并成为新一代的楷模，要表现出全新的意识，剧院内部的各类可以变化的空间要适合各种歌剧和音乐节目的演出。它表明着现代观演性建筑的变迁。有的观演性建筑，正在走向更大型化、大众化和多元化，如香港的红磡体育馆，用于演唱的场次并不少于体育比赛。剧场和体育馆结合是可能的。如巴士底歌剧院那样，它不但是个观演中心，而且也是个音乐的“信息中心”。这座剧院拥有法国和全世界各国的歌剧录音带。随着电子技术的发展，也给文娱活动带来新的内容，这也给建筑带来新课题。旅馆不再只是住宿。一些购物和游艺设施渐渐丰富着旅居活动。当今的一些饭店旅馆，还经常开展览会、做生意以及其他社会活动。因此旅馆不仅要有客房等服务设施，而且更要有商场、剧场、陈展空间以及公寓。近年来正在兴起一种新的建筑类型，即建筑综合体，就是把许多有关的功能内容集中于一楼，住宅、办公、商场、旅馆、会议、展览等等。例如，上世纪70年代在加拿大多伦多商业街出现的综合体；后来在其他地方亦陆续出现，如蒙特利尔的“花园城”、“好奇遇”大厦等。最近随着我国的建设步伐的加快，全国各地也大兴这种形式。这种建筑的优势是多方面的，如更有效地使用土地，几个部门有更好的协调等，但最本质的还是由于信息时代所致。

二是环境观，共享和互尊。1977年在秘鲁首都利马召开了一个国际会议，城市规划和建筑师们签署了一个宪章，即《马丘比丘宪章》，这个文件所强调的有两点：一是要从整体环境出发来对待城市与建筑，包括生态的、社会现实和文化的；二是对人和社会的更合理的对待。这个文件在某种意义上说是针对《雅典宪章》的。两个宪章比较，《雅典宪章》属现代主义的，《马丘比丘宪章》则走向其解体。环境保护、重视人活动的空间等，这些观念虽然在二次大战后就强调了，如英国的哈罗新城、荷兰的林巴恩中心等；然而近年来又有新变化，例如商场这种形式有了新的意义。“MALL”原意是林荫道，后来成了有顶盖的商业步行街，以后又发展到更大的范围和更多的内容。英国的彼得博罗市中心，扩建成一个适合工业、购物、散步和娱乐的市中心。

环境中的诸成分，不再是唯我独尊的了。一个环境有中心，但这仅仅是主题，而环境中的各部分应当是互尊、共享的，把环境中的建筑和其他对象拟人化，其实也是人自我情态的表述。

三是地域和民族格局的重组。建筑的民族性和地域性是两个一直争论不休的大问题，但近年来这两个问题都在淡化着。为什么？因为民族在淡化。地方文化和情态也在淡化。这种淡化有其客观的因素。民族的淡化，一是由于交往，二是由于交往所带来的文化选择性，三是由于科学技术的进步。

民族文化必然与宗教文化结合在一起。没有宗教就没有民族，所以宗教的淡化也给民族的淡化带来必然性。宗教的淡化在于科学技术的进步，许多事实证实了宗教理论的虚构性。人们之所以现在仍在信奉神明，多是出于传统，或者出于精神寄托。宗教的淡化可以从宗教建筑形式上表述出来。原来的哥特式教堂，那高高的尖塔是至高无上的象征，城市中唯它最高。可是当我们看到纽约洛克菲勒中心的那个哥特式教堂，在它四周摩天楼林立，这在视觉上说明了宗教在淡化。宗教建筑形式在古代是天经地义的，不得更改的，伦敦圣保罗大教堂的穹窿顶，当时认为不符合教义，所以前面要加一对哥特式钟塔。但二次大战后重建的教堂形态五花八门，朗香教堂是众所周知的，还有美国加登格拉夫水晶教堂等，不胜枚举。

至于地方性，科学技术的进步为它提供了淡化的条件，过去我们强调就地取材，其结果是增强了建筑的地方性，从而使地方文化情态增强。但正是随着科技的发展和地域交往的增进，人们能择取更优的方式来建造房子，而不囿于就地取材。而且由于信息交往的增进，人的审美差异也起了变化，地域差异在减弱，流派差异在增加。

四是社会总结构的变迁与时尚。谁拥有信息，谁就有优势，信息胜于资本。这是当今社会的一个重要特征。“智能建筑”，是个新的建筑类型。这种建筑具有许多特点，它不仅利用了新的设施，更值得注意的是部门关系的改观。由于信息系统的发展，传统的“金字塔”式的部门结构已被网络结构所取代，建筑的布局当然也相应地要调整。办公用房的布置也起了变化，不但要增添新设备，而且空间形态也相应要变化。英国的“企业花园”就是其中一例。日本早在1986年就有60%的企业改造成“智能”型，甚至提出整个城市的“智能化”。据统计，美国至1987年，智能建筑已有200座。

五是高情感与建筑美学的变迁。情态的变迁带来建筑形式的变化，从而也影响建筑美学的立足点。澳大利亚堪培拉的国会大厦是上世纪80年代末建成的，有人说，这个建筑连同周围的环境，富有多种的象征性。例如同心圆环路代表州联邦，放射式的道路又象征团聚性；它没有主立面，表示与四面八方的关系相同，都是那么的亲近和谐，前庭两侧的混凝土斜墙和大门廊向民众“伸手欢迎”等。

德国斯图加特新美术馆，看来好像风格杂乱，但很有故事情节式的效果。其入口处的钢架，似是构成派的，里面的内院令人联想到古罗马角斗场，玻璃电梯使人感到空间的共享，坡道边上的粗大而色彩强烈的扶手又能使人联想起蓬皮杜中心。欣赏这座建筑也许无异于阅读意识流小说。这种故事情节式的建筑风格，也正是现代情态的表述。随着彩电的普及和“文艺中心”的家庭化，人们担心电影院将会关门，但事实并非如此，电影事业仍很兴旺。要知道高技术会产生高情感，人们去电影院不再是单一地去看电影了，而是要和许多人一起哭、一起笑，这种境界在家里是难以得到的。

六是社会的结构变革与建筑思潮。古代建筑把建筑艺术作为一种要素附加到建筑上，

其目的着重在表现社会伦理和宗教上的涵义，然后是纯粹的艺术手法；现代建筑把这种传统否定了。功能即艺术，形式服从功能；时代性即艺术，建筑形式是不断革新的。可是当今的建筑艺术，也许更带有哲理的表述性，建筑师的作品中往往想申明自己的哲学观、人生观及艺术观，所以又把它作为一个艺术哲学对象看待。巴黎的蓬皮杜中心、德方斯巨门，纽约的电话电报总部新楼，以及休斯敦的贝斯特产品陈列室等，都在表现着这种语义。这也许是信息时代建筑语言的一种"强调结构"。

七是设计过程和方法的变革。古代的建筑设计，着重的是伦理性、宗教性和技术性，因为它的功能模式很简单，而且是不变的，无论西方的教堂和宫廷，中国的寺庙、宫殿和民宅等，都是如此。现代建筑则完全不同。功能，即人的物质和精神的需求置于首要位置，然后是经济、技术及美学问题。在这种框架下，建筑设计业就按照这种主次关系进行着；然而它们的操作过程也许相近，但现当代的建筑设计正在进行这一次大的变革，这就是随着电脑的发展和应用，建筑设计也受到了冲击。在过去的一个阶段，技术经济方面用电脑进行设计这个问题已基本解决，当今面临的问题是如何用于建筑设计。

建筑设计是个绝对多元、多要素的对象，利用电脑做设计，首要的问题是如何着手结构性策划和编码，所以有些人认为这是不可能的，人脑与电脑比较，孰优孰劣，一目了然。电脑之优势在此无法发挥，这是件苦恼的事。可是，当今世界上一些发达国家和地区，正在越来越多地利用电脑进行建筑设计了。因为随着电脑本身的发展，这种优势性正在朝着有利于建筑设计转化。

看问题应从双方来看，建筑本身的系统性变革，反过来由电脑提出模式，而并不一味是电脑去适应原来的建筑(系统)。这一突破，也许会有建筑和建筑设计的质的变革。而今人们已经认识到了这种变革的可能性。其实，后现代派提出的建筑语言理论(后现代建筑的主要一点是把建筑作为一个语言系统来看待)，他的深层意义即在此，不论他们自己是否意识到这一层意义。诚然，如果用语言系统进行设计，在审美上可能与原有系统结构不同，一旦其优势得到社会共识，那么审美的转化也是可能的。

八是建筑内涵的变迁。室内设计是上世纪下叶开始大盛的。建筑设计完成后，还需进行室内装修设计。这兴许是随着物质生活提高，人们对环境的一种新的需求。最初，建筑师往往不太愿意花更多的精力在室内装修上，不屑一顾。而有些建筑师则愿意去开拓，终于把它独立出来，这也是"应运而生"吧。

随着时代的发展，"潮流"现象日益突出，人们追求新奇，形态日新月异，像服饰一样，室内装修和陈饰也要求不断翻新，否则"过时"。因此室内设计师也要管已建成的好多建筑中的室内装饰如何翻新的问题。

建筑的室外部分也正在被支解着。近年来，不论国内国外，人们越来越把建筑作为环境的一部分来看待了。建筑设计的许多方面都由城市设计解决了。建筑的内部与外部，正在被室内装修和城市设计蚕食着。未来的"建筑"的界定性如何？这有待考虑。其实应当说建筑的含义更广了，他正在形成一个新的以"人的环境"为中心的空间网络系统。

九是人与建筑，全球性的考虑。人类发展到了20世纪90年代，人口已突破50亿！据说纪元初全球人口只有15 000万，到20世纪末，超过60亿。据计算，到2600年，全球人口将达630亿！另外，随着人类的进步，所需土地将会越来越多：经济发展要土地，文物保护区等也要土地。这并非"杞人忧天"，而是个很实在的问题。

建筑师应当比其他人更有远见卓识，因为他总是解决未来的问题。

十是从现实到未来的构想。有的建筑师考虑得现实一些，如日本的鹿岛（企业）宣布要造200层的摩天楼；日本还在考虑“立体城1 000”，其高度为1 000 m，其规模像一座城市。据说美国将建造150层的超高层建筑（其实现在建筑的高度已达160层，即阿联酋的哈利法塔）。人们不但向高空发展，而且也向地下和海洋拓展。日本长崎飞机场建造在海面的人工岛上；加勒比海岛国开曼群岛拟建浮海旅游基地；挪威和德国联合建造“海上城”，可以航行在海洋。当今世界上许多大城市都有了地铁，省去了地面空间，减轻了交通压力。日本东京的地铁车站已发展到多于6层。由于地铁，就要设地铁车站，从而带来许多设施，如此一来，人来人往，就成了个“地下城”。日本东京的新宿火车站和地铁站交通量很可观，因此“地下城”规模也很大，总面积达120 000 m^2。他们还提出要建设一座离地面下50 m的“地下城”的设想。前些年日本希米株式会社提出了一个更大规模的“都市地下网”计划。据此，将建造一系列用隧道连接起来的地下城市。这里，办公室、体育馆、图书馆、展览厅和公共浴室等，可谓设施齐全。这座可供500万人工作和生活的宏伟的地下城市，将建立在离地面50 m以下的深处。当然还应开发沙漠，如果这个研究有突破性的成果，必将造福人类。

以上这十个方向值得我们重视，这也可以说是这本书的结尾。

参考书目

[1] 中国建筑史编辑委员会.中国古代建筑简史[M].北京:中国工业出版社,1962.
[2] 中国建筑史编辑委员会.中国近代建筑史[M].北京:中国工业出版社,1962.
[3] 陈志华.外国建筑史(19世纪末叶以前)[M].北京:中国建筑工业出版,1979.
[4] 刘敦桢.中国古代建筑史[M].北京:中国建筑工业出版社,1980.
[5] 建筑历史学术委员会.建筑历史与理论:第一辑[M].南京:江苏人民出版社,1981.
[6] 梁思成.清式营造则例[M].北京:中国建筑工业出版社,1981.
[7] 同济大学等四校(罗小未主编).外国近现代建筑史[M].北京:中国建筑工业出版社,1982.
[8] 文化部文物保护科研所.中国古建筑修缮技术[M].北京:中国建筑工业出版社,1983.
[9] 清华大学建筑系.建筑史论文集:第六辑[M].北京:清华大学出版社,1984.
[10] 罗哲文,罗扬.中国历代帝王陵寝[M].上海:上海文化出版社,1984.
[11] 姚承祖.营造法原[M].北京:中国建筑工业出版社,1986.
[12] 刘晓惠,卢颂江.外国古代建筑名作百例[M].南京:江苏美术出版社,1987.
[13] 闫崇年.中国历代都城宫苑[M].北京:紫禁城出版社,1987.
[14] 董鉴泓.中国城市建设史[M].北京:中国建筑工业出版社,1989.
[15] 沈玉麟.外国城市建设史[M].北京:中国建筑工业出版社,1989.
[16] (英)纽金斯.世界建筑艺术史[M].合肥:安徽科学技术出版社,1990.
[17] 徐民苏等编.苏州民居[M].北京:中国建筑工业出版社,1991.
[18]《中国建筑史》编写组.中国建筑史[M].北京:中国建筑工业出版社,1993.
[19] 段玉民.中国寺庙文化[M].上海:上海人民出版社,1994.
[20] 杨永生主编.中外名建筑鉴赏[M].上海:同济大学出版社,1997.
[21] 侯幼彬.中国建筑美学[M].哈尔滨:黑龙江科学技术出版社,1997.
[22] 沈福煦.现代西方文化史概论[M].上海:同济大学出版社,1997.
[23] 周维权.中国古典园林史[M].北京:清华大学出版社,1999.
[24] (英)S·劳埃德,(德)H·W·米勒.高云鹏译.远古建筑[M].北京:中国建筑工业出版社,1999.
[25] (英)彼得·默里.文艺复兴建筑[M].王贵祥译.北京:中国建筑工业出版社,1999.
[26] (意)马里奥·布萨利.东方建筑[M].单军,赵焱译.北京:中国建筑工业出版社,1999.
[27] 杨永生编.建筑百家评论集[M].北京:中国建筑工业出版社,2000.
[28] 徐岩等.建筑群体设计[M].上海:同济大学出版社,2000.
[29] (英)罗宾·米德尔顿,戴维·沃特金.新古典主义与19世纪建筑[M].周晓玲等译.北京:中国建筑工

业出版社,2000.

[30] (意)曼弗雷多·塔夫里,弗朗切斯科·达尔科.现代建筑[M].刘先觉等译.北京:中国建筑工业出版社,2000.

[31] 杨永生.建筑百家评论集[M].北京:中国建筑工业出版社,2000.

[32] 中国建筑学会建筑史学分会.建筑历史与理论:6,7辑[M].北京:中国科学技术出版社,2000.

[33] 沈福煦.中国古代建筑文化史[M].上海:上海古籍出版社,2001.

[34] 刘芳,苗阳.建筑空间设计[M].上海:同济大学出版社,2001.

[35] 赵向标.中国通史:共五卷[M].乌鲁木齐:新疆人民出版社,2002.

[36] 张驭寰.中国城池史[M].天津:百花文艺出版社,2003.

[37] 高春明.上海艺术史:上、下[M].上海:上海人民出版社,2004.

[38] 马克垚.世界文明史:上、下[M].北京:北京大学出版社,2004.

[39] 何清谷撰.三辅黄图校释[M].北京:中华书局,2005.

[40] 宋·李诫.营造法式[M].北京:中国书店,2006.

[41] 沈福煦.建筑美学[M].北京:中国建筑工业出版社,2008.

[42] 袁新华.中外建筑史[M].北京:北京大学出版社,2009.

[43] 刘毅.中国古代陵墓[M].天津:南开大学出版社,2010.

[44] 马利清.考古学概论[M].北京:中国人民大学出版社,2010.

[45] 罗哲文,柴福善.中华名楼大观[M].北京:机械工业出版社,2011.